民用水面飞行器水面载荷预计与验证指南

主　编　古　彪　王明振
副主编　胡　奇　焦　俊
主　审　褚林塘　何先旺

北京航空航天大学出版社

内 容 简 介

水面载荷是控制水面飞行器机体结构完整性、使用安全性的主要载荷之一，是研发水面飞行器的重要技术基础。本书是面向水面飞行器水面载荷设计与运用的专业教材，内容包括绪论、水面飞行器的基本定义和发展历史现状、水面载荷相关条款、水面载荷理论分析方法、水面载荷仿真技术、水面载荷验证技术、其他类水面载荷分析技术以及人工智能技术在水面载荷分析中的应用等。

本书适用于航空航天、空间工程、测控工程专业高年级本科生和研究生的专业学习，也可供有关科研人员参考使用。

图书在版编目(CIP)数据

民用水面飞行器水面载荷预计与验证指南 / 古彪，王明振主编. -- 北京 ：北京航空航天大学出版社，2023.3

ISBN 978-7-5124-4049-4

Ⅰ. ①民… Ⅱ. ①古… ②王… Ⅲ. ①水面—飞行器—载荷—指南 Ⅳ. ①V47-62

中国国家版本馆 CIP 数据核字(2023)第 028585 号

民用水面飞行器水面载荷预计与验证指南

主　编　古　彪　王明振

副主编　胡　奇　焦　俊

主　审　褚林塘　何先旺

策划编辑　龚　雪　　责任编辑　龚　雪

*

北京航空航天大学出版社出版发行

北京市海淀区学院路 37 号(邮编 100191)　http://www.buaapress.com.cn

发行部电话：(010)82317024　传真：(010)82328026

读者信箱：goodtextbook@126.com　邮购电话：(010)82316936

北京富资园科技发展有限公司印装　各地书店经销

*

开本：787×1 092　1/16　印张：13.75　字数：352 千字

2023 年 5 月第 1 版　2023 年 5 月第 1 次印刷

ISBN 978-7-5124-4049-4　定价：59.00 元

本书编委会

前　言

水面飞行器是指可在水面起降或既可在水面起降又可在陆上起降，适于水域、地域飞行的多功能特种飞行器。该飞行器在森林灭火、水上救援、水面应急运输等民用方面具有许多独特的优势。水面载荷是指水面飞行器在水面起降过程中，飞机与水面撞击产生的载荷，该载荷是控制水面飞行器机体结构完整性、使用安全性的主要载荷情况之一，直接关系到飞机结构轻质、长寿命和高可靠性的实现，是研发水面飞行器的重要技术基础。本书紧跟水面飞行器前沿技术，以水面载荷研究为主要内容，结合近年来的型号研制与科学研究情况编撰而成。

本书遵循由浅入深、由易到难、由简到繁、循序渐进的规律，较为系统地介绍了水面飞行器水面载荷预计和验证方法。第 1 章为绪论，介绍水面飞行器水面载荷的定义及国内外发展现状；第 2 章为基本概念与定义，介绍水面飞行器的定义种类以及国内外发展现状；第 3 章为水面载荷适航条款分析，介绍民用航空规章 CCAR 25 部关于水面载荷的条款以及对条款的解读；第 4 章为水面载荷理论分析方法，介绍水面载荷理论以及各个因素对水面载荷的影响；第 5 章为水面载荷仿真技术，介绍不同水面载荷仿真方法以及相应的仿真流程；第 6 章为水面载荷验证技术，介绍楔形体模型试验、单机身模型试验、全机模型着水撞浪试验、自由飞模型试验及实机试飞测试试验；第 7 章为其他类水面载荷分析技术，介绍水舵、水面牵引、起落架、锚泊、汲水、整流罩和舱门水面载荷计算方法；第 8 章为人工智能在水面载荷分析中的应用，介绍了水面载荷预测模型设计流程、砰击压力样本仿真方法、砰击压力预测精度评价方法和加速度智能预测建模方法。

本书编写工作得到了中国特种飞行器研究所水动力研究中心领导和同事的鼎力支持和无私帮助，同时还得到了北京航空航天大学出版社的大力支持和帮助。另外，本书的编写参考了《民机载荷计算手册》等书中部分内容，同时引用了许多参考文献，在此一并对其作者表示衷心的感谢。

受限于笔者之能力，本书的观点难免有不妥之处，恳请广大读者批评指正，使之完善提高。

笔　者

2022 年 12 月 16 日

目　　录

第1章　绪　论

水面飞行器是指可在水面起降或既可在水面起降又可在陆上起降的，适于水域、地域飞行使用的多功能特种飞行器。在森林灭火、水上救援、水面应急运输等民用方面，具有许多独特的优势。水载荷是指水面飞行器在水面起降过程中，飞机与水面撞击产生的载荷，该载荷是控制水面飞行器机体结构完整性、使用安全性的主要载荷情况之一，直接关系到飞机结构轻质、长寿命和高可靠性的实现，是研发水面飞行器的重要技术基础。

水面飞行器在近海、远海、内陆江河湖泊、水库等水域起飞降落过程中，承受了复杂的水载荷，如着水撞击载荷和水面滑行载荷，这些载荷的存在会引起飞机结构的动力响应。严重的响应，一方面使冲击区域承受巨大的压力，可能导致局部结构破坏；另一方面将引起整个机体剧烈的振动，当其与低频波浪叠加时，可能导致飞机强度的丧失。

针对结构物入水冲击问题，国内外已经开展了一系列理论和试验研究工作。1932年，V. H. Wagner将Von Karman的方法理论化，又考虑到冲击时水面的抬升现象，提出了小斜升角模型的近似平板理论。B. Milwitzhy考虑到水上飞机到冲击滑行过程中的俯仰力矩、滑行角与V形船体的斜升角等因素，采用无量纲分析方法简化了数学模型。1952年Monaghan总结了用于理论计算的水上飞机入水理论，提出了考虑尾部气流损失的最大撞水过载近似公式。在上述理论和试验研究的基础上，国内外综合评估了对飞机着水载荷有影响的各项主要因素，以经验公式的形式制定了水面飞行器水载荷计算标准。

水面飞行器着水过程涉及空、水、机三者之间的气、液、固三相强非线性相互作用，水载荷包括滑水载荷、着水载荷，其影响要素主要包括飞机几何参数和运动参数、水面情况（波浪要素、风况）、着水位置、弹性变形等。

水载荷分析的主要手段包括理论分析、数值仿真、模型试验和实机测试，理论分析以现有的适航标准提供的理论方法为基础；数值方法以ALE算法和SPH算法为主，主要解决两相或三相流固耦合问题；试验主要包括楔形体试验、单机身着水撞击试验、全机无动力着水撞击试验、实机水载荷测试等。

水载荷是控制水面飞行器机体结构强度、刚度、耐久性和损伤容限特性的主要载荷之一。本书主要针对CCAR 25部解释说明有关水载荷分析的各条款要求、意义及验证方法（CCAR 23部情况单独说明）。其主要内容包括：水载荷分析计算的理论基础与分析方法、水载荷作用域与分布规律、水载荷分析计算中主要因子（系数/参数）的确定、着滑水载荷-时间历程、着滑水载荷的试验方法等，以便于工程设计的实现，提高水载荷分析的可靠度和置信水平。

第2章　基本概念与定义

水面飞行器是指以水面为起降场所的飞行器，主要包括水上飞机/水陆两栖飞机、地效飞机和三栖飞机三大类。

2.1　水上飞机/水陆两栖飞机

水上飞机(seaplane)是指能在水面上起飞、降落和停泊的飞机，即人们通常所说的“水机”，国外有的国家，如日本把水上飞机叫作“飞船”(flying boat)，其中有些飞机既能在水面上起降又能在陆上机场起降的，称为水陆两栖飞机(amphibian)。水上飞机按其布局形式又分为单浮筒式、双浮筒式和船身式。水陆两栖飞机的船身或浮筒上装有供陆上起飞着陆用的起落架，它与水上飞机的上、下水装置不同，能经受着陆时的巨大撞击力并吸收撞击能量。水陆两栖飞机的起落架是可收可放的，在水上起飞降落时起落架处于收上的位置。

2.2　地效飞机

地效飞机(ground effect vehicle)是借助于地面效应原理，贴近水面(或地面)实现高速航行的飞行器，它又称地效翼船，是介于飞机、舰船和气垫船之间的一种新型高速飞行器。它与普通飞机不同的是，其主要在贴近地面、水面的地效区内飞行，而飞机主要在地效区外飞行；它与气垫船不同的是，气垫船靠自身动力产生气垫，而地效飞机靠地面效应产生气垫。

按照地效飞机的使用要求和用途，可以把地效飞机分成很多类型。根据地效飞机的飞行高度，国际海事组织制定的《地效飞机(WIG)暂行指南》将地效飞机划分为A、B、C三类：

① A类地效飞机：仅在地效区内飞行；

② B类地效飞机：主要在地效区内飞行，但也可短暂飞出地效区，越过障碍物后，又重新在地效区内飞行；

③ C类地效飞机：主要在地效区内飞行，但它如一般飞机一样，又可以在中低空长期稳定飞行。

2.3　三栖飞机

三栖飞机(tri-service vehicle)是指既能在天上飞行，又能在水面航行，还能在水下潜行的飞行器。三栖飞机的概念是苏联军事学校的尤沙科夫20世纪30年代初提出来的，当时三栖飞机被定义为“会飞的潜艇”，用于侦察敌方舰船并伺机对之进行伏击。他设想“会飞的潜艇”可以做到在目标上方飞行，然后降落海面并浸没于海水里潜伏，在敌舰船驶过时，伺机发射鱼雷进行攻击。在三栖飞机研究方面他设计了多种方案并进行了大量的试验研究工作，奠定了三栖飞机的设计理论基础。

直到 20 世纪 60 年代中期，美国研制出了第一架水下飞机，世界三栖飞机的研制才取得实质性进展，这种飞机既能在蓝天飞翔，又能在水上航行，还能在水下潜行，当时被称作“三栖万能飞机”。1964 年 7 月 9 日，一位飞行员驾驶着这种新研制成功的水下飞机进行首次下水飞行试验，下潜到 4 m 深的海水中前进了 7.4 km，航速达 7.5 km/h，然后浮出水面再滑行一段距离后飞上了蓝天，空中飞行速度达 100 km/h，首飞获得成功。

三栖飞机是未来特种飞行器的发展方向之一。目前，世界航空工业发达的国家，如美国、俄罗斯、英国、德国的科学家们正在对三栖飞机进行深入研究，专家预测，随着科技的发展，特别是飞机下潜技术的突破，这种既能下潜、又能升空，集潜艇和飞机功能于一身的新式飞机有望在不久的将来展示在世人面前，而届时它在军事上的应用，必将给未来的海、空大战带来全新的影响。

图 2.1～图 2.4 是国内外研制的几种典型的水面飞行器。其中图 2.1 所示为中国特种飞行器研究所于 20 世纪 70 年代研制的船身式大型水上飞机，图 2.2 所示为中国特种飞行器研究所研制的 DXF100 地效飞机，图 2.3 所示为加拿大研制生产的森林灭火飞机，图 2.4 所示为俄罗斯研制的三栖飞机。

图 2.1　水轰 5 飞机(中国)

图 2.2　DXF100 地效飞机(中国)

图 2.3　CL-215 森林灭火飞机(加拿大)

图 2.4　三栖飞机(俄罗斯)

第3章　水面载荷适航条款分析

3.1　水面载荷分析技术

3.1.1　水面载荷分析计算的依据

CCAR 25.521、CCAR 25.523、CCAR 25.525 等条款规定了水上飞机水面载荷分析的背景输入，包括计算依据、理论基础和影响水面载荷大小和分布的主要参数。

1. 水面载荷分析计算的主要背景

水面载荷分析计算的主要背景如下：

(1) 影响水面载荷的海况条件

起降时，水面上的自然风况（大小、方向）和波浪要素（波高、波长、波速和传播方向）等。

(2) 影响水面载荷的可控要素

① 飞机着水时的重量及其分布、（俯仰）转动惯量、机身底部（船底）触水部位的几何外形及结构弹性；

② 机身或主浮筒底部与水接触的纵向位置（断阶、船艏、船艉）；

③ 飞机着滑水过程中的运动参数——纵倾角、水平飞行速度、下沉速度；

④ 机身或浮筒底部的浸水深度。

水上飞机着滑水过程是多变量的随机过程，因此，水面载荷的计算结果具有一定的随机性。为提高水面载荷预计的可靠度，在工程应用中可视情分析各影响因素（变量）的概率分布特征，必要时采用概率统计方法进行水面载荷的分析计算。

V形弹性体入水撞击理论可作为水上飞机着水撞击载荷计算的理论分析基础。因此，对于水面载荷的验证，除通过水上飞机的典型着水过程实测或水池模型试验外，还可采用理论分析计算方法验证、评定水面载荷计算的合理性，给出更加可靠的水面载荷系数。

着水姿态角（水上飞机对于水平面的初始触水配平姿态）对应于龙骨线呈水平的最小姿态，是指断阶处龙骨线的切线呈水平的最小姿态。

2. 计算重量和重心

在内海起飞、着陆和停泊时，水面载荷分析的计算重量分别采用最大设计起飞重量 W_{to}、设计着水重量 W_{zs} 和抛锚重量 W_{anc}；在外海起飞、着陆和停泊时，计算重量应考虑在执行使用技术要求的基本任务过程中，最大设计起飞重量的改变（如燃油等消耗量）。

重心位置影响着滑水过程中（质量）惯性载荷的大小与分布，因此，设计重心范围应在与有效载荷配置/变化有关的最前和最后位置之间，以便包括由所有实际载荷的各种分布造成的任何临界状态（使水上飞机机体不同部位的主承力结构达到其临界应力水平），从而对机体结构强度和刚度的变化范围实现安全控制。

3. 水面载荷分析的附加规定

作为水面载荷分析的另一类背景输入，提出了支持分析计算结果的工程实用性和适航符合性的有关附加规定。

根据 CCAR 25.525 中载荷的假定，在水面受载情况下，作用于机体上的水面载荷、气动载荷与机体结构、系统、有效装载物等质量力构成一空间平衡力系。此时，可将飞机处理为刚体进行总体受力分析，这是因为机体结构弹性引起的瞬态变形对水面载荷的影响较小，只有百分之几。例如，英国的 Sunderland MK 5Z 只增加 3%，美国的 Martin 270 只减少 7%。

(1) 着水载荷与分布

飞机着水时，水面载荷应分布于机身或主浮筒底部的浸水面积上。因此，以规范公式算得的着水载荷(合力)作为一种主要的设计载荷情况进行机体结构强度分析计算时，必须考虑其作用点与分布的影响。试验和使用经验表明，可以认为水面载荷的横向是均匀分布的，且作用于机身或主浮筒底部的整个舭宽上，但沿纵向的作用长度与着水载荷的大小有关。在机体结构强度计算中，为避免在水面载荷作用域引起机体结构过大的局部剪切载荷和弯矩，作用于机身或主浮筒底部的水面载荷应以分布压力的形式施加，而分布压力不应小于规范公式所确定的值或采用 V 形弹性体入水撞击理论分析得到的计算值，并由其临界状态确定作用域的纵向长度。

对于艏部和艉部着水情况，由于分别是机身或主浮筒底部最前和最后的着水撞击情况，如果取规范所计算的分布压力值得到的作用域的纵向长度超出机身的几何尺寸，则应适当选取大于所计算的分布压力来分布/施加着水载荷，避免计算的浸水区域(作用域的纵向长度)可能超出前/后机身的不协调情况。

对于以双浮筒着水的水上飞机，确认为两个浮筒同时、同状态触水，且与单一机身着水情况等效。

(2) 空气动力

飞机着水时，机翼上的升力和水平尾翼上的平衡载荷直接影响着水速度、触水姿态和重心处载荷系数，对撞击情况的总载荷影响较大。试验和分析表明，撞击载荷随机翼上升力的减少而增加，即当机翼上的升力小于水上飞机重力时，水动力撞击载荷的增量约为机翼升力减少量的 1.33 倍。例如，对于着水撞击时，重心处的载荷系数为 3 的大型水上飞机，若机翼升力为零，则撞击时水面载荷可增加水上设计起飞重量(W)的 44%，即着水载荷系数增加 44%。因此，计算着水撞击载荷时应合理确定机翼上的升力(一般规定为飞机着水重力的 2/3 倍)。

飞机在波浪上着水时，一般要经受连续多次的反弹撞击，而且最大撞击载荷往往不是发生在第一次触水撞击，而是发生在速度损失不大的第二次或第三次的触水撞击瞬时。根据对某机翼的根部弯矩测量与分析结果可知，首次撞击时机翼升力约为平飞时的 85%，第二次撞击时约为 70%，所以参照英美的有关资料/规范，规定着水撞击时重心处载荷系数由两部分组成，即水面撞击载荷和机翼升力($0.67W_{zs}$)在总体坐标系 Z 向的合力与飞机设计着水重力之比。

(3) 着水撞击载荷的动态响应

飞机着水和起飞过程中，在机身或主浮筒的底部所产生的压力使其发生弹性变形，因此机身或主浮筒的底部入水时的形状有所改变，即由于机体结构弹性变形和能量吸收效应，故机体承受的水撞击力及其传递/扩散域与刚性机身相比有所不同，同时，与船底相关联的机身侧壁及其他结构的弹性对着水撞击的响应特性也有一定的影响。

理论分析和试验表明，着水撞击载荷时间上是一种载荷-时间历程。机体结构在此种激励载荷的作用下，其响应输入——载荷响应和应力/位移响应量取决于机体与水撞击时的弹性变形和结构固有振动模态，因此，作为对 CCAR 25.525(a)条款水载荷的平衡规定的补充，为确保水上飞机结构总体名义应力分析的完备性，应以着水撞击载荷-时间历程为输入，进行着水撞击(必要时考虑起飞)过程的动态响应分析。

在动态响应分析中，应主要模拟俯仰和平移两种刚体模态以及结构柔性和构型一致的机身、机翼、尾翼的相应弹性振动响应模态，这是因为这些模态是水上飞机遭遇水动力激励载荷后的结构响应主要模式，并且机身、机翼和尾翼等部件构成了一个响应总体，它们之间必须保持几何构型与变形的协调和一致。

3.1.2 水面环境/海况条件的选取

水面载荷分析计算时的运动参数主要依据有关规定，并结合我国海域的实际情况确定，但对外海起飞和着水的波浪高度不作具体规定，因为外海波浪要素具有较大的随机性，规定四级海况即确定了波高范围($1.25\ \text{m} \leqslant H_{1/3} \leqslant 2.5\ \text{m}$)，这样在水面载荷分析计算中可视使用技术要求选取浪高参数，能有效提高机体结构对海况条件的符合性，更为合理、可靠地控制机体结构强度，而且，以下背景数据对此也提供了支持。

我国国家海洋局颁布的统计数据表明：三级海况浪高，$0.5\ \text{m} \leqslant H_{1/3} \leqslant 1.25\ \text{m}$；四级海况浪高，$1.25\ \text{m} \leqslant H_{1/3} \leqslant 2.5\ \text{m}$；$\bar{H} \leqslant 1.3\ \text{m}$(即 $H_{1/3} \leqslant 2.1\ \text{m}$)的概率为 78.8%；$\bar{H} \leqslant 1.6\ \text{m}$(即 $H_{1/3} \leqslant 2.6\ \text{m}$)的概率为 86.55%。当限制 $L/H = 20 \sim 40$ 时，上述两个概率分别为 45.88%和 51.29%。

因此，在水面载荷分析计算中，四级海况的规定是合理的。

同时，由黄海、渤海、东海、南海的风向与波浪转播方向之间关系的统计可知：风浪和风向基本保持一致(±45°范围内)的概率达 82%以上；涌浪和风向基本保持一致的概率达 75%以上。而由于海岸的影响(屏障效应)，内海水面风和浪的方向保持一致的概率较低，所以规定外海风和浪的方向一致，内海风和浪的方向呈任意角度。

3.1.3 水面载荷计算工况

1. 船体载荷系数

本部分给出了船体水载荷系数的理论计算方法和试验验证方法。

(1) 理论计算方法验证

在进行水上飞机/水陆两栖飞机结构设计和强度校核过程中，船体载荷系数主要通过理论计算方法得到，该方法主要来源于 CCAR 23 部和 CCAR 25 部，具体计算方法如下：

1) 船体着水载荷系数

船体着水载荷系数计算公式来源于 CCAR 23 部和 CCAR 25 部的第 527 条，着水情况根据船体与水面的接触位置不同，分为断阶着水、船首和船尾着水。

对于断阶着水情况：

$$n_w = \frac{C_1 V_{SO}^2}{(\tan^{2/3}\beta)W^{1/3}} \tag{3.1}$$

对于船首和船尾着水情况：

$$n_w = \frac{C_1 V_{SO}^2}{(\tan^{2/3}\beta)W^{1/3}} \times \frac{K_1}{(1+r_x^2)^{2/3}} \tag{3.2}$$

式中：

n_w——水面反作用载荷系数(即水面反作用力除以水上飞机重力)；

$C_1=0.009\ 22$(公制：$C_1=0.009\ 22$；英制：$C_1=0.012$)，为水上飞机操纵经验系数(但此系数不得小于为获得断阶载荷系数最小值 2.33 所需要的数值)；

V_{SO}——襟翼打开在相应的着水位置，不考虑滑流影响的水上飞机失速速度(kn[①])；

β——在确定载荷系数的纵向站位处的斜升角(°)，如图 3.1 所示；

W——水上飞机设计着水质量(kg)；

K_1——船体站位的经验加权系数，如图 3.2 所示；

r_x——平行于船体基准轴，从水上飞机重心到进行载荷系数计算的船体纵向站位的距离与水上飞机的俯仰回转半径之比。船体基准轴为一条在对称平面内与主断阶处龙骨相切的直线。

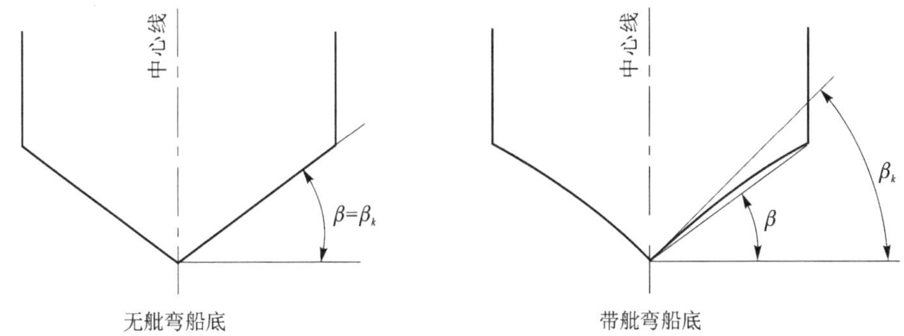

图 3.1　水上飞机/水陆两栖飞机的角度、尺寸和方向的图解定义

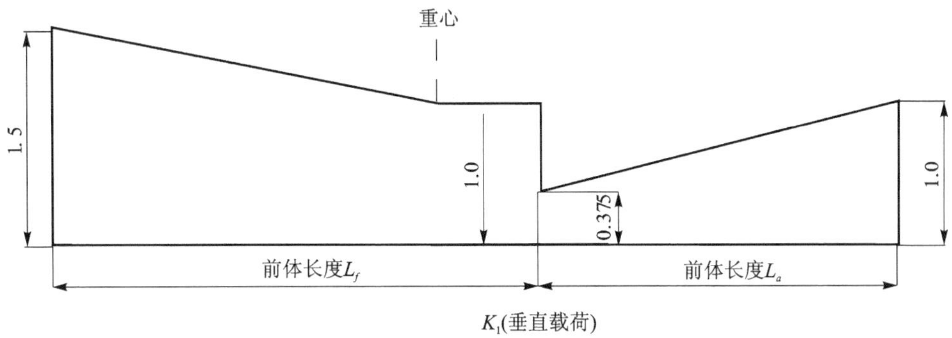

图 3.2　水上飞机船体各站位 K_1 系数

① 1 kn≈0.514 m/s。

对于双浮筒水上飞机，由于浮筒与水上飞机连接的柔性影响，可以将船首和船尾处的系数 K_1 减少到图 3.2 所示值的 80%，这种减少仅适用于传力构架和水上飞机机体结构的设计。

在进行水上飞机/水陆两栖飞机船体着水载荷系数分析时，由于着水时风浪的作用以及飞机本身的特点，将水上飞机/水陆两栖飞机着水过程分为对称着水和非对称着水，具体分析方法主要来源于 CCAR 23 部和 CCAR 25 部第 531 条，具体计算方法如下：

对于对称断阶、船首和船尾着水，水面反作用限制载荷系数按 CCAR 25.527 计算确定。此外，采用下列规定：

① 对于对称断阶着水，水载荷的合力必须在龙骨上，通过重心且与龙骨线垂直；

② 对于对称船首着水，水载荷的合力必须作用在从船首到断阶的纵向距离 1/5 处的龙骨上，且与龙骨线垂直；

③ 对于对称船尾着水，水载荷的合力必须作用在从断阶到尾柱的纵向距离 85%处的龙骨上，且与龙骨线垂直。

船体式水上飞机和单浮筒水上飞机必须检查非对称的断阶、船首和船尾着水情况。此外，采用下列规定：

① 每一情况的载荷均由向上分量和侧向分量组成，其值分别等于相应的对称着水情况合力乘以 0.75 和 $0.25\tan\beta$；

② 载荷向上分量的作用点和方向与对称情况相同，侧向分量的作用点在向上分量的同一纵向站位处，作用于龙骨线和舭线之间的中点，但方向朝内并垂直于对称平面。

2）船体起飞载荷系数

船体着水载荷系数计算公式来源于 CCAR 23 部和 CCAR 25 部的第 531 条，对于机翼及其与船体或主浮筒的连接，采用下列规定：

① 假定机翼的气动升力为零；

② 必须施加向下的惯性载荷，其对应的载荷系数按下式计算：

$$n=\frac{C_{TO}V_{S1}^{2}}{(\tan^{2/3}\beta)W^{1/3}} \tag{3.3}$$

式中：

n——惯性载荷系数；

C_{TO}——0.003 07（公制：$C_{TO}=0.003\ 07$；英制：$C_{TO}=0.004$），为水上飞机操作经验系数；

V_{S1}——襟翼打开在相应的起飞位置，在水面设计起飞重量下的水上飞机失速速度(kn)；

β——主断阶处的斜升角(°)；

W——水上设计起飞重量(kg)。

（2）水池试验验证方法

水池试验是获取船体载荷系数的技术手段之一，根据船体载荷系数的不同试验方法有所区别，其中船体着水载荷系数通过全机无动力模型水池着水试验测试得到，船体起飞载荷系数通过全机带动力模型水池拖曳试验测试得到。

船体载荷系数水池试验分为静水着水试验和波浪着水试验，通过在模型艏部、重心、艉部布置若干加速度传感器，测量模型在着水和滑水过程中的垂直加速度和纵向加速度，分析飞机在不同着水位置和不同滑水速度时的载荷情况。着水位置可通过底部压力传感器或者高速摄像机判定。试验状态选取要充分考虑影响船体和主浮载荷系数的各参数，以确保得到最严重的载荷系数情况。

2. 船体底部压力

本部分给出了水上飞机/水陆两栖飞机在水面起降过程中，船体和主浮筒底部压力的计算公式以及试验验证方法。

(1) 理论计算方法验证

船体底部压力主要用于设计船体结构，包括构架、隔框、长桁和底板。在民用水上飞机/水陆两栖飞机设计过程中，该压力主要通过 CCAR 23 部和 CCAR 25 部第 533 条计算得到。

1) 局部压力

对于无舭弯的船底，舭处的压力为龙骨处压力的 75%，龙骨与舭之间的压力按图 3.3 呈线性变化。龙骨处的压力按下式计算：

$$P_k = C_2 \times \frac{K_2 V_{S1}^2}{\tan \beta_k} \tag{3.4}$$

式中：

P_k——龙骨上的压力(Pa)；

C_2——14.7(公制：$C_2=0.000\ 15$；英制：$C_2C=0.002\ 13$)；

K_2——船体站位加权系数，如图 3.4 所示；

V_{S1}——襟翼打开在相应的起飞位置，水面设计起飞重量下的水上飞机失速速度(kn)；

β_k——在龙骨处的斜升角(°)，如图 3.1 所示。

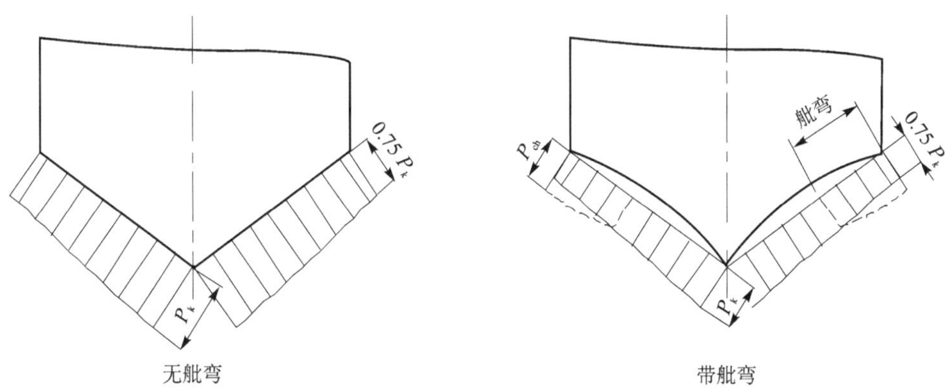

图 3.3　水上飞机/水陆两栖飞机局部压力图

对于带舭弯的船底，舭弯起点处的压力与无舭弯船底的压力相同。舭和舭弯起点之间的压力按图 3.3 呈线性变化。压力分布与 CCAR 25 部第 533 条(b)(1)无舭弯船底的规定相同，但舭处的压力按下式计算：

$$P_{ch} = C_3 \times \frac{K_2 V_{S1}^2}{\tan \beta} \tag{3.5}$$

式中：

P_{ch}——舭处的压力(Pa)；

C_3——11.0(公制：$C_3=0.000\ 113$；英制：$C_3=0.001\ 6$)；

K_2——船体站位加权系数，如图 3.4 所示；

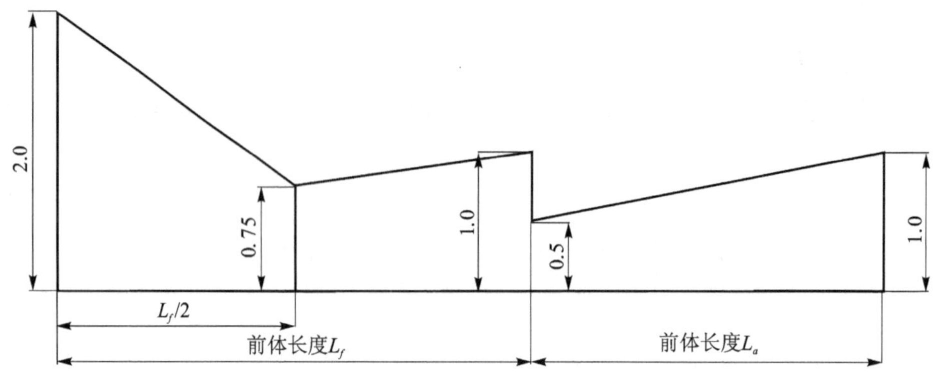

图 3.4 水上飞机/水陆两栖飞机船体各站位加权系数

V_{S1}——襟翼打开在相应的起飞位置，水面设计起飞重量下的水上飞机失速速度(kn)；

β——相应站位处的斜升角(°)。

2）压力分布

对称压力按下式计算：

$$P = C_4 \times \frac{K_2 V_{SO}^2}{\tan \beta} \tag{3.6}$$

式中：

P——压力(Pa)；

C_4——700.0C_1（公制：C_4=0.005 49C_1；英制：C_4=0.078C_1），C_1 按 CCAR 25.527 计算；

K_2——船体站位加权系数，如图 3.4 所示；

V_{SO}——襟翼打开在相应的着水位置，不考虑滑流影响的水上飞机失速速度(kn)；

β——相应站位处的斜升角(°)。

非对称压力分布由作用在船体或主浮筒中心线一侧的压力和作用在船体或主浮筒中心线另一侧的该压力的一半组成，如图 3.3 所示。

（2）水池试验验证方法

船体底部压力主要通过全机无动力模型着水试验测试得到。

在进行全机无动力着水试验前，须制定详细的船体和主浮筒底部压力测试方案，根据需要在船体和主浮筒底部布置若干压力传感器，传感器位置和量程须进行充分论证，另外，须对模型重量、重心、惯量进行预估，确定模型尺寸和传感器数量。试验状态选取要充分考虑影响船体和主浮筒底部压力的各参数，以确保得到最严重的底部压力情况。

3. 浮筒水载荷

辅助浮筒载荷主要用于浮筒和其连接以及支承结构连接的设计。在民用水上飞机/水陆两栖飞机设计过程中，该载荷主要通过 CCAR 23 部和 CCAR 25 部的第 533 条和 535 条计算得到。

1）断阶载荷

水载荷的合力必须作用在浮筒的对称平面内，作用点位于从筒首到断阶的距离的 3/4 处，方向必须与龙骨垂直，限制载荷的合力按下式计算，但 L 值不必超过浮筒完全浸没时排水量的 3 倍：

$$L=\frac{C_5V_{SO}^2W^{2/3}}{(\tan^{2/3}\beta)(1+r_y^2)^{2/3}} \tag{3.7}$$

式中：

L——限制载荷(kg;N)；

C_5——0.039 9(公制：$C_5=0.008\ 98$；英制：$C_5=0.005\ 3$)；

V_{SO}——襟翼打开在相应的着水位置，不考虑滑流影响的水上飞机失速速度(kn)；

W——水上飞机设计着水重量(kg)；

β——从筒首到断阶的距离的 3/4 站位处的斜升角，但不必小于 15°；

r_y——重心和浮筒对称面之间的横向距离与滚转时的回转半径之比。

2）筒首载荷

限制载荷的合力必须作用在浮筒的对称平面内，作用点位于筒首到断阶的距离的 1/4 处；方向必须与通过该点的龙骨线的切线垂直，载荷合力的大小为 CCAR 25 部第 535 条(b)规定的值。

3）非对称断阶载荷

水载荷的合力由等于 CCAR 25 部第 535 条(b)规定载荷的 75％的向上分量和等于 CCAR 25 部第 535 条(b)规定载荷乘以 0.25tan β 的侧向分量组成。侧向载荷必须作用于龙骨和舭之间的中点并垂直于浮筒的对称平面。

4）非对称筒首载荷

水载荷的合力由等于 CCAR 25 部第 535 条(c)规定载荷的 75％的向上分量和等于 CCAR 25 部第 535 条(c)规定载荷乘以 0.25tan β 的侧向分量组成。侧向载荷必须作用于龙骨和舭之间的中点并垂直于浮筒的对称平面。

5）浮筒浸没情况

载荷的合力必须作用在浮筒横截面的形心上，且位于从筒首到断阶的距离的 1/3 处，限制载荷分量如下：

$$\text{垂直载荷}=\rho gV \tag{3.8}$$

$$\text{向后载荷}=C_X\frac{\rho}{2}V^{2/3}(KV_{SO})^2 \tag{3.9}$$

$$\text{侧向载荷}=C_Y\frac{\rho}{2}V^{2/3}(KV_{SO})^2 \tag{3.10}$$

式中：

ρ——水的密度(kg/m³)；

V——浮筒体积(m³)；

C_X——0.012 4(公制：$C_X=0.012\ 4$；英制：$C_X=0.133$)，阻力系数；

C_Y——0.009 8(公制：$C_Y=0.009\ 8$；英制：$C_Y=0.106$)，侧向力系数；

K——0.8，如果表明在正常操作情况下，速度为 $0.8V_{SO}$ 时浮筒不能浸没，则可用较小的数值；

V_{SO}——襟翼打开在相应的着水位置，不考虑滑流影响的水上飞机失速速度(kn)；

g——重力加速度(m/s²)。

6）浮筒底部压力

浮筒底部压力必须根据 CCAR 25.533 制定，但公式中的 K_2 值取为 1.0。浮筒底部压力的斜升角按 CCAR 25 部第 535 条(b)规定。

4. 水舵载荷

水上飞机/水陆两栖飞机的水舵必须满足下列要求：

① 水舵的强度和载荷应满足水上飞机和水陆两栖飞机在水面运行期间可能遭遇的最不利工况环境、滑行速度和转弯半径等所有组合载荷情况对强度的要求。

② 水舵及其邻近结构必须按下列载荷规定进行设计：

水舵的限制载荷垂直于舵面弦线，并按下式确定：

$$P_{舵} = \frac{1}{2}\rho C_L V^2 S = \frac{1}{2} \times 1\,025 \times 0.25V^2 S \approx 128V^2 S \tag{3.11}$$

式中：

$P_{舵}$——水舵限制载荷(N)；

V——水舵的允许使用速度(m/s)；

S——水舵面积(m^2)。

5. 锚泊载荷

水上飞机/水陆两栖飞机锚泊装置按以下锚泊载荷进行设计：

① 必须根据最大水上使用重量的各种运行重量进行载荷分析；

② 必须考虑能安全稳定锚泊时，飞机不随风浪漂移；

③ 必须考虑不能正常锚泊时，主承力件不能先于锚泊接头破坏；

④ 飞机锚泊时连接接头及其邻近结构按下列载荷进行设计：

$$F_{1x} = 0.6129\ C_{1x} S V_w{}^2 \tag{3.12}$$

式中：

F_{1x}——空气阻力(N)；

C_{1x}——水上飞机处于降落迎角时的阻力系数；

S——面积(m^2)；

V_w——按战术技术要求规定的风速(m/s)。

$$F_{2x} = 0.023 W_{anc} V_b^2 \tag{3.13}$$

式中：

F_{2x}——水阻力(N)；

W_{anc}——水上飞机抛锚时的重量(kg)；

V_b——波速(m/s)。

$$F_R = \frac{F_{1x} + F_{2x}}{\cos(\alpha + \Delta\alpha)} \tag{3.14}$$

式中：

F_R——连接接头所受的拉力(N)；

α——钢索方向与水面的夹角(°)；

$\Delta\alpha$——水上飞机位于波峰时 α 角的增量(°)。

6. 起落架水中收放载荷

提出以下条款进行起落架水中收放载荷分析：

① 必须根据在可能遇到的最恶劣水面条件下正常运行时出现的任何情况进行设计。

② 必须考虑飞机进行水中收放起落架的滑行速度、起落架伸出或收回速度以及起落架水下部分受到的水阻力。

③ 在起落架的收放过程中，起落架以及有关构件作用有惯性载荷、水动载荷、弹簧力和开锁作动筒的开锁力等外载荷，这些载荷应由收放作动筒平衡。

④ 起落架水中收放载荷可按经验公式确定：

水陆两栖飞机起落架在水中收放使用过程中，其最大载荷工况处于起落架与滑行方向垂直时，此时起落架水中收放限制载荷为

$$P_{起}=\frac{1}{2}\rho C_D V^2 S=\frac{1}{2}\times 1\,025\times 1.0V^2 S\approx 513V^2 S \tag{3.15}$$

式中：

$P_{起}$——起落架水中收放限制载荷(N)；

V——起落架水中收放时飞机的滑水速度与波浪速度叠加后的速度(m/s)；

S——起落架的迎水面积(m^2)。

7. 水上与坡道牵引载荷

提出以下条款进行水上与坡道牵引载荷分析：

① 必须根据在可能遇到的最恶劣水面条件下正常运行时出现的任何情况进行设计。

② 在进行水上与坡道牵引时，主承力件不得先于牵引装置发生破坏。

③ 水面与坡道牵引条件按下述要求确定：

a. 可借助机身前部牵引环，使用船牵引拖曳；

b. 水面滑行速度不大于 10 km/h。

通过飞机首部牵引环(机头在前)或者尾部牵引环(机尾在前)进行水面牵引，作用在机尾牵引装置上的限制载荷由下式确定：

$$P_{尾}=0.2W_{to} \tag{3.16}$$

式中：

W_{to}——飞机设计起飞重量(kg)。

若机身前部左右各布置一个牵引环，同时使用两个牵引环牵引，则作用在每个牵引环上的限制载荷由下式确定：

$$P_{首1}=0.1W_{to} \tag{3.17}$$

若机身前部只有一个牵引环，则作用在牵引环上的限制载荷由下式确定：

$$P_{首2}=0.2W_{to} \tag{3.18}$$

④ 牵引出水。

绞车通过两根连接在机头连接接头上的缆绳将飞机牵引出水，并由两人通过绳子控制前起落架上的拖挂装置，让前轮转向。当牵引飞机出水时，前连接接头和主起落架撑杆上的固定装置受到力的作用，每个分支间力达到平衡。

作用在机头连接接头上的限制载荷由下式确定：

$$P_x^P=W_{max}\times(\tan\varphi_{wr}+f_{fr})\times k_{dyn}\times 1.5 \tag{3.19}$$

式中：

W_{max}——飞机牵引出水时的重量；

$\tan\varphi_{wr}$——下滑道坡度角；

f_{fr}——摩擦系数；

k_{dyn}——动力系数。

每个分支的限制载荷为

$$P_x^1 = 0.5 P_x^P k_{unbalance} \tag{3.20}$$

式中：

$k_{unbalance}$——分支力不平衡系数。

3.2 水面载荷适航条款及解读

运输类水面飞行器的水载荷设计必须满足 CCAR 25 的要求，以满足适航要求，准确理解以及合理地使用相关条款是民用飞机地面载荷设计的关键。而对于正常类、实用类、特技类和通勤类飞机，则按照 CCAR 23 的要求执行。

水面飞行器在水面上起飞、滑水、着水的过程中，飞机受到复杂的水动载荷和惯性载荷，决定这些载荷的主要因素包括飞机的着滑水重量及其分布、转动惯量、机身底部触水部位的几何外形及结构弹性、机身底部或主浮筒与水接触的位置（断阶、船艏、船艉）；飞机着滑水过程中的运动参数（纵倾角、水平速度、下沉速度等）；水面的风况（大小、方向）和波浪要素（波高、波长、传播方向）。水上飞机/水陆两栖飞机应根据使用中可能遇到的最恶劣海况条件下正常运行时可能出现的各种姿态，以起飞和着水过程中的相应向前和下沉速度所产生的水载荷进行设计。

3.2.1 §25.521 总则

1. 条款原文

① 水上飞机必须根据在很可能遇到的最恶劣海上条件下正常运行时很可能出现的任何姿态，以相应的向前和下沉速度起飞和着水过程中所产生的水载荷进行设计。

② 除非对水面载荷做出更合理的分析，否则采用第 25.523 条至第 25.537 条的规定。

③ 本条和第 25.523 条至第 25.537 条的要求也适用于水陆两用机。

2. 条款解释

(1) 25.521(a)

1) 条文的要求

本款对水上飞机结构强度设计提出总的要求。

2) 对要求的说明

水上飞机是在水面起飞、降落的特殊机种。为了保证它在可能遇到的水面上安全地起飞、着水和滑水，不仅要求它满足水面喷溅特性、操纵性和稳定性，还必须能够承受正常使用中可能出现的水载荷。

还须指出，这里提到的姿态及前进速度、下沉速度是相对于平静水面而不是相对于波浪水面的。

(2) 25.521(b)

1) 条文的要求

本款是对§25.521(a)款的验证方法进行说明。

2）对要求的说明

水上飞机起飞、着水载荷的大小取决于许多因素，除了本条(a)款提到的海况、姿态、前进速度和下沉速度以外，还有下面条款中将提到的重量、船底线型等。§25.523 至§25.527 条的各项规定是在水上飞机着水撞击理论及大量试验资料的基础上建立的半经验公式，是合理可靠的。因此在无更合理方法时，可以用它们来确定水上飞机起飞、着水载荷，进行结构设计。

(3) 25.521(c)

1）条文的要求

指出水陆两用飞机的水载荷也可用这些规定确定。

2）对要求的说明

水陆两用飞机是既能在陆地跑道又能在水面上起飞、降落的特殊机种，因此它也必须满足水上飞机的有关要求。

3. 与其他规范对比分析

本条款要求与 CCAR 23 中条款要求一致。

3.2.2　§25.523 设计重量和重心位置

1. 条款原文

① 设计重量:必须在直到设计着水重量的各种运行重量下满足水载荷要求。但对于第 25.531 条中所述的起飞情况，必须采用水面设计起飞重量(水面滑行和起飞滑跑的最大重量)。

② 重心位置:必须考虑在申请合格审定的重心限制范围内的临界重心，以获得水上飞机结构每一部分的最大设计载荷。

2. 条款解释

(1) 设计重量条文解释

1）条文的要求

在水上飞机结构强度设计时，必须考虑各种使用重量下的水载荷。

2）对要求的说明

① 重量是影响水上飞机水载荷的主要因素之一，这可以从§25.527 等条款的载荷系数公式中清楚地看到，另外重量的大小还直接影响飞机的起飞和着水速度，亦对水载荷产生影响。

② 起飞重量是水上飞机起飞滑行时的重量，是水机运营中的最大重量，虽然起飞情况规定的载荷系数(见§25.521)与着水情况相比要小一些，但由于此时机翼上的有效装载较多，气动升力又比较小，这样滑行中气动升力不能像着水时那样抵消一部分向下的惯性力而使惯性力成为构成机翼下壁板严重情况设计时的主导载荷。所以机翼及船身、浮筒连接部位设计都要考虑此情况。

(2) 重心位置条文解释

1）条文的要求

在进行结构设计时，必须要考虑在申请合格审定的重心范围内的各个最不利的重心位置，以确保结构安全。

2）对要求的说明

重心位置变化意味着飞机重量分布的变化和惯性矩的变化，这将直接影响艏部的撞击载荷的大小。加之重量分布变化将引起结构内力的变化，所以要获得结构各部位最大的设计载荷，必须要考虑各种可能使用的重心位置时的水载荷，从而找出最不利重心位置情况下结构某一部位的设计载荷。

3. 与其他规范对比分析

本条款要求与 CCAR 23 中条款要求一致。

3.2.3 §25.525 载荷的假定

1. 条款原文

① 除非另有规定，否则假定水上飞机作为一个整体承受与第 25.527 条规定的载荷系数相应的载荷。

② 在施加按第 25.527 条中规定的载荷系数得到的载荷时，可以用不小于第 25.533(b)条中规定的压力把该载荷分布于整个船体或主浮筒的底部（以避免在水载荷作用部位出现过大的局部剪切载荷和弯矩）。

③ 对于双浮筒水上飞机，每个浮筒必须作为一架假想的水上飞机的一个等效船体，其重量等于该双浮筒水上飞机重量的一半。

④ 除第 25.531 条的起飞情况外，在着水时，假定水上飞机的气动升力为水上飞机重力的 2/3。

2. 条款解释

(1) 25.525(a)

略。

(2) 25.525(b)

1）条文的要求

推荐了一种分布载荷的方法。

2）对要求的说明

§25.527 给出的是集中载荷，实际上水上飞机着水载荷是分布在浸水面积上的分布载荷。§25.533(b)规定的局部压力是指水上飞机与水面撞击过程中，船底某一局部区域内的最大压力，主要用于船底底板、长桁及其支承结构连接的设计。因此按照此压力来分布水载荷，既可保证船底结构的安全，又能避免在水载荷作用部分出现过大的局部剪力和弯矩。

艏部最靠前的和艉部最靠后的撞击，用局部压力来分布有可能超出船体，因此条文规定为以不小于§25.533(b)规定的压力来分布载荷，从而避免这一不协调现象。

(3) 25.525(c)

略。

(4) 25.525(d)

1）条文的要求

规定了水上飞机在起飞、着水过程中的气动升力的取值。

2）对要求的说明

水上飞机在波浪水面上着水总是被多次撞击，撞击载荷往往不是在第一次撞击达最大值，而是在速度损失不太大的第二次或第三次撞击。根据机翼根部弯矩测量可知，首次撞击时飞机升力约为重力的 85%，第二次撞击在 70%左右。所以出于安全考虑，将其规定为重力的 2/3。

水上飞机在起飞滑行时，由于滑行撞击往往发生在低速，且迎角又较小，故升力可近似为零。

3. 与其他规范对比分析

CCAR 23 中本条的(b)款与 25 部不同，其具体表述如下：

在施加按第 23.527 条中规定的载荷系数得到的载荷时，可以用不小于第 23.533(c)条中规定的压力把该载荷分布于整个船体或主浮筒的底部(以避免在水载荷作用部位出现过大的局部剪切载荷和弯矩)。

3.2.4　§ 25.527 船体和主浮筒载荷系数

1. 条款原文

水面反作用载荷系数 n_w 必须以下列方法计算：

① 对于断阶着水情况：

$$n_w = \frac{C_1 V_{SO}^2}{(\tan^{2/3}\beta)W^{1/3}} \tag{3.21}$$

② 对于船首和船尾着水情况：

$$n_w = \frac{C_1 V_{SO}^2}{(\tan^{2/3}\beta)W^{1/3}} \times \frac{K_1}{(1+r_x^2)^{2/3}} \tag{3.22}$$

式中：

n_w——水面反作用载荷系数(即水面反作用力除以水上飞机重力)；

C_1——0.009 22(公制：$C_1=0.009\ 22$；英制：$C_1=0.012$)，为水上飞机操纵经验系数(但此系数不得小于为获得断阶载荷系数最小值 2.33 所需要的数值)；

V_{SO}——襟翼打开在相应的着水位置，不考虑滑流影响的水上飞机失速速度(kn)；

β——在确定载荷系数的纵向站位处的斜升角(°)，如图 3.1 所示；

W——水上飞机设计着水重量(kg)；

K_1——船体站位的经验加权系数，如图 3.2 所示；

r_x——平行于船体基准轴，从水上飞机重心到进行载荷系数计算的船体纵向站位的距离与水上飞机的俯仰回转半径之比。船体基准轴为一条在对称平面内与主断阶处龙骨相切的直线。

对于双浮筒水上飞机，由于浮筒与水上飞机连接的柔性影响，可以将船首和船尾处的系数 K_1 减少到图 3.2 所示值的 80%，这种减少仅适用于传力构架和水上飞机机体结构的设计。

2. 条款解释

(1) 25.527(a) (b)

1) 条文的要求

给出了船体和主浮筒断阶、船首和船尾着水载荷系数的计算公式。

2）对要求的说明

条款给出的公式是建立在水上飞机着水撞击理论及大量试验数据基础上的半经验公式，公式中各个参数的物理意义及量纲都是清楚的，无须说明。

（2）25.527(c)

1）条文的要求

规定了双浮筒水上飞机机体结构及传力构架的设计载荷。

2）对要求的说明

这里仅须说明这种减小只适用于传力构架及机体结构设计，而不适用于浮筒本身设计。

3. 与其他规范对比分析

本条款要求与 CCAR 23 中条款要求一致。

3.2.5 §25.529 船体和主浮筒着水情况

1. 条款原文

（1）对称断阶、船首和船尾着水

对于对称断阶、船首和船尾着水，水面反作用限制载荷系数按第 25.527 条计算确定。此外，采用下列规定：

① 对于对称断阶着水，水载荷的合力必须在龙骨上，通过重心且与龙骨线垂直；

② 对于对称船首着水，水载荷的合力必须作用在从船首到断阶的纵向距离 1/5 处的龙骨上，且与龙骨线垂直；

③ 对于对称船尾着水，水载荷的合力必须作用在从断阶到尾柱的纵向距离 85%处的龙骨上，且与龙骨线垂直。

（2）非对称着水

船体式水上飞机和单浮筒水上飞机必须检查非对称的断阶、船首和船尾着水情况。此外，采用下列规定：

① 每种情况的载荷均由向上分量和侧向分量组成，其值分别等于相应的对称着水情况合力乘以 0.75 和 $0.25\tan\beta$；

② 载荷向上分量的作用点和方向与对称情况相同，侧向分量的作用点在向上分量的同一纵向站位处，作用于龙骨线和舭线之间的中点，但方向朝内并垂直于对称平面。

双浮筒水上飞机非对称载荷由作用于每一浮筒断阶处的向上载荷和仅作用于一个浮筒上的侧向载荷组成，其值分别等于按第 25.527 条获得的断阶着水载荷乘以 0.75 和 $0.25\tan\beta$。侧向载荷作用在浮筒龙骨线和舭线之间的中点，位于与向上载荷相同的纵向站位处，但方向朝内并垂直于对称平面。

2. 条款解释

（1）条文的要求

给出了水机不同着水状态下水载荷的大小、方向及作用点。

（2）对要求的说明

本条(c)款将非对称情况的侧向载荷处理成作用在一个浮筒上，对结构强度设计是偏于安全的。

3. 与其他规范对比分析

本条款要求与 CCAR 23 中条款要求一致。

3.2.6　§25.531 船体和主浮筒起飞情况

1. 条款原文

对于机翼及其与船体或主浮筒的连接，采用下列规定：

① 假定机翼的气动升力为零；

② 必须施加向下的惯性载荷，其对应的载荷系数按下式计算：

$$n = \frac{C_{TO}V_{S1}^2}{(\tan^{2/3}\beta)W^{1/3}} \tag{3.23}$$

式中：

n——惯性载荷系数；

C_{TO}——0.003 07（公制：C_{TO}＝0.003 07；英制：C_{TO}＝0.004），为水上飞机操作经验系数；

V_{S1}——襟翼打开在相应的起飞位置，在水面设计起飞重量下的水上飞机失速速度（kn）；

β——主断阶处的斜升角（°）；

W——水上设计起飞重量（kg）。

2. 条款解释

（1）条文的要求

对机翼及其与船身或主浮筒的连接件的设计提出要求。

（2）相关条款

§25.527 船体和主浮筒载荷系数规定了计算船身和主浮筒载荷系数时所使用的经验系数 C_1。

（3）对要求的说明

水上飞机起飞滑行中与波浪相遇实际上是一个撞击过程，所不同的是水平速度应取起飞速度，下沉速度则小于着水撞击时的下沉速度，因此经验系数取为 C_0 而不是 C_1。

假设机翼气动升力为零，是因为飞机达到起飞速度而没有抬起时，机翼处于小迎角，升力本来就不大，此时机翼上主要是向下的惯性力。把气动升力假设为零，对机翼连接部分结构强度设计要求就更为严格，因此而偏于安全。

3. 与其他规范对比分析

CCAR 23 中本条款的操作经验系数 C_{TO}＝0.003 0（公制），其余要求一致。

3.2.7　§25.533 船体和主浮筒底部压力

1. 条款原文

（1）总　则

必须按本条规定设计船体和主浮筒结构，包括构架、隔框、长桁和底板。

(2) 局部压力

对于底板、长桁及其与支承结构连接的设计,必须采用下列的压力分布:

① 对于无舭弯的船底,舭处的压力为龙骨处压力的 75%,龙骨与舭之间的压力按图 3.3 呈线性变化。龙骨处的压力按下式计算:

$$P_K = C_2 \times \frac{K_2 V_{S1}^2}{\tan \beta_k} \tag{3.24}$$

式中:

P_k——龙骨上的压力(Pa);

C_2——14.7(公制:C_2=0.000 15;英制:C_2=0.002 13);

K_2——船体站位加权系数,如图 3.4 所示;

V_{S1}——襟翼打开在相应的起飞位置,水面设计起飞重量下的水上飞机失速速度(kn);

β_K——在龙骨处的斜升角(°),如图 3.1 所示。

② 对于带舭弯的船底,舭弯起点处的压力与无舭弯船底的压力相同。

舭和舭弯起点之间的压力按图 3.3 呈线性变化。压力分布与本条(b)①无舭弯船底的规定相同,但舭处的压力按下式计算:

$$P_{ch} = C_3 \times \frac{K_2 V_{S1}^2}{\tan \beta} \tag{3.25}$$

式中:

P_{ch}——舭处的压力(Pa);

C_3——11.0(公制:C_3=0.000 113;英制:C_3=0.001 6);

K_2——船体站位加权系数,如图 3.4 所示;

V_{S1}——襟翼打开在相应的起飞位置,水面设计起飞重量下的水上飞机失速速度(kn);

β——相应站位处的斜升角(°)。

在压力作用区域内必须模拟船体或浮筒受高度集中撞击时所产生的压力,但不必扩大到对框架或整个结构会引起关键性应力的那些区域。

(3) 压力分布

对于框架、龙骨和舭结构的设计,采用下列压力分布:

① 对称压力按下式计算:

$$P = C_4 \times \frac{K_2 V_{SO}^2}{\tan \beta} \tag{3.26}$$

式中:

P——压力(Pa);

C_4——700.0C_1(公制:C_4=0.005 49C_1;英制:C_4=0.078C_1)。C_1 按第 25.527 条计算;

K_2——船体站位加权系数,如图 3.4 所示;

V_{SO}——襟翼打开在相应的着水位置,不考虑滑流影响的水上飞机失速速度(kn);

β——相应站位处的斜升角(°)。

② 非对称压力分布由本条(c)①规定的作用在船体或主浮筒中心线一侧的压力和作用在船体或主浮筒中心线另一侧的该压力的一半组成,如图 3.5 所示。

这些压力是均匀的,且必须同时作用于整个船体或主浮筒底部,所得到的载荷必须传给船

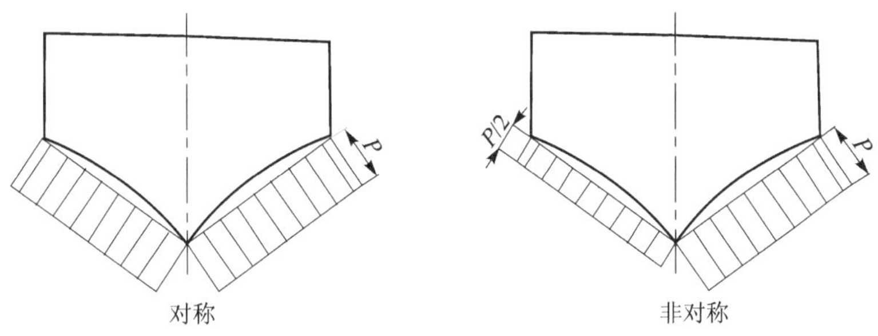

图 3.5　水上飞机/水陆两栖飞机横向压力分布图

体本身的侧壁结构，但不必作为剪切和弯曲载荷向前后传递。

2. 条款解释

(1) 25.533(a)、(b)

1) 条文的要求

对底部壁板、长桁及其支持结构的连接件的设计提出要求。

2) 对要求的说明

局部压力是指飞机与水面相遇撞击过程中，船身底部某一局部区域内压力达到最大值时的压力。由于撞击可发生在船底任意部位，所以局部压力的计算要考虑到整个船身，但是在某一时刻只能有某一些局部产生局部压力，所以此压力分布只用于局部的船底壁板、长桁及其支持结构的连接件设计。而对于带舭弯或者不带舭弯的底部，其计算公式形式上基本相同，只是经验公式 C_2、C_3 以及船底斜升角取值不同。

(2) 25.533(c)

1) 条文的要求

对框、龙骨及舭的结构设计提出要求。

2) 对要求的说明

分布压力可以理解为飞机着水撞击达到最大加速度时，撞击力在浸水面积内的平均压力。因此其计算公式与局部压力计算公式类同，关键是如何确定经验系数。

3. 与其他规范对比分析

本条款要求与 CCAR 23 中条款要求一致。

3.2.8　§25.535 辅助浮筒载荷

1. 条款原文

(1) 总　则

辅助浮筒和其连接以及支承结构，必须按本条规定的情况进行设计。在本条(b)至(e)规定的情况中，为避免局部载荷过大，可将规定的水载荷分布于整个浮筒底部，所采用的底部压力不小于本条(g)规定的数值。

(2) 断阶载荷

水载荷的合力必须作用在浮筒的对称平面内，作用点位于从筒首到断阶的距离的 3/4 处，方向必须与龙骨垂直，限制载荷的合力按下式计算，但 L 不必超过浮筒完全浸没时排水量的 3 倍：

$$L=\frac{C_5 V_{SO}^2 W^{2/3}}{(\tan^{2/3}\beta)(1+r_y^2)^{2/3}} \tag{3.27}$$

式中：

L——限制载荷(kg;N)；

C_5——0.039 9(公制：$C_5=0.008\ 98$；英制：$C_5=0.005\ 3$)；

V_{SO}——襟翼打开在相应的着水位置，不考虑滑流影响的水上飞机失速速度(kn)；

W——水上飞机设计着水重量(kg)；

β_S——从筒首到断阶的距离的 3/4 站位处的斜升角，但不必小于 15°；

r_y——重心和浮筒对称面之间的横向距离与滚转时的回转半径之比。

(3) 筒首载荷

限制载荷的合力必须作用在浮筒的对称平面内，作用点位于筒首到断阶的距离的 1/4 处；方向必须与通过该点的龙骨线的切线垂直，载荷合力的大小为本条(b)规定的值。

(4) 非对称断阶载荷

水载荷的合力由等于本条(b)规定载荷的 75% 的向上分量和等于本条(b)规定载荷乘以 $0.25\tan\beta$ 的侧向分量组成。侧向载荷必须作用于龙骨和舭之间的中点并垂直于浮筒的对称平面。

(5) 非对称筒首载荷

水载荷的合力由等于本条(c)规定载荷的 75% 的向上分量和等于本条(c)规定载荷乘以 $0.25\tan\beta$ 的侧向分量组成。侧向载荷必须作用于龙骨和舭之间的中点并垂直于浮筒的对称平面。

(6) 浮筒浸没情况

载荷的合力必须作用在浮筒横截面的形心上，且位于从筒首到断阶距离的 1/3 处，限制载荷分量如下：

$$垂直载荷=\rho g V \tag{3.28}$$

$$向后载荷=C_X\frac{\rho}{2}V^{2/3}(KV_{SO})^2 \tag{3.29}$$

$$侧向载荷=C_Y\frac{\rho}{2}V^{2/3}(KV_{SO})^2 \tag{3.30}$$

式中：

ρ——水的密度(kg/m^3)；

V——浮筒体积(m^3)；

C_x——0.012 4(公制：$C_x=0.012\ 4$；英制：$C_x=0.133$)，阻力系数；

C_y——0.009 8(公制：$C_y=0.009\ 8$；英制：$C_y=0.106$)，侧向力系数；

K——0.8，如果表明在正常操作情况下，速度为 $0.8V_{SO}$ 时浮筒不被浸没，则可用较小的数值；

V_{SO}——襟翼打开在相应的着水位置，不考虑滑流影响的水上飞机失速速度(kn)；

g——重力加速度(m/s^2)；

(7) 浮筒底部压力

浮筒底部压力必须根据第 25.533 条制定，但公式中的 K_2 取为 1.0。浮筒底部压力的斜升角按本条(b)规定。

2. 条款解释

(1) 条文的要求

辅助浮筒及其连接件和支承结构必须按本条规定的情况进行设计。

(2) 对要求的说明

浮筒底部压力取值同 § 25.533，而底部面积又比较小，若不将水载荷分布于整个浮筒底部，则会出现过大的局部载荷。就浮筒的作用来讲，水上飞机的重心高于浮心，只要重心在横向稍许偏高，就会产生加大倾斜的不稳定力矩，浮筒就以水给其的反作用力来抵消这一不稳定力矩，保持飞机的横向平衡。当然还有在倾斜着水时浮筒有可能首先接触水面，由于其离重心的横向距离较远，因而会产生一个很大的力矩，使飞机的船身接触水面。所以一般情况下着水撞击主要是靠船身，浮筒只是辅助性的，没有必要把浮筒设计得过强。

1) 25.535(b)、(c)

① 条文的要求。

规定了非沉浸浮筒合成水载荷作用的位置及其大小的计算公式。

② 对要求的说明。

非沉浸浮筒的合成水载荷计算公式实际上与 § 25.527 一样，只是把俯仰偏心着水考虑成横向偏心着水，因此它的机理和说明也与 § 25.527 相同，关键是如何合理地确定经验系数 C_5。至于苏联 1947 年飞机强度规范中浮筒的载荷情况仍取为艏部、断阶和艉部三种，而本条及英、美的水机规范只取艏部和断阶两种，主要是因为现代浮筒的断阶后的后体很短，出现艉部着水的可能性很小。艏部着水则不同，因为艏部着水往往在迎浪情况下难以避免，而且浮筒的前体较长。

2) 25.535(d)、(e)

① 条文的要求。

规定了非对称情况下确定合成水载荷的方法。

② 相关条款。

§ 25.529 船身和主浮筒着水情况。

3) 25.535(f)

① 条文的要求。

规定了沉浸浮筒合成水载荷的确定方法。

② 对要求的说明。

浮筒完全浸没后，浮筒在水下滑行时不产生升力，其垂直载荷只有浮力，向后载荷和侧向载荷是参照椭圆旋转体的载荷系数定义的方式规定的，形式如下：

$$C = \frac{L}{1/2\rho v^2 \Delta^{2/3}} \tag{3.31}$$

式中：

C——载荷系数；

L——载荷(N)；

ρ——水的密度(kg/m^3)；

v——椭圆旋转体的运动速度(m/s)；

Δ——旋转体的排水体积(m^3)。

所以只要合理地确定载荷系数，相应的载荷是不难求出的。本条规定速度为 $0.8V_{SO}$，是因为在飞机刚与水接触时，浮筒不会出现浸没情况，只有当飞机速度比较低时，飞机横向处于不稳定，浮筒才能完全浸入水中，取 $K=0.8$ 应该理解为一种经验选择。

4) 25.535(g)

① 条文的要求。

提出了确定浮筒底部压力的方法及有关参数的取值情况。

② 对要求的说明。

底部压力取值同§25.533 的规定，K_2 取为 1.0 是因为浮筒的纵向位置与飞机重心纵向位置很近，整个飞机的俯仰运动的影响对浮筒来说是不明显的。

3. 与其他规范对比分析

本条款要求与 CCAR 23 中条款要求一致。

3.2.9　§25.537 水翼载荷

1. 条款原文

用于设计的水翼载荷必须根据适用的试验数据得出。

2. 条款解释

本条指出，对于装有水下承载翼的飞机，其水载荷应通过可靠的水池模型的模拟着滑水试验确定。

3.2.10　§25.751 主浮筒浮力

1. 条款原文

每个浮筒必须满足下列要求：

① 具有比淡水中承托该水上飞机或水陆两用飞机最大重量所需要浮力大 80%的浮力；

② 至少具有 5 个容积大致相等的水密舱。

2. 条款解释

本条关于主浮筒浮力的规定主要是为机身和主浮筒总体布局设计提供依据。

3. 与其他规范对比分析

本条款要求与 CCAR 23 中条款要求一致。

第 4 章　水面载荷理论分析方法

4.1　水面载荷分析理论基础

4.1.1　Von Karman 理论

水面飞行器的降落与船舶砰击有相似之处，属于水动力冲击问题。水面飞行器的降落可简化为楔形体落入静水面的水动力冲击问题。因此，我们以 V 形楔垂直落入静水面的冲击过程来描述水面飞行器降落时入水冲击的物理现象。

设斜升角为 β，每单位长度质量为 M 的 V 形楔触水前的瞬时垂直下降速度为 V_0，冲击下沉深度为 z 时对应的垂直下降速度为 V，静水面的半宽为 C_0，实际浸湿半宽为 C，如图 4.1 所示。若忽略落体所受到的重力、浮力、水阻力等外力，应用动量守恒定理可得

$$MV_0 = (M+m)V \tag{4.1}$$

式中：m——每单位长度的附加质量。

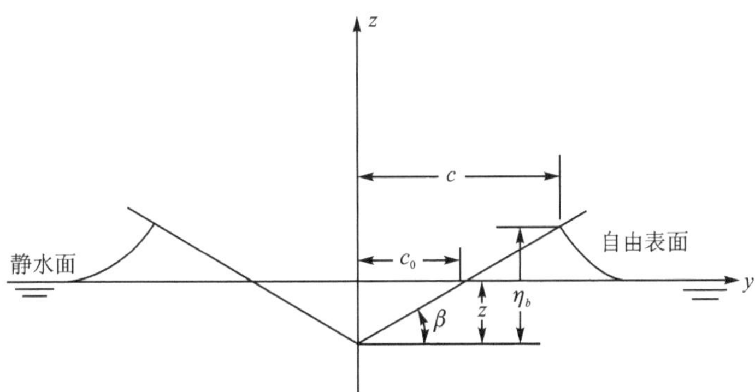

图 4.1　楔形体入水冲击

微分式(4.1)，可导得在冲击过程中某一瞬时作用于 V 形楔上的冲击力为

$$F = \frac{\mathrm{d}(mV)}{\mathrm{d}t} = \frac{V_0}{\left(1+\dfrac{m}{M}\right)^2} \cdot \frac{\mathrm{d}m}{\mathrm{d}t} = \frac{V_0^2}{\left(1+\dfrac{m}{M}\right)^3} \cdot \frac{\mathrm{d}m}{\mathrm{d}z} \tag{4.2}$$

相应的冲击加速度为

$$\frac{\mathrm{d}^2 z}{\mathrm{d}t^2} = \frac{\mathrm{d}V}{\mathrm{d}t} = \frac{-V_0}{M\left(1+\dfrac{m}{M}\right)^2} \cdot \frac{\mathrm{d}m}{\mathrm{d}t} = \frac{-V_0}{M\left(1+\dfrac{m}{M}\right)^3} \cdot \frac{\mathrm{d}m}{\mathrm{d}z} \tag{4.3}$$

以上两个表达式说明了冲击力和冲击加速度的量值，与垂直下降速度、附加质量的瞬时值及其对时间的导数有关。如果垂直下降速度和附加质量值的时间变化率都很大，则作用在 V 形楔上的冲击力就很大，加速度会发生突变。这个结论适用于任何水动力冲击现象，当然，船

舶砰击亦不例外。

求解作用在V形楔上的冲击力，归结为要能确切地给出附加质量值。而附加质量值的求算本质上是个势流问题。又因为应用动量守恒定理只能求得作用在撞水物体上某瞬间总的冲击力，不能获得物面上的冲击压力量值及其分布情况，因此，仍旧以V形楔垂直落入静水面的冲击来阐明流体力学中关于这个问题的数学处理及其具体求解方法。

假定水是理想的、不可压缩的流体，又认为V形楔入水后的流动是无旋的，这样，流场由满足拉普拉斯方程式$\nabla^2\phi=0$的速度势函数ϕ所决定。该流场在自由表面要满足的边界条件为

$$\frac{\mathrm{d}\phi}{\mathrm{d}t}=\frac{1}{2}\left[\left(\frac{\partial\phi}{\partial y}\right)^2+\left(\frac{\partial\phi}{\partial z}\right)^2\right] \tag{4.4}$$

在V形楔湿表面要满足的边界条件为

$$\frac{\partial\phi}{\partial t}=V_n \tag{4.5}$$

式中：

V_n——V形楔表面外法线$\vec{n}$方向上(指向流场)的速度。

V形楔入水冲击的初始条件是零速度势及没有水隆起的自由表面。一旦速度势函数ϕ求得，则附加质量m为

$$m=\frac{\rho}{V^2}\iint_\sigma[\mathrm{grad}\Phi]^2\mathrm{d}\sigma=\frac{-\rho^2}{V^2}\int_S\Phi\frac{\partial\Phi}{\partial n}\mathrm{d}S \tag{4.6}$$

式中：

ρ——水的密度；

σ——以水自由表面为边界的半无限整个流场；

S——整个流场的所有边界。

设大气压为P_0，由不计重力影响的伯努利方程可求得冲击压力的一般表达式为

$$P-P_0=-\rho\left[\frac{\partial\Phi}{\partial t}+\frac{1}{2}\mid\nabla\Phi\mid^2\right] \tag{4.7}$$

但是，求解这样一个非定常势流问题是比较困难的。因为在冲击过程中水自由表面的边界条件是非线性的，而且自由表面的边界形状及位置又是解中待定的。

最早将二维水动力冲击问题做简化处理的是Von Karman，他认为冲击过程是在极短的时间内发生的，忽略速度平方的二级微量，又设大气压力P_0等于零，将自由表面的边界条件做线性化处理，认为在冲击的每一瞬间自由表面就是原来的静水面，在此面上满足$\Phi=0$。这样，某瞬间的附加质量m等于宽度为$2C_0$的平板浸沉在无限水中所求附加质量值一半(忽略排挤水的影响)，即$m=0.5\rho\pi C_0^2$。由此，在冲击过程中的冲击力为

$$F=\frac{\mathrm{d}(mv)}{\mathrm{d}t}=\frac{V_0^2\rho\pi c_0\cot\beta}{\left(1+\frac{\rho\pi c_0^2}{2M}\right)^3} \tag{4.8}$$

平均压力为

$$\bar{p}=\frac{\rho V_0^2\pi\cot\beta}{2\left(1+\frac{\rho\pi c_0^2}{2M}\right)^3} \tag{4.9}$$

最大压力为

$$p_{\max}(c=0)=\frac{\rho}{2}V_0^2\pi\cot\beta \tag{4.10}$$

显然，式(4.10)中当 $\beta\to 0$ 时，F 和 $\bar{p}$ 都会趋向无穷大，这显然是不符合实际的。但对于水面飞行器着水问题，因 $\beta\approx 20°$，这些公式给出了工程上可接受的结果。

之后，Wagner 发展了 Von Karmon 的线性理论，考虑了在物体自由表面处存在水面隆起的效应，从而明显改善了浸湿半宽、附加质量、冲击力的求解，并可求出压力分布。Wagner 对于浸湿半宽 c 的求算，采用宽度为 $2c$ 的二维平板有势绕流来近似，即平板拟合法(flat plate fitting)。于是，自由表面上 $y>c$ 处，水质点垂向速度 $V_n=V/\sqrt{1-c^2/y^2}$，而水面隆起量为 $\eta=\int_0^t V_n\,\mathrm{d}t=\int_0^t(V/\sqrt{1-c^2/y^2})\,\mathrm{d}t$。

今用 $c=c(t)$ 作参变量，即 $t=t(c)$，$V=V(c)$，可以布置 $\mathrm{d}t=\frac{\mathrm{d}t}{\mathrm{d}c}\mathrm{d}c$，得

$$\eta=\int_{c=0}^{c\leqslant y}\frac{V\frac{\mathrm{d}t}{\mathrm{d}c}}{\sqrt{1-c^2/y^2}}\mathrm{d}c=\int_{c=0}^{c\leqslant y}\frac{u(c)\mathrm{d}c}{\sqrt{1-c^2/y^2}} \tag{4.11}$$

式中

$$u(c)=V\frac{\mathrm{d}t}{\mathrm{d}c} \tag{4.12}$$

在某一瞬间，当水质点在 $c=y$ 处达到物面时，水表面在 y 处的垂直坐标与剖面外形在 y 处的纵坐标一致，即 $\eta=\eta_b$，所以

$$\eta_b=\int_0^y\frac{u(c)}{\sqrt{1-c^2/y^2}}\mathrm{d}c \tag{4.13}$$

由式(4.13)可以确定浸湿半宽 c 值，然后求得附加质量 m 及冲击力 F。

设楔形体的形状用级数

$$\eta_b=a_1y+a_2y^2+a_3y^3+\cdots+a_ny^n \tag{4.14}$$

表示，并令

$$u(c)=\frac{a_1}{A_0}+\frac{a_2}{A_1}c^1+\frac{a_3}{A_2}c^2+\frac{a_4}{A_3}c^3+\cdots+\frac{a_n}{A_{n-1}}c^{n-1} \tag{4.15}$$

将式(4.15)代入 $\eta_b=\int_0^y\frac{u(c)}{\sqrt{1-c^2/y^2}}\mathrm{d}c$，并比较系数后，可得

$$A_n=\int_0^1\left(\frac{c}{y}\right)^n\left(1-\frac{c^2}{y^2}\right)^{\frac{1}{2}}\cdot\mathrm{d}\left(\frac{c}{y}\right)=\int_0^{\pi/2}\sin n\phi\,\mathrm{d}\phi=\frac{\sqrt{\pi}\Gamma\left(\frac{n+1}{2}\right)}{2\Gamma\left(\frac{n+1}{2}\right)} \tag{4.16}$$

即

$$u(c)=\frac{2}{\pi}a_1+a_2c^2+a_2c^2+a_3c^3+\cdots+a_nc^n \tag{4.17}$$

式中

$$a_n = \begin{cases} a_{n+1} \dfrac{2}{\pi} \dfrac{2 \times 4 \times 6 \times \cdots \times n}{1 \times 3 \times 4 \times \cdots \times (n-1)}, & n \text{ 为偶数} \\ a_{n+1} \dfrac{1 \times 3 \times 5 \times \cdots \times n}{2 \times 4 \times 6 \times \cdots \times (n-1)}, & n \text{ 为奇数} \end{cases} \tag{4.18}$$

进而可得

$$z = \int_0^t V \mathrm{d}t = \int_0^c u(c) \mathrm{d}c = \frac{2}{\pi} a_0 c + \frac{1}{2} a_1 c^2 + \frac{1}{3} a_2 c^3 + \cdots + \frac{1}{n+1} a_n c^{n+1} \tag{4.19}$$

由上式可以确定浸湿半宽 c 值。

对于 V 形楔，$\eta_b = \tan\beta y$，则 $u(c) = \dfrac{2}{\pi}\tan\beta$，$z = \int_0^c \dfrac{2}{\pi}\tan\beta \mathrm{d}c = \dfrac{2\tan\beta}{\pi} c$，于是浸湿半宽 $c = \dfrac{\pi}{2} c_0$，附加质量 $m = \dfrac{1}{2}\rho\pi c^2 = \left(\dfrac{\pi}{2}\right)^2 \cdot \dfrac{1}{2}\rho\pi c_0^2$。由此可见，Wagner 考虑了在冲击时发生水面隆起，从而改善了浸湿半宽及附加质量的结果。

将速度势 $\Phi = -V_c [1-(y/c)^2]^{\frac{1}{2}}$ 代入伯努利方程，求得作用在 V 形楔上的冲击压力值，其无因次比值为

$$\frac{p}{\frac{1}{2}\rho V^2} = \frac{2}{u(c)\sqrt{1-\eta^2}} + \frac{2}{\delta}\sqrt{1-\eta^2} - \frac{\eta^2}{\sqrt{1-\eta^2}} \tag{4.20}$$

式中

$$\eta = \frac{y}{c} \tag{4.21}$$

$$u(c) = V \frac{\mathrm{d}t}{\mathrm{d}c} = \frac{\mathrm{d}z}{\mathrm{d}c} \tag{4.22}$$

$$\delta = \frac{V^2}{c\left(\dfrac{\mathrm{d}V}{\mathrm{d}t}\right)} \tag{4.23}$$

对于任意冲击瞬时，可以发现：在 $y=0$ 处，p 为最小值，即

$$p_{\min} = \frac{1}{2}\rho V^2 \left[\frac{1}{u(c)} + \frac{1}{\delta}\right] \tag{4.24}$$

在 $y = c\sqrt{1-u^2(c)}$ 处，此处接近喷溅根部，也是流线簇分叉点，p 为最大值，即

$$p_{\max} = \frac{1}{2}\rho V^2 \left[\frac{2}{u(c)^2} + \frac{2}{\delta} u(c) - \frac{1-u(c)^2}{u(c)^2}\right] \tag{4.25}$$

式(4.25)如忽略 $2u(c)/\delta$，得

$$p_{\max} = \frac{1}{2}\rho V^2 \left[1 + \frac{1}{u(c)^2}\right] \tag{4.26}$$

这相当于撞水物体质量很大，撞水时撞水物体加速度很小，船舶砰击类似于这种情况。

4.1.2 Wagner 拟合理论

在 Wagner 的平板拟合法引导下，Bisplinghoff 等的菱形拟合(diamond fitting)和 Fabula 的椭圆拟合(ellipse fitting)等近似求解方法相继出台，如图 4.2 所示。其中，Fabula 的椭圆拟

合所得的近似速度势 $\phi=-V[c+\eta(c)][1-(\eta(c))^2]^{\frac{1}{2}}$，由此冲击压力无因次比值为

$$\frac{p}{\frac{1}{2}\rho V^2}=\frac{2[1+\eta'(c)][1-\eta^2(c)]^{\frac{1}{2}}}{u(c)}+\frac{2\left[1+\frac{\eta(c)}{c}\right]}{u(c)(1-\eta(c)^2)^{\frac{1}{2}}}\cdot\eta(c)^2-$$

$$\frac{\left[1+\frac{\eta(c)}{c}\right]^2\cdot\eta(c)^2}{\left[\frac{\eta(c)}{c}\right]^2+(1-\eta(c)^2)\left[1-\frac{\eta(c)^2}{c^2}\right]}+\frac{2}{\delta}\left[1+\frac{\eta(c)}{c}\right][1-\eta(c)^2]^{\frac{1}{2}} \tag{4.27}$$

式中

$$\begin{cases}\eta(c)=\eta b(y)\big|_{y=0}\\ \eta'(c)=\dfrac{d\eta_b(y)}{dy}\Big|_{y=0}\end{cases} \tag{4.28}$$

式(4.28)中，如令 $\eta(c)=\eta'(c)=0$，即为 Wagner 的冲击压力公式。

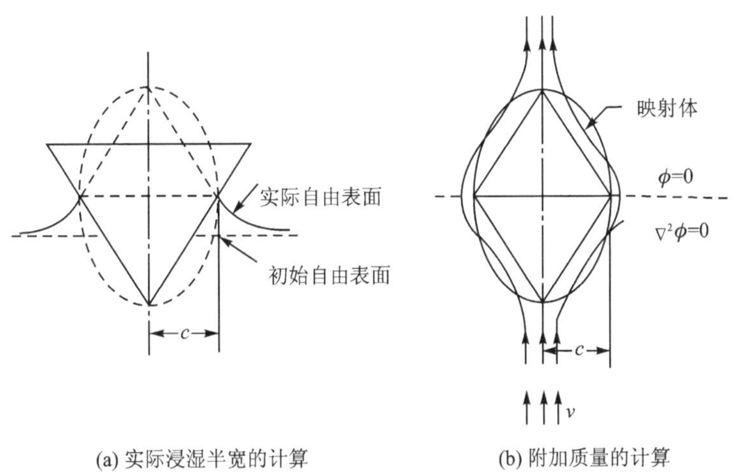

图 4.2　楔形体入水冲击的不同拟合方法

对于V形楔，采用不同拟合方法来近似求解浸湿半宽 c 与 c_0 之比值以及它们与试验值的比较可参见图 4.3。图中绘出的 c/c_0 的线性表达式为 $1+0.57(1-\beta/90°)$。

图 4.4 所示为不同拟合方法近似求解的附加质量与 Von Karman 附加质量 $0.5\rho\pi c_0^2$ 的比值，以及它们与试验值的比较。

由图 4.3 和图 4.4 可知，用 Wagner 的平板拟合近似求得的 c/c_0 及 $m/(0.5\rho\pi c_0^2)$ 的两个比值在任何斜升角时都是高于试验结果的；$\beta=20°$时，用菱形拟合近似求得的值与试验结果较符合；$\beta=30°\sim40°$时，用椭圆拟合近似求得的值与试验结果很符合。十分明显，参考文献[7]中列出的 c/c_0 公式为最简化的表达式，它在 $\beta=20°\sim40°$时与试验结果很接近，遗憾的是缺乏 $\beta=40°\sim50°$的试验数据。需要着重指出的是，当 $\beta<20°$时，任何拟合与试验结果的趋向正好相反。

这样，我们不得不返回处理水动力冲击问题的基本假设上来重新研究一下。实际上，二维物体入水冲击时的自由表面以速度势 $\Phi=0$ 做作线性处理欠妥，应该按其真实的非线性边界

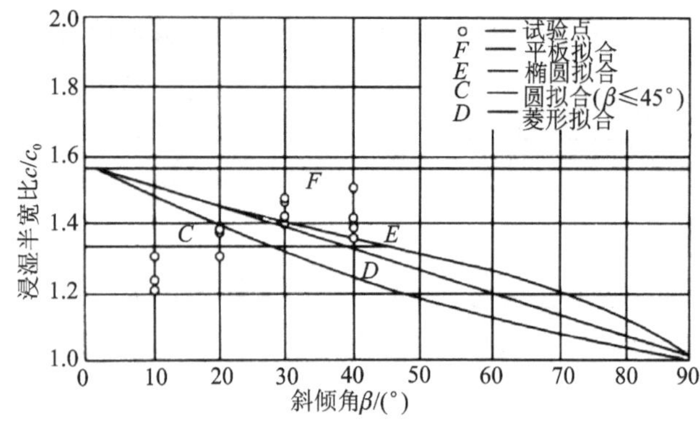

图 4.3　楔形体入水冲击时实际浸湿半宽 c 与初始自由表面半宽 c_0 之比值与斜升角 β 的关系

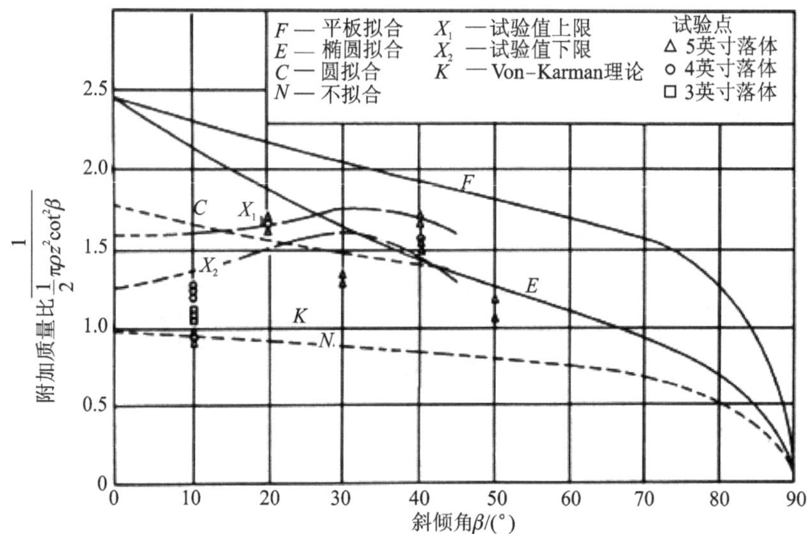

图 4.4　不同方法求得附加质量与 Von Karman 附加质量的比值与斜升角 β 的关系

条件来确定其自由表面的形状。因此,二维物体水动力冲击问题的正确求解似乎应该采用数值求解法来逐步相似,对于 β 较小的结构弹性体,还要进一步计入流固耦合和气垫的影响。

4.1.3　二维水动力冲击理论的推广

20 世纪 90 年代初,随着计算机能力的开发,水动力的数值计算获得了发展,开始广泛应用于科学和工程之中。其中比较典型的是 Zhao 和 Faltinsen 用数值计算方法来求解二维任意剖面的入水冲击问题。同样假定流体是不可压缩和无旋的,并在冲击初期忽略重力和黏性等影响,不计空气垫效应。这就意味着二维物体底部的斜升角必须大于 3°,如图 4.5 所示,流场的速度势 Φ 满足 $\nabla^2\Phi=0$,自由表面的动力条件是

$$\frac{\mathrm{D}\Phi}{\mathrm{D}t}=\frac{1}{2}\left[\left(\frac{\partial\Phi}{\partial z}\right)^2+\left(\frac{\partial\Phi}{\partial y}\right)^2\right] \tag{4.29}$$

自由表面处的运动条件是流体质点在冲击过程中始终保持在自由表面内,即在自由表面

上 $\frac{Dy}{Dt}=\frac{\partial \Phi}{\partial y}$，$\frac{Dz}{Dt}=\frac{\partial \Phi}{\partial z}$；由此，自由表面的形状可以由自由表面处的局部质点速度求得。物体湿表面的边界条件仍是 $\frac{\partial \Phi}{\partial n}=V_n$。

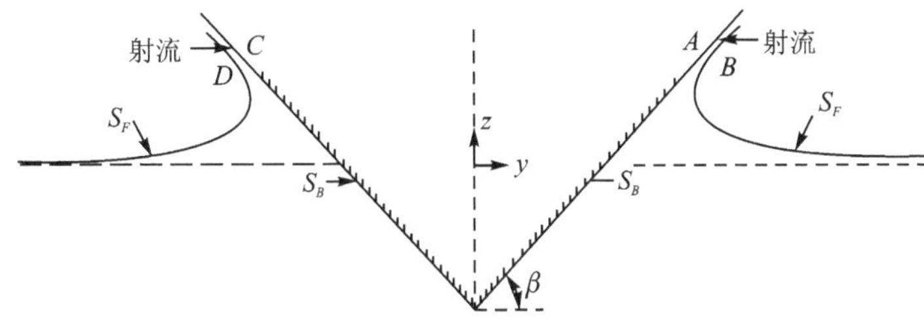

图 4.5　采用边界元方法定义楔形体入水冲击数值计算时的坐标系统及控制面

数值计算方法的难点是如何处置发生在自由表面与物体交接处的射流(jet flow)、判断发生或不发生流动的分离，以及确认整个数值求法满足质量、动量和能量的守恒。

(1) 完全非线性求解的物体入水冲击理论

作为完全非线性求解的二维物体入水冲击理论，其数值求解又可分为无流动分离和发生流动分离两种情况。

当物体入水冲击时，在自由表面与物面的交界处会产生射流。经试验证实，如果物面呈凸形，则该射流将与物面发生分离；如果物面呈凹形，则射流会沿着物体表面。在数值计算时务必将射流切断，但只是在自由表面(在它与物面交界处)靠近物面的斜坡处，才引入 AB 和 CD 的切断(见图 4.5)。

(2) 简化求解物体入水冲击理论——Wagner 方法的推广

在简化方法的求解中，基本表达式同样满足拉普拉斯方程及物面的边界条件，仅仅是与 Wagner 平板拟合的假设一样，采用了简化的动力自由表面条件，即在冲击隆起的自由表面的水平线上 $z=\zeta(t)$，取 $\Phi=0$；自由表面的运动条件是 $\frac{\partial \zeta}{\partial t}=\frac{\partial \phi}{\partial z}$，按此求得自由表面隆起的形状，如图 4.6 所示。

在流场 Ω 中，速度势的计算仍可用第二类格林函数来求解。需要说明的是，S 是控制面，它包括：

S_∞——物体远场的控制面，它对速度势的贡献为零。

S_F——自由表面，分内部部分 S_F^{in}，是从流场与物面的交点起到可以忽略冲击造成水面隆起的地方，即 $y<b(t)$ 的部分。$b(t)$ 取为 y，$c(t)$ 是二维物体的浸湿半宽。其他自由表面定义为外部部分 S_F^{out}。

S_B——物面的瞬时湿表面。

速度势的求算仍由边界元法来完成，即在自由表面和物面上划分许多线单元。

因为靠近物面与自由表面交点处的速度势变化最大，因此在该处的物面和自由表面的单元要分得细一些。

关于自由表面隆起形状的计算，实质上是与 Wagner 的平板拟合方法一样，即物体的湿表面也就是在自由表面上流体质点垂向速度随时间的积分(积到与物面相交处)。

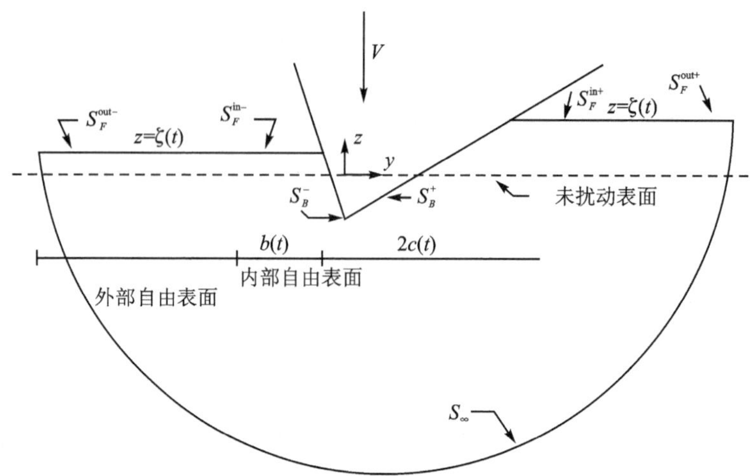

图 4.6 用来对速度势计算的流动域

以上两种二维物体入水冲击理论数值求算水面隆起、冲击压力、力和力矩，对任何非对称的二维剖面都适用，但仅限于剖面冲击只具有垂向速度的情况。这对于船舶砰击现象，该垂向速度正好就是船舶与波浪之间的垂向相对速度，也可以计及前进航速的影响。

在简化方法的计算中，认为在剖面的每一边都是相同的水面隆起；而对于完全非线性方法求解，采用的是真实的非线性自由表面条件，并认为有局部的射流存在，在求解时对射流又必须做切断处理。简化方法较完全非线性方法求解快，易被没有经验的用户所采用。另外，这两个理论计算方法都是将物体视作刚体，但如果物体的斜升角 $\beta<3°$时，理应计及气垫及流固耦合效应。

上述两个理论及求算方法的适用范围：简化方法—$0°<\beta<85°$；完全非线性方法—$20°<\beta<80°$。这是因为当 $\beta<20°$时，射流变得很薄，迫使采用较小的边界元，从而使数值计算时间会非常长；简化方法与完全非线性理论求解的结果以及 Dobrovolskaya 的相似解符合得十分好，如图 4.7 和图 4.8 所示。工程应用倾向于使用简化方法。

另外，从图 4.9 中可以发现，斜升角 β 较大($\beta>20°$)时，Wagner 求得的冲击力值会被过高预估，而 Von Karman 求得的冲击力值又会在 β 较小时被过低预估。由此可知，对于水面飞行器降落的情况，当不计及水面隆起影响时，由动量的时间变化率计算砰击力，往往可能低估了该非线性载荷。

1968 年 Dobrovolskaya 提出了一个独特的数值计算方法，她考虑二维物体的顶部可近似认为是楔形，在忽略重量的影响下，设物体入水冲击的下潜速度是常数，于是该流场具有自相似的特性，它仅取决于 x/V_0t 和 y/V_0t 这 2 个相似变量(x 和 y 是笛卡儿坐标，t 是时间，V_0 是入水速度)。Dobrovolskaya 在求解时引入了 Wagner 函数，指出 Wagner 函数是由自由表面和直线围成的。

固定边界的流动场总是已知的，通过分析自由表面上的固定压力条件及运动条件，可以将研究的问题转换为一维的非线性奇异积分方程式的求解，即

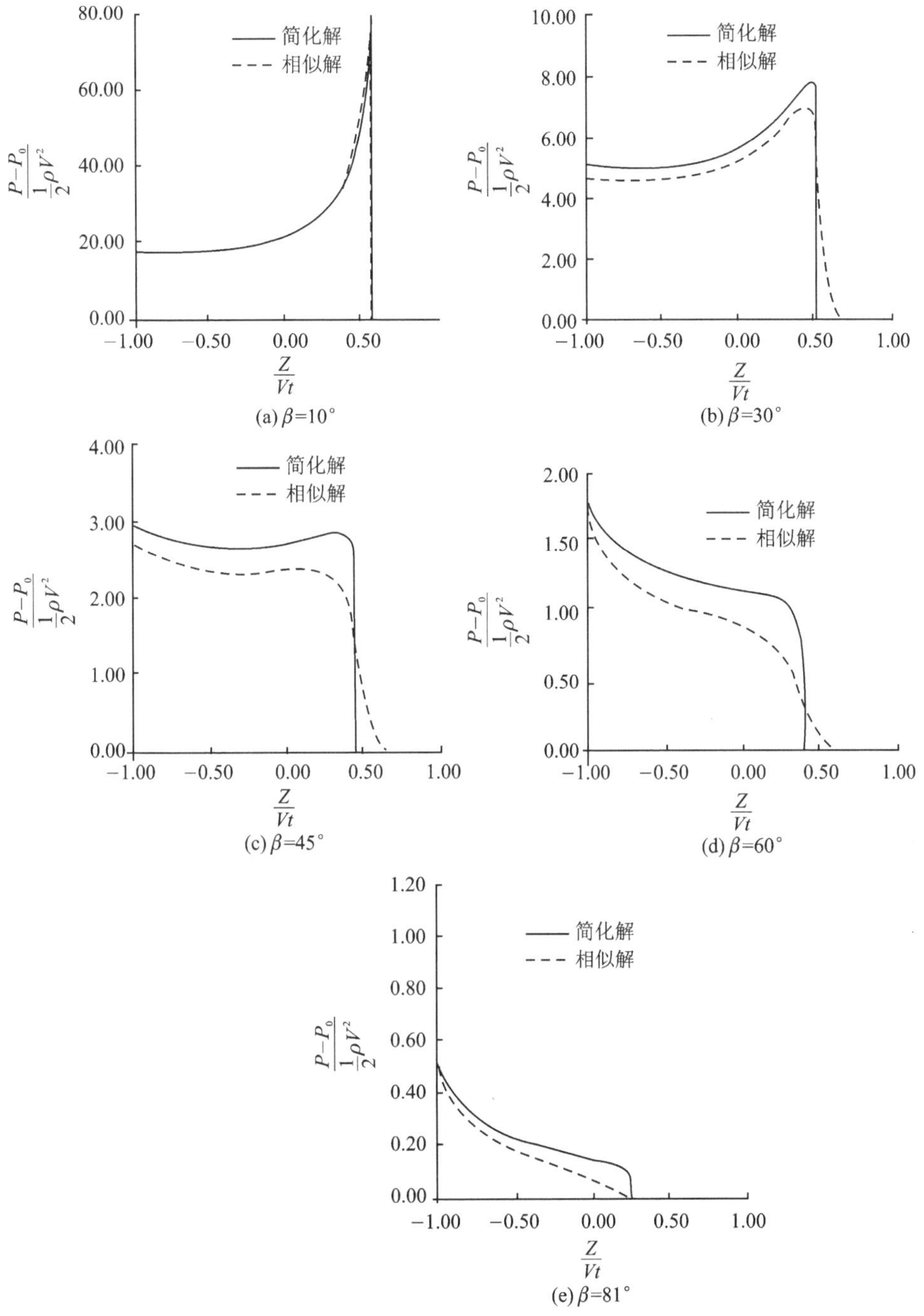

P_0—大气压；ρ—水密度；β—斜升角；z—纵坐标；t—时间；V—瞬时速度。

图 4.7 对称楔形体以固定垂直速度 V 入水冲击时的压力分布

$$f(t)=\frac{1}{\pi}\ \frac{c_0^2}{c^2}\int_0^t \frac{(1-t)^{-1-a}\exp\left[t\int_0^1 \frac{f(\tau)}{\tau(\tau-t)}\right]}{\int_t^1 t^{-\frac{3}{2}}(1-t)^{-\frac{1}{2}+a}\exp\left[-t\int_0^1 \frac{f(\tau)}{\tau(\tau-t)}\mathrm{d}\tau\right]\mathrm{d}t} \tag{4.30}$$

$$\frac{c_0^2}{c^2}=\frac{\int_{\frac{1}{2}}^{1} r^{-\frac{3}{2}}(1-\gamma)^{-\frac{1}{2}+a}(2r-1)^{-a}\exp\left[-\int_0^1 \frac{f(\tau)\mathrm{d}\tau}{\tau[\tau(2-(1/r))-1]}\right]\mathrm{d}r}{\int_{\frac{1}{2}}^{1}(1-r)^{-1-a}(2r-1)^{-1-a}\exp\left[-\int_0^1 \frac{f(\tau)\mathrm{d}\tau}{\tau[\tau(2-(1/r))-1]}\right]\mathrm{d}r} \tag{4.31}$$

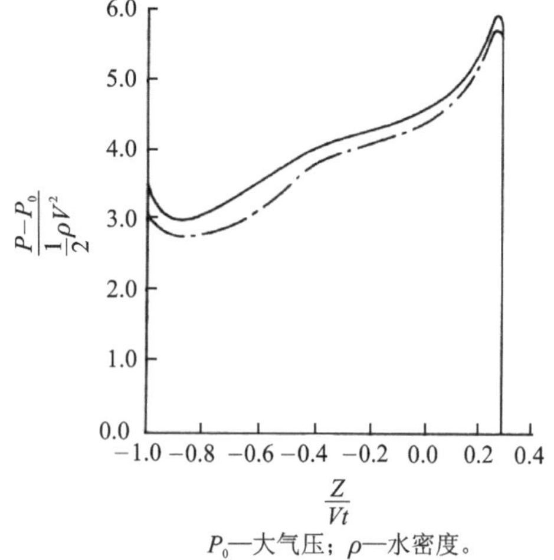

P_0—大气压；ρ—水密度。

图 4.8 船首外飘剖面入水冲击时数值计算的压力分布

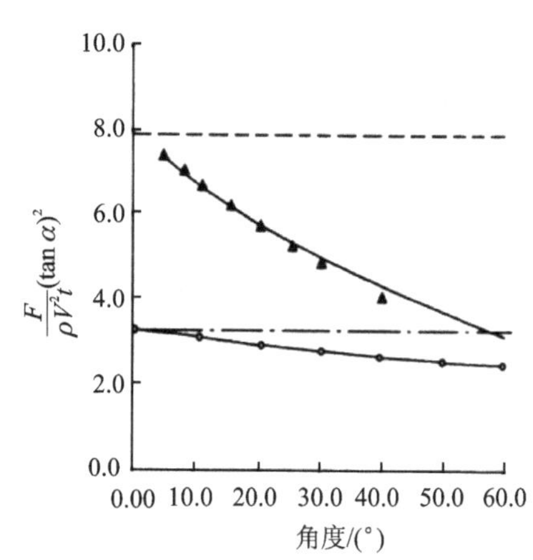

图 4.9 对称楔形体以固定落体速度 V 入水冲击的垂向冲击力 F_3

式中：

α——$0.5-\beta/\pi$；

β——楔形体的斜升角。

对式(4.30)$f(t)$的求解，就可以确定引入的映射分析函数，由此给出复速度势的明确表达式，最终获得压力分布。

但 $f(t)$这个积分方程不能由分析法直接求解。Dobrovolakaya 对 $\beta\geqslant30°$的楔形体做了数值计算，之后 Zhao 和 Faltinsen 进一步按她的方法对 $\beta=4°\sim81°$的楔形体做了数值计算，并与其计入射流影响的渐进解做了比较和分析，二者结果几乎一致。其中，$\beta=4°\sim81°$的冲击压力值与 Wagner 理论求得值相近，仅差 0.31%。

1999 年，我国学者卢炽华等同样用理论计算研究了二维对称物体的入水冲击问题。在完全非线性自由表面的条件下，运用线性单元的边界积分方法，掌握了二维剖面的入水冲击过程。将 β 为 30°、45°及 60°斜升角的 3 个楔形体计算结果与 Zhao 和 Faltinsen 的计算结果做比较，验证了方法的稳定性和可靠性。

20 世纪 60 年代，庄生仑博士曾对刚体和弹性体的入水冲击进行了系统的模型试验研究，包括刚性平底 $\beta=0°$，刚性楔形体 $\beta=1°$、3°、6°、10°及 15°，充气变形体的船型剖面，矩形弹性平板，平底船体板架以及 10°斜升角的船底板架等模型的落体入水冲击试验。通过这些系列性试验研究和分析获得：

① 对于刚形平底入水冲击，确实存在着空气垫对冲击压力的影响，但此时水可认为是不可压缩的。冲击压力理论估算值与试验值的比较如图 4.10 所示。可见理论估算值覆盖了试验的全部测量值；对于弹性体的平底，其最大压力也往往低于理论估算值。

② 对于斜升角 $\beta=0°\sim1°$的楔形体，冲击时会捕捉到相当量的空气；当 $\beta=3°$或更大时，则

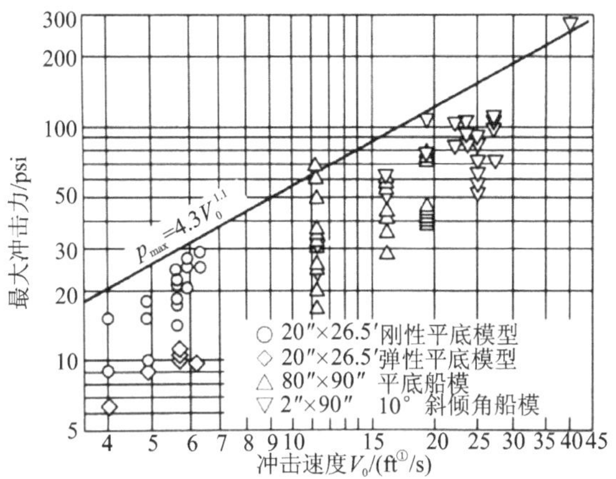

图 4.10　平底入水冲击压力的理论与试验比较

气垫量较少。由于气垫的存在，Wagner 的水动力冲击压力公式就不十分适用了。图 4.11 及图 4.12 分别给出了不同的垂向冲击速度下在龙骨及远离龙骨处的最大冲击压力值与斜升角 β 的经验曲线。

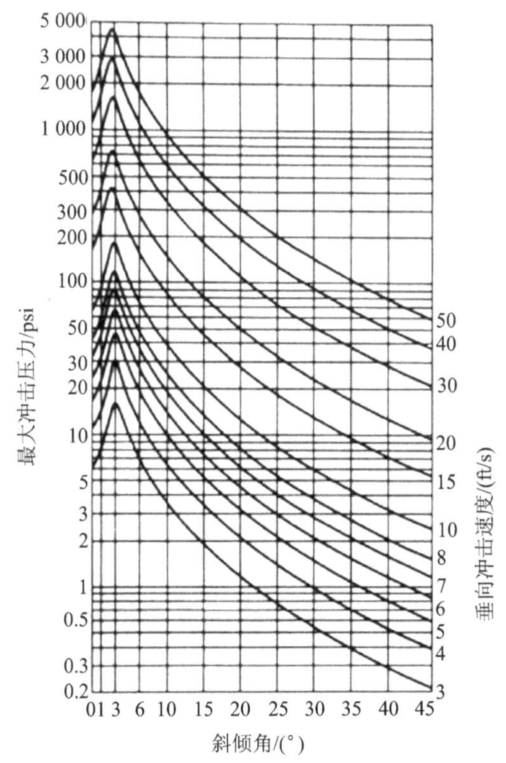

图 4.11　刚性楔形体远离龙骨处的最大冲击力

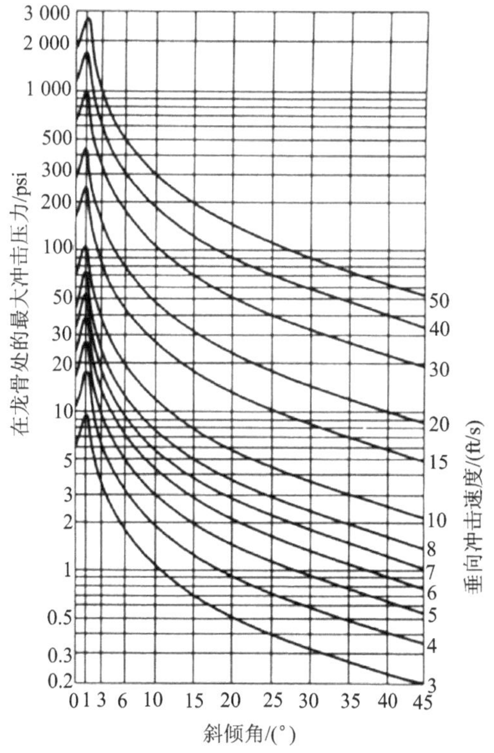

图 4.12　刚性楔形体在龙骨处的最大冲击力

以 1/20 缩尺的 Mariner 号首部(17.5%L)剖面的 2 个充气变形体模型(由胶布织物构成

① 1 ft=0.304 8 m。

的单墙及双墙充气模型，内部充气压力为 3～12 psi，即 0.21～0.84 kgf/cm^2。刚性端指两端具有铝质舱壁，柔性端指两端无舱壁）与 1 个刚性模型做落体试验的比较研究，发现变形体模型的冲击压力明显小于刚体的，且二者的压力时间曲线也十分不同，如图 4.13 所示，另外，可以发现最大冲击压力与落体高度无关。

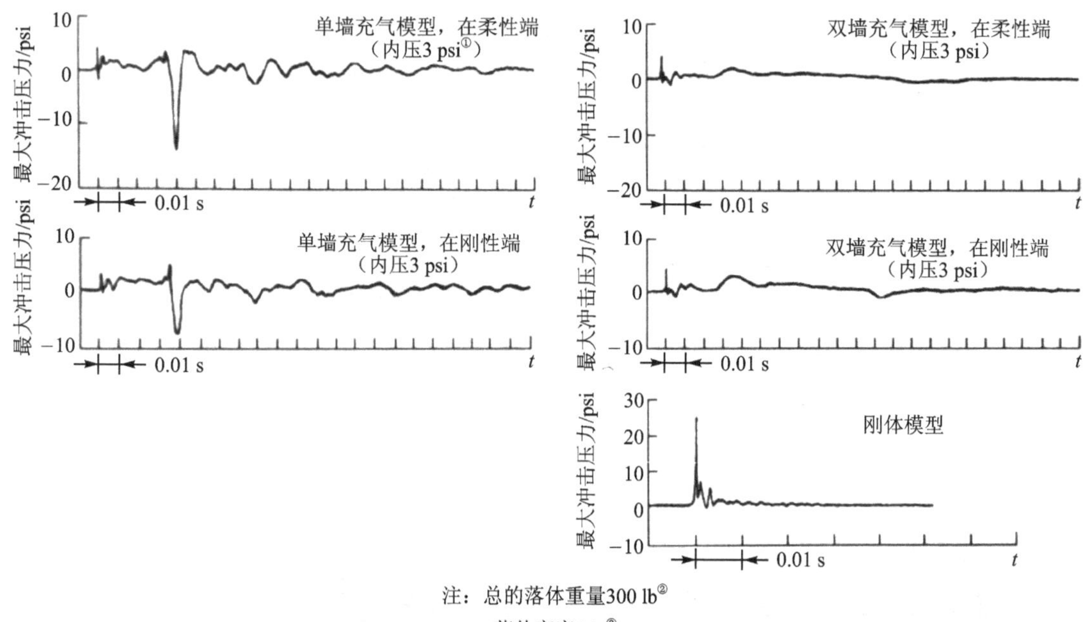

图 4.13　可变形体与刚体入水冲击时在龙骨处的冲击压力时间曲线

矩形弹性平板与平底板架的落体入水试验研究结果如图 4.14 所示。其中，根据刚性平底的落体入水试验获得的经验公式为

$$p_{max}=0.68V_0^2 \tag{4.32}$$

式中：

V_0——冲击速度(ft/s)；

p_{max}——最大冲击压力(psi)。

如果 V_0 的单位为 m/s，p_{max} 的单位为 kgf/m^2，则

$$p_{max}=0.90V_0^2 \tag{4.33}$$

10°斜升角的刚性楔形体与船底板架模型的落体入水试验结果如图 4.15 所示。10°刚性楔形体入水试验的结果为

$$p_{max}=0.36V_0^2 \tag{4.34}$$

式中：

V——冲击速度(ft/s)；

p_{max}——最大冲击压力(psi)。

---

① 1 psi≈6 895 Pa。

② 1 lb≈0.453 6 kg。

③ 1 in=0.025 4 m。

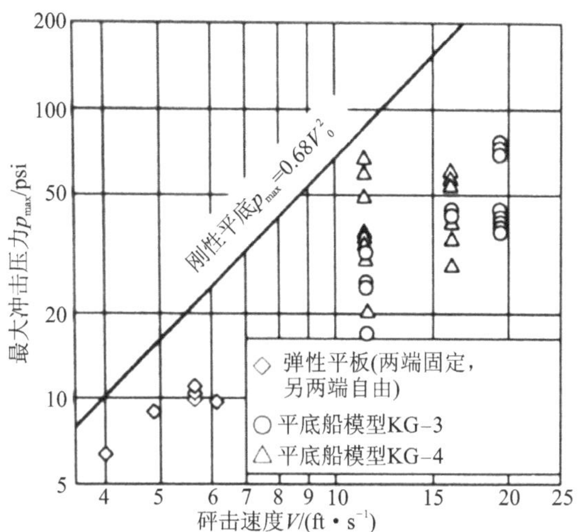

图 4.14　平底模型 KG-3 和 KG-4

如果 V 的单位为 m/s,p_{max} 的单位为 kgf/cm^2,则

$$p_{max}=0.48V_0^2 \tag{4.35}$$

图 4.15 中 $p_{max}=0.36V^2\left(\frac{64}{62.4}\right)$,指的是海水的修正系数。

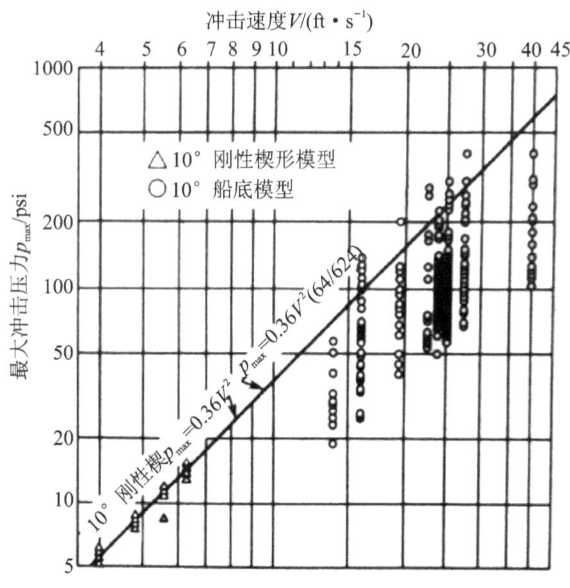

图 4.15　8 个具有 10°斜升角的船底

重复落体入水试验对结构损坏的影响如图 4.16 和图 4.17 所示。试验发现,板格结构入水冲击出现的塑性变形主要来自首次的落体试验,以后的每次重复试验,其塑性变形将渐趋减少。由此说明重复冲击后的结构材料发生了强化。

结构采用背衬材料,如水、油、砂等,不会减少结构因冲击的受损,因为背衬材料只改变了

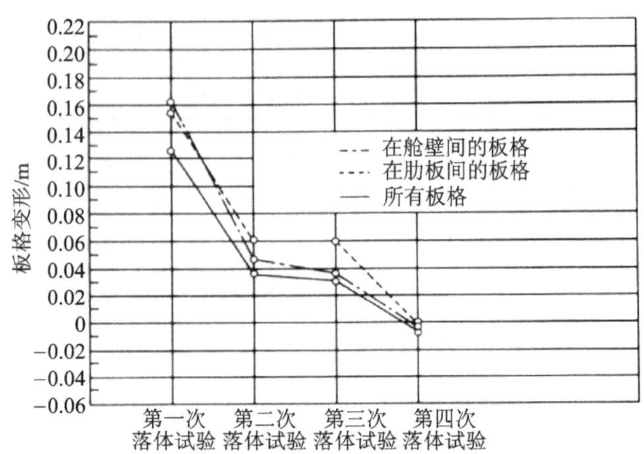

图 4.16 在 50 个板格中心测得塑性变形变化的平均值

(12 ft 高重复落体入水试验)

结构物的质量和阻尼,而对冲击后果的影响甚微。

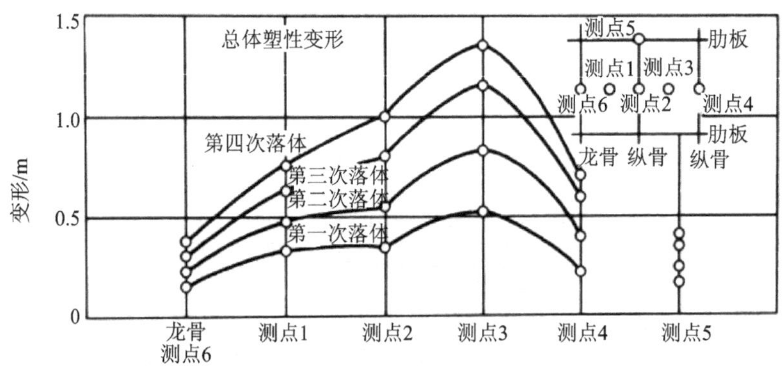

图 4.17 由挠度计测得塑性变形的位移量

4.1.4 波浪理论

人为观察到的海浪表现形式分为风浪、涌浪、近岸破碎浪等,如图 4.18 所示。从波浪形成机理分析,波浪理论的发展历经了由线性理论向非线性理论以及湍流理论的过渡,通常可依据波浪呈现出的不同形态将其分为两大基本类型:规则波和不规则波。规则波具有固定不变的波浪要素和鲜明的波峰波谷,波面形态近似于简谐曲线,可以利用确定的函数形式来描述各种情况下海浪的运动规律,规则波理论有线性微幅波、斯托克斯波、椭圆余弦波、孤立波等;不规则波则无固定形态,由许多波形不同、波浪要素呈随机分布的波系组成,无法使用一般的波形函数来准确描述,但经过大量的观测统计和理论分析后,学者专家们发现了海浪现象的规律并总结提出了随机波浪理论。波浪理论发展历程如图 4.19 所示。

1. 线性微幅波理论

设流体为理想流体,只考虑重力作用,无黏性、无旋、不可压缩,φ 为速度势,Oxy 坐标系在水面上,其速度势 φ 的公式如下:

$$\varphi=(x,y,z;t) \tag{4.36}$$

图 4.18　海浪分类图

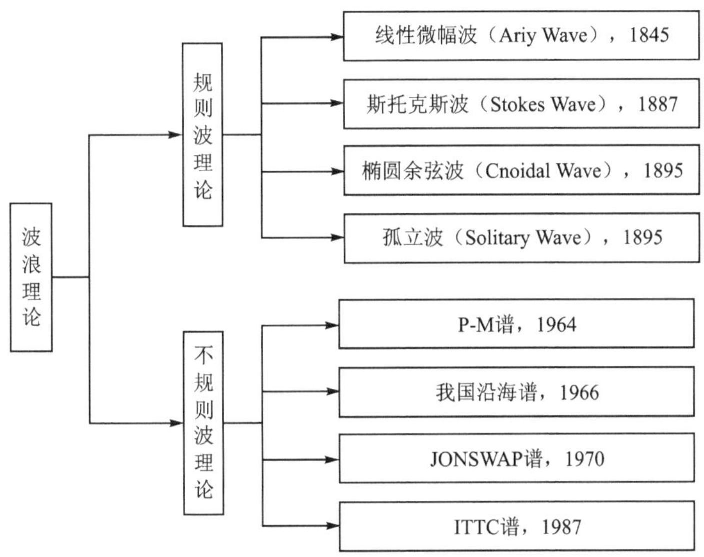

图 4.19　波浪理论发展历程

速度势 φ 满足拉普拉斯方程，如下所示：

$$\nabla^2 \varphi = \frac{\partial^2 \varphi}{\partial x^2} + \frac{\partial^2 \varphi}{\partial y^2} + \frac{\partial^2 \varphi}{\partial z^2} \tag{4.37}$$

海域底部的运动边界条件：水质点海底表面只有切向速度，没有法向速度，即在 $z=-d$ 位置处得法向速度为 0，即

$$u_n \Big|_{z=-d} = \frac{\partial \varphi}{\partial n}\Big|_{z=-d} = 0 \tag{4.38}$$

自由表面的运动边界条件：水质点运动不会突破自由水体表面而单独存在，其运动边界条件如下：

$$\frac{\partial \varphi}{\partial z}\Big|_{z=\eta} = \frac{\partial \eta}{\partial t} + \frac{\partial \eta}{\partial x}\frac{\partial \eta}{\partial x}\Big|_{z=\eta} + \frac{\partial \eta}{\partial y}\frac{\partial \eta}{\partial y}\Big|_{z=\eta} = 0 \tag{4.39}$$

自由表面的动力边界条件：水体为理想流体，水面无张力，水体表面处的压强 p 大于大气

压强 p_a。将伯努利方程代入自由表面方程，得到水体的动力边界条件，即

$$\left.\frac{\partial \varphi}{\partial t}\right|_{z=\eta}+g\eta+\frac{1}{2}\left[\left(\frac{\partial \varphi}{\partial x}\right)^2+\left(\frac{\partial \varphi}{\partial y}\right)^2+\left(\frac{\partial \varphi}{\partial z}\right)^2\right]\Bigg|_{z=\eta}=0 \tag{4.40}$$

波浪以波速 c 向右运动，根据微幅波假设：流体是均质不可压缩的、无黏性的理想流体；自由水面的压力均匀稳定；水流运动是无旋的；固定边界不透水；流体仅受重力。参考示意图如图 4.20 所示。

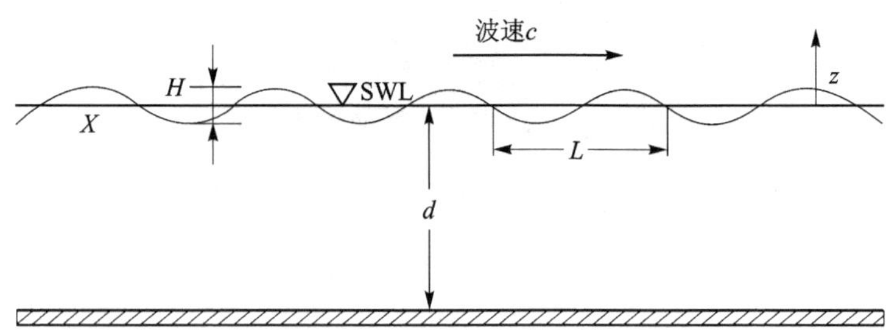

图 4.20 微幅波的参数示意图

将速度势 φ 求导得到水质点的运动速度 V，其运动速度包含两部分：$V=\mu i+wk$。其中，u 为水质点水平运动速度，w 为水质点垂直运动速度，如下所示：

$$V=\nabla\varphi=\frac{\partial \varphi}{\partial x}i+\frac{\partial \varphi}{\partial z}k \tag{4.41}$$

$$u=\frac{\partial \varphi}{\partial x}x,\quad w=\frac{\partial \varphi}{\partial z} \tag{4.42}$$

流体的连续方程如下：

$$\frac{\partial u}{\partial x}+\frac{\partial w}{\partial z}=0 \tag{4.43}$$

将速度 u 和速度 w 代入式(4.43)得到控制方程：

$$\frac{\partial^2 \varphi}{\partial x^2}+\frac{\partial^2 \varphi}{\partial z^2}=0 \tag{4.44}$$

或记作$\nabla^2\varphi=0$。

底部边界处，水质点垂向速度 w 为 0：

$$w\big|_{z=-d}=0\Rightarrow\frac{\partial \varphi}{\partial z}=0\Bigg|_{z=-d} \tag{4.45}$$

在波面 $z=\eta$ 处，满足的边界条件如下：

$$\left.\frac{\partial \varphi}{\partial t}\right|_{z=\eta}+\frac{1}{2}\left[\left(\frac{\partial \varphi}{\partial x}\right)^2+\left(\frac{\partial \varphi}{\partial z}\right)^2\right]\Bigg|_{z=\eta}+g\eta=0 \tag{4.46}$$

$$\frac{\partial \eta}{\partial t}+\frac{\partial \eta}{\partial x}\frac{\partial \eta}{\partial x}-\frac{\partial \eta}{\partial z}=0,\quad z=\eta \tag{4.47}$$

求解的核心是把问题线性化，认为波动的振幅 H 比波长 L 或水深 h 小很多，即

$$\left.\frac{\partial \varphi}{\partial t}\right|_{z=\eta}+\frac{1}{2}\left[\left(\frac{\partial \varphi}{\partial x}\right)^2+\left(\frac{\partial \varphi}{\partial z}\right)^2\right]\Bigg|_{z=\eta}+g\eta=0\Rightarrow\frac{\partial \varphi}{\partial t}+g\eta=0,$$

$$z=0\Rightarrow\eta=-\frac{1}{g}\frac{\partial \varphi}{\partial t},\quad z=0$$

$$\frac{\partial \eta}{\partial t}+\frac{\partial \eta}{\partial x}\frac{\partial \eta}{\partial x}-\frac{\partial \eta}{\partial z}=0,\quad z=\eta \Rightarrow \frac{\partial \varphi}{\partial z}-\frac{\partial \eta}{\partial t}=0,\quad z=0 \Rightarrow \frac{\partial^2 \varphi}{\partial t^2}+g\frac{\partial \varphi}{\partial z}=0,\quad z=0 \tag{4.48}$$

将控制方程和定解条件联立求解，得到速度势函数 φ、波面方程 η 以及色散关系式。其求解过程如下：

$$\left.\begin{array}{l}\dfrac{\partial^2 \varphi}{\partial x^2}+\dfrac{\partial^2 \varphi}{\partial z^2}=0\\ \dfrac{\partial \varphi}{\partial z},z=-d\\ \dfrac{\partial^2 \varphi}{\partial t^2}+g\dfrac{\partial \varphi}{\partial z}=0,z=0\\ \eta=-\dfrac{1}{g}\dfrac{\partial \varphi}{\partial t},z=0\\ \varphi(x,y,z)=\varphi(x-ct,z)\\ P=-\rho g z-\rho\dfrac{\partial \varphi}{\partial t}\end{array}\right\}\Rightarrow\left\{\begin{array}{l}\varphi=\dfrac{gH}{2\omega}\dfrac{\cosh(z+d)}{\cosh(kd)}\sin(kx-\omega t)\\ \eta=\dfrac{H}{2}\cos(kx-\omega t)\\ \omega^2=gk\tanh(kd)\end{array}\right. \tag{4.49}$$

其中，k 代表波数；ω 代表角频率；d 代表水深。

由色散方程关系推出波速和波长的运动关系，即

$$\left\{\begin{array}{l}c=\dfrac{gT}{2\pi}\tanh(kd)\\ \omega^2=gk\tanh(kd)\Rightarrow L=\dfrac{gT^2}{2\pi}\tanh(kd)\\ c^2=\dfrac{g}{k}\tanh(kd)\end{array}\right. \tag{4.50}$$

当水深一定时，波长、波速将随着周期的增大而增大，当周期一定时，波长越大，波速越大。波长相异的波浪在运动中逐渐分离开来的现象叫弥散现象。

可由速度势 φ 推出水质点的法向速度 u 以及切向速度 w：

$$u=\frac{\partial \varphi}{\partial x}=\frac{\pi H}{T}\frac{\cosh[k(z+d)]}{\sinh(kd)}\cos(kx-wt) \tag{4.51}$$

$$w=\frac{\partial \varphi}{\partial x}=\frac{\pi H}{T}\frac{\sinh[k(z+d)]}{\sinh(kd)}\cos(kx-wt) \tag{4.52}$$

(x_0,z_0)处的水质点以速度 $\mathrm{d}\zeta/\mathrm{d}t$，$\mathrm{d}\xi/\mathrm{d}t$ 传播，任意时刻的位置为$(x=x_0+\xi,z=z_0+\zeta)$，其中 ξ 与 ζ 为水质点运动的迁移量。

设水质点在$(x=x_0+\xi,z=z_0+\zeta)$处的速度等于(x_0,z_0)处的速度，推出微幅波的水质点轨迹方程如下：

$$\frac{(x-x_0)^2}{a^2}+\frac{(z-z_0)^2}{b^2}=1 \tag{4.53}$$

其中

$$a=\frac{H}{2}\frac{\cosh[k(z_0+d)]}{\sinh(kd)},\quad b=\frac{H}{2}\frac{\sinh[k(z_0+d)]}{\sinh(kd)}$$

当波长与水深的比值为 $1/20<h/L<1/2$ 时，其运动轨迹为封闭的椭圆，椭圆长轴是 $2a$，

短轴是 $2b$。波浪的振幅为 $b=H/2$,在海底边界处水质点只沿着边界切向方向运动,故 $b=0$,其运动轨迹如图 4.21 所示,图中 w 为垂直速度,u 为水平速度。

在深水条件($h/L \geqslant 1/2$)下,其运动轨迹为一个圆。轨迹圆的直径随着水深变化快速减小,其轨迹线如图 4.22 所示。

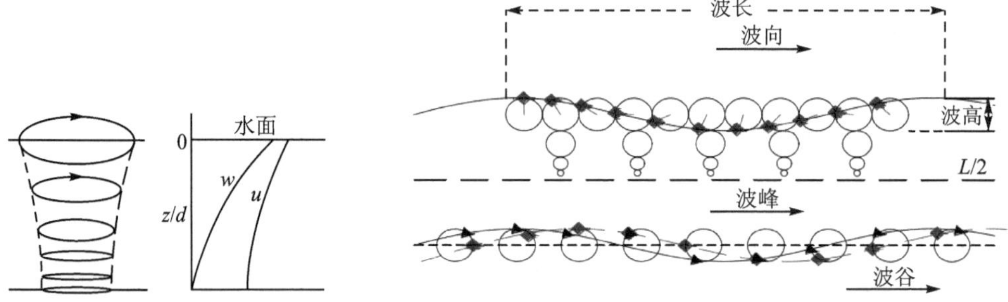

图 4.21 浅水微幅波水质点运动轨迹

图 4.22 深水微幅波水质点运动轨迹

2. Stokes 波理论

微幅波理论的核心是把求解过程线性化,假设其波高 H 比波长 L、水深 h 小很多,除去了求解方程中非线性部分,然后再进行方程求解。但是在 $O(H/L)>10^{-2}$ 或 $O(H/L)>10^{-1}$ 的情况下,微幅波和实际波形相差较大,此时就需要考虑方程中的非线性部分,不能简单地将其剔除,故需要计算方程中的非线性问题。

Stokes 理论与微幅波理论基本类似,其基本方程和边界条件如式(4.53)所示,式中含有非线性项。解非线性问题最常用的方法为摄动法,将速度势和波面方程按某一小参量 ε 摄动展开,如下式所示:

$$\begin{cases}\varphi=\varepsilon\varphi_1+\varepsilon^2\varphi_2+\cdots \\ \eta=\varepsilon\eta_1+\varepsilon^2\eta_2+\cdots\end{cases} \tag{4.54}$$

由于小参数 ε 的作用,各项逐级减小,式中各项 φ_n 都符合拉普拉斯方程及边界条件:

$$\begin{cases}\dfrac{\partial^2\varphi_n}{\partial x^2}+\dfrac{\partial^2\varphi_n}{\partial z^2}=0, & n=1,2,3,\cdots \\ \left.\dfrac{\partial\varphi}{\partial z}\right|_{z=0}=0, & n=1,2,3,\cdots\end{cases} \tag{4.55}$$

式(4.55)中项数的乘积和平方是非线性项,在实际计算过程中,仍难以处理其非线性项。由于水体的自由表面处于静止面附近,将 φ 在 $z=\eta$ 处采用 Taylor 级数展开,即

$$\varphi=\varphi_{z=0}+\eta\left.\frac{\partial\varphi}{\partial z}\right|_{z=0}+\frac{\eta^2}{2}\left.\frac{\partial^2\varphi_n}{\partial z^2}\right|_{z=0}+\cdots \tag{4.56}$$

将式(4.56)代入自由表面边界条件:

$$\left.\frac{\partial\varphi}{\partial z}\right|_{z=\eta}=\frac{\partial\eta}{\partial t}+\left.\frac{\partial\eta}{\partial x}\frac{\partial\varphi}{\partial x}\right|_{z=\eta_0} \tag{4.57}$$

$$\left.\frac{\partial\varphi}{\partial t}\right|_{z=\eta}+\frac{1}{2}(\nabla^2\varphi)\Big|_{z=\eta}+g\eta=0 \tag{4.58}$$

可得

$$\begin{cases}\dfrac{\partial}{\partial z}\left(\varphi+\eta\dfrac{\partial\varphi}{\partial z}+\cdots\right)=\dfrac{\partial\eta}{\partial t}+\dfrac{\partial\eta}{\partial x}\dfrac{\partial}{\partial x}\left(\varphi+\eta\dfrac{\partial\varphi}{\partial z}+\cdots\right)\\ \dfrac{\partial}{\partial z}\left(\varphi+\eta\dfrac{\partial\varphi}{\partial z}+\cdots\right)+\dfrac{1}{2}\left[\dfrac{\partial}{\partial x}\left(\varphi+\eta\dfrac{\partial\varphi}{\partial z}+\cdots\right)\right]^2+\left[\dfrac{\partial}{\partial z}\left(\varphi+\eta\dfrac{\partial\varphi}{\partial z}+\cdots\right)\right]^2+g\eta=0\end{cases} \tag{4.59}$$

采用摄动法将小参数 φ、η 展开，将其展开式代入式(4.59)，根据小参数 φ 的冥次排列顺序整理如下：

$$\begin{cases}\varepsilon\left(\dfrac{\partial\varphi_1}{\partial z}-\dfrac{\partial\eta_1}{\partial t}\right)+\varepsilon^2\left(\dfrac{\partial\varphi_2}{\partial z}-\dfrac{\partial\eta_2}{\partial t}+\eta_1\dfrac{\partial^2\varphi_1}{\partial x^2}-\dfrac{\partial\eta_1}{\partial x}\dfrac{\partial\varphi_1}{\partial x}\right)+\cdots=0\\ \varepsilon\left(\dfrac{\partial\varphi_1}{\partial t}-g\eta_1\right)+\varepsilon^2\left(\dfrac{\partial\varphi_2}{\partial t}+g\eta_2+\eta_1\dfrac{\partial^2\varphi_1}{\partial z\partial t}+\dfrac{1}{2}\left(\dfrac{\partial\varphi_1}{\partial x}\right)^2+\left(\dfrac{\partial\varphi_1}{\partial z}\right)^2\right)+\cdots=0\end{cases} \tag{4.60}$$

二阶 Stokes 波的速度势 φ、波面方程 η 如下：

$$\begin{cases}\varphi=\dfrac{HL}{2T}\dfrac{\cosh(z+h)}{\sin(kd)}\sin(kx-wt)+\dfrac{3\pi H^2}{16T}\dfrac{\cosh(2k(z+d))}{\sinh^4(kd)}\sin(2(kx-\omega t))\\ \eta=\dfrac{H}{2}\cos(kx-\omega t)+\dfrac{\pi H^2}{4L}\left(1+\dfrac{3}{2\sinh^2(kd)}\right)cthkd\cos(2(kx-\omega t))\end{cases} \tag{4.61}$$

其速度表达式为

$$\begin{cases}u_x=\dfrac{\partial\varphi}{\partial x}=\dfrac{\pi H}{T}\dfrac{\cosh(k(z+d))}{\sinh(kd)}\cos(kx-\omega t)+\dfrac{3}{4}\dfrac{\pi H}{T}\dfrac{\pi H}{L}\dfrac{\cosh(2k(z+d))}{\sinh^4(dk)}\cos(2(kx-\omega t))\\ u_z=\dfrac{\partial\varphi}{\partial z}=\dfrac{\pi H}{T}\dfrac{\cosh(k(z+d))}{\sinh(kd)}\sin(kx-\omega t)+\dfrac{3}{4}\dfrac{\pi H}{T}\dfrac{\pi H}{L}\dfrac{\cosh(2k(z+d))}{\sinh^4(dk)}\sin(2(kx-\omega t))\end{cases} \tag{4.62}$$

微幅波的水质点轨迹如下：

$$\begin{cases}x=x_0-\dfrac{H}{2}\dfrac{\cosh(k(z_0+d))}{\sinh(kd)/\sin(kx_0-\omega t)}-\dfrac{\pi H^2}{4L}\dfrac{1}{\sinh^2(kd)}\left[-\dfrac{1}{2}+\dfrac{3}{4}\dfrac{\cosh(2k(z_0+d))}{\sinh^4(dk)}\right]\\ \sin(2(kx_0-\omega t))+\dfrac{1}{2}\pi^2\left(\dfrac{H}{L}\right)^2c\dfrac{\cosh(2k(z_0+d))}{\sinh^4(kd)}t\\ z=z_0+\dfrac{H}{2}\dfrac{\sinh(k(z_0+d))}{\sinh(kd)}\cos(k(kx_0+\omega t))-\dfrac{3\pi H^2}{16L}\dfrac{\sinh(2k(z_0+d))}{\sinh^4(dk)}\cos(2(kx_0-\omega t))\end{cases} \tag{4.63}$$

其中，x 表示水质点的水平位移；z 表示水质点的垂直位移。

其水质点运动轨迹如图 4.23 所示，它与微幅波中的水质点运动轨迹(封闭椭圆)相似，都是一个圆滑轨迹曲线，但它并不构成一个封闭的轨迹曲线，它具有一个向前运动的分量。在实际的运动过程中，二阶 Stokes 波运动会伴随着水流，这是典型的波生流现象。

3. 椭圆余弦波理论

当 Stokes 波理论运用在水深较浅的水域中时，其实际波形与理论波形有较大的差别，故 Stokes 不适应于浅水域，这时候就需要采用椭圆余弦波理论。该理论具有十分明显的特点，其波浪的各个特性都具有雅可比椭圆函数的形式。

参考定义图如图 4.24 所示，x 轴位于水平面上，并与其重合，向右方向运动为正，z 轴取向上方向运动为正，η 为波椭圆余弦波波面的纵坐标值。

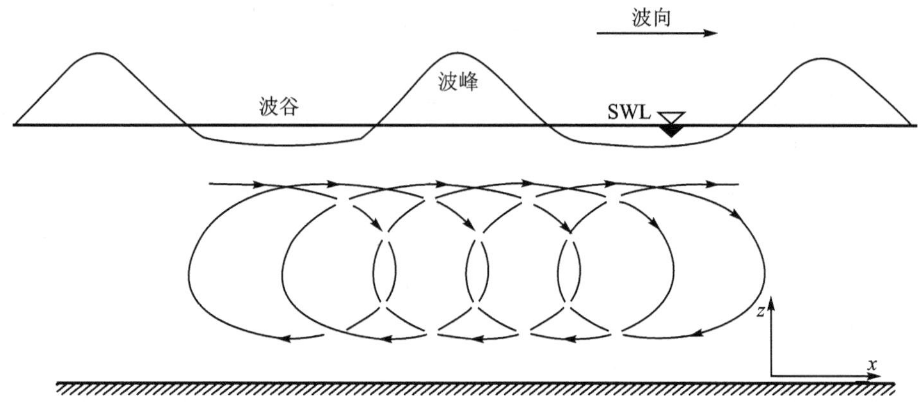

图 4.23　二阶 Stokes 波的水质点运动轨迹

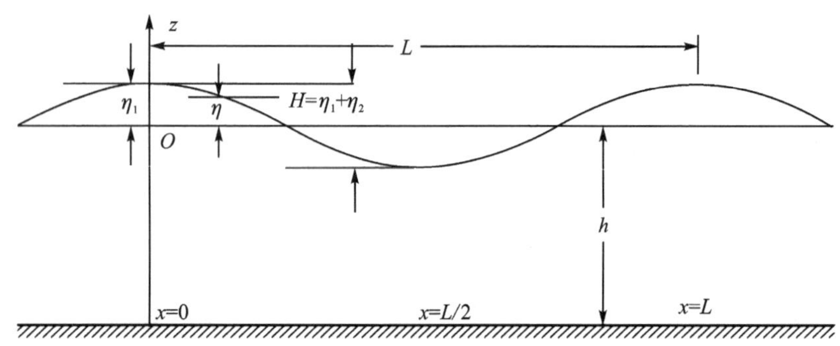

图 4.24　参考定义图

通过理论求解得到波面一阶近似解：

$$\eta = -\eta_2 + H\,\mathrm{cn}^2\left[2K(\kappa)\left(\frac{x}{L}-\frac{t}{T}\right),\kappa\right] \tag{4.64}$$

其中，η_2 为波谷：

$$\eta_2 = H\left(1-\frac{1}{\kappa^2}+\frac{E(\kappa)}{\kappa^2 K(\kappa)}\right) \tag{4.65}$$

$\mathrm{cn}(x)$为雅可比椭圆余弦函数：$\mathrm{cn}(x)=\cos\theta(x)$，$\theta(x)$为椭圆函数，其定义为

$$x=\int_0^{\theta(x)}\frac{\mathrm{d}\theta}{1-\kappa^2\sin^2\theta} \tag{4.66}$$

κ 为椭圆余弦函数的模，且 $0\leqslant\kappa\leqslant1$。$E(\kappa)$属于第一类完全椭圆积分，$K(\kappa)$属于第二类完全椭圆积分：

$$E(\kappa)=\int_0^{\frac{\pi}{2}}\sqrt{1-\kappa^2\sin^2\theta}\,\mathrm{d}\theta \tag{4.67}$$

$$K(\kappa)=\int_0^{\frac{\pi}{2}}\frac{\mathrm{d}\theta}{\sqrt{1-\kappa^2\sin^2\theta}} \tag{4.68}$$

椭圆余弦函数 $\mathrm{cn}(x)$是以 $4K(\kappa)$为周期的，所以上述中 $\mathrm{cn}^2\left[2K(\kappa)\left(\frac{x}{L}-\frac{t}{T}\right),\kappa\right]$是以 $2K(\kappa)$为周期的，式(4.64)描述的是以 L 为波长、T 为周期的行进波。

椭圆余弦波的波面曲线并不是完全唯一的，它具有不同的波形。不同波面曲线对应着不同模数 κ，其中 κ 与对应的波形曲线的波要素有如下关系：

$$L=\sqrt{\frac{16h^3}{3H}}\kappa K(\kappa) \tag{4.69}$$

其变形为

$$\frac{16}{3}[\kappa K(\kappa)]^2=\left(\frac{L}{h}\right)^2\frac{H}{h} \tag{4.70}$$

式中，$\left(\frac{L}{h}\right)^2\frac{H}{h}=U_r$，为厄赛尔(Ursell)数。

波速 c 由下式计算：

$$c=\sqrt{gh}\left[1+\frac{H}{h}\left(\frac{1}{\kappa^2}-\frac{1}{2}-\frac{3E(\kappa)}{2\kappa^2K(\kappa)}\right)\right] \tag{4.71}$$

可推出椭圆余弦波的周期表达式：

$$T=\frac{4h}{\sqrt{3gh}}\frac{\kappa K(\kappa)}{\sqrt{1+\frac{H}{h}\left(\frac{1}{\kappa^2}-\frac{1}{2}-\frac{3E(\kappa)}{2\kappa^2K(\kappa)}\right)}} \tag{4.72}$$

当模数 $\kappa\rightarrow 0$ 时，$K(\kappa)=\int_0^{\frac{\pi}{2}}\mathrm{d}\theta=\frac{\pi}{2}$，则其波面方程为

$$\eta=\frac{H}{2}\cos\left(kx-\frac{ct}{h}\right) \tag{4.73}$$

当椭圆余弦波的模数 κ 趋向于零时(不可能取到零，因为其非线性影响)，其对应的波面曲线与微幅波的波面曲线完全相同。那么就可以认为微幅波是椭圆余弦波的一种极限形式。

当模数 $\kappa=1$ 时，$K(\kappa)\rightarrow\infty$，$\mathrm{cn}(r,1)=\mathrm{sech}(r)$，将其代入式(4.73)得

$$\eta=\frac{H}{2}\mathrm{sech}^2\left[\sqrt{\frac{3H}{4h}}\left(\frac{x}{h}-\frac{ct}{h}\right)\right] \tag{4.74}$$

当模数 $\kappa=1$ 时，其第二类完全椭圆积分趋向于无穷大，其波长及周期也趋向于无穷大。这种有且仅有一个波峰的特殊波形称为孤立波。三种波的波形对比如图 4.25 所示。

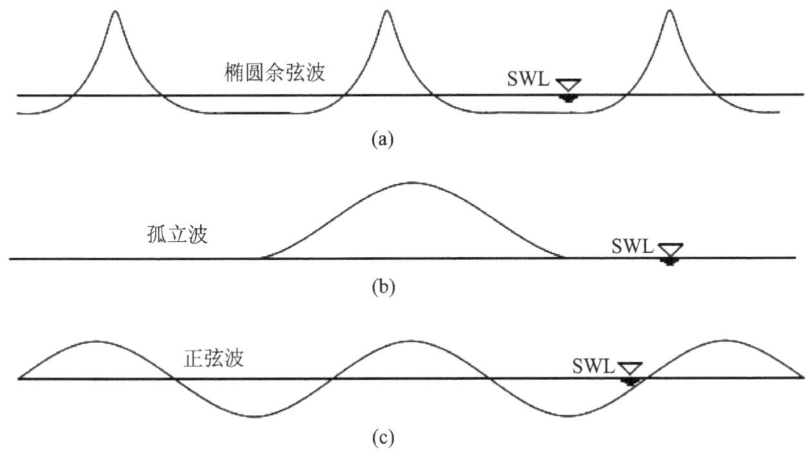

图 4.25　波形对比图

4. 孤立波理论

图 4.26 所示为孤立波的参考坐标系，由上节可知孤立波是椭圆余弦波的一种极限形式，孤立波的波面方程如下：

$$\eta = \frac{H}{2}\operatorname{sech}^2\left[\sqrt{\frac{3H}{4h}}\,(x-ct)\right] \tag{4.75}$$

波速 c 为

$$c=\sqrt{gh}\left(1+\frac{1}{2}\frac{H}{h}\right)\approx\sqrt{g(h+H)} \tag{4.76}$$

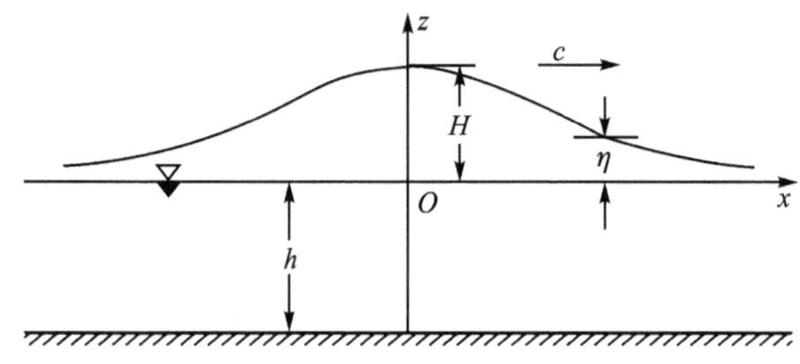

图 4.26　孤立波参数定义图

在孤立波的波形曲线内的任意位置点 (x,z) 处，其水质点可以分解为水平分速度 u 和垂直分速度 w，其具体公式如下：

$$u=\sqrt{gh}\ \frac{\eta}{h} w=-\sqrt{gh}\left(1+\frac{z}{h}\right)\frac{\partial\eta}{\partial x} \tag{4.77}$$

将式(4.75)代入式(4.77)可得

$$u=\sqrt{gh}\ \frac{H}{h}\operatorname{sech}^2 X \tag{4.78}$$

$$w=-\sqrt{3}\sqrt{gh}\left(1+\frac{z}{h}\right)\left(\frac{H}{h}\right)^{\frac{3}{2}}\operatorname{sech}^2 X\tanh X \tag{4.79}$$

式中，$X=\sqrt{\frac{3H}{4h^3}}\,(x-ct)$。

由上述速度公式可知，它是一种典型的推移波，其水质点只朝波浪传播方向运动。距离孤立波的波峰 $x=10h$ 处，水质点还没有扰动，速度为零。当波峰到来时，由于水质点的相互作用，静止状态的水质点开始运动，处于波峰位置的水平分速度将达到最大。当波峰全部通过时，水质点慢慢恢复原状，恢复静止状态，波形内的水质点运动轨迹如图 4.27 所示。由图 4.27 可知，底部的水质点一直保持水平运动速度，没有恢复到原来位置，而是产生一个净位移，因此可以认为它在传播过程中具有一个水体的净输送。

当孤立波通过时，孤立波的波包中所包藏的水体体积等于通过某一个固定截断面的全部流体体积之和，即

$$V=\int_{-\infty}^{\infty}\eta\,\mathrm{d}x=4h^2\left(\frac{H}{3h}\right)^{\frac{1}{2}} \tag{4.80}$$

孤立波的势能为

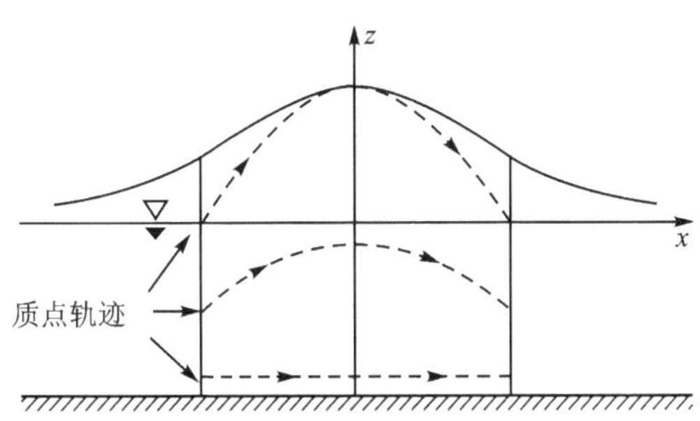

图 4.27 孤立波的水质点运动轨迹

$$E_p = \frac{\rho g}{2}\int_{-\infty}^{\infty}\eta^2 \mathrm{d}x \tag{4.81}$$

动能为

$$E_k = \frac{\rho g}{2}\int_{-\infty}^{\infty}\eta^2 \mathrm{d}x + \frac{\rho g}{2}\frac{H}{h}\int_{-\infty}^{\infty}\eta^2 \tanh^2 X \mathrm{d}x + \frac{\rho g}{2}\int_{-\infty}^{\infty}\eta^3 \mathrm{d}x \tag{4.82}$$

式(4.82)等号右边的第二、第三项是小量可以省去，可以看作孤立波的动能和势能相等，整个孤立波所包含的总能量为

$$E = E_k + E_p = \rho g \int_{-\infty}^{\infty}\eta^2 \mathrm{d}x \tag{4.83}$$

对式(4.83)进行积分求解，得到总能量表达式，表示一个孤立波所包含的能量：

$$E = \frac{8}{3\sqrt{3}}\rho g H^{\frac{3}{2}} h^{\frac{3}{2}} \tag{4.84}$$

孤立波几乎绝大部分的能量都集中在波峰附近，因此在近岸地区，对于相邻两波峰之间距离大于 $6h$，即波长 $L>6h$ 的浅水波列，可近似地看作孤立波来对待。

5. 波浪谱理论

真实海况下海浪具有很强的不确定性，是一个非常复杂、随机的现象，因此需要通过随机波浪理论来更深入地对海浪进行分析研究。在试验水池里物理模拟海洋环境通常采用波浪谱的方法来实现。

Longuet - Higgins 提出了线性叠加海浪模型：海浪可以看作是无限多个振幅不同、频率不同、初相位不同，并沿(x, y)平面与 x 轴成不同方向角度 θ 传播的简单余弦波叠加而成的。每个子波振幅无限小，波面方程可以表示为

$$\eta(x, y, t) = \sum_{n=1}^{\infty} a_n \cos(k_n x \cos\theta_n + k_n y \sin\theta_n - \omega_n t - \varepsilon_n) \tag{4.85}$$

式中，a_n 为单个组成波的振幅；ω_n 为单个组成波的圆频率；k_n 为单个组成波的传播方向角度，$0<\theta_n \leqslant 2\pi$；$\varepsilon_n$ 为各组成波的初相位，它是均匀分布的随机量。

单个组成波在单位面积的铅直水柱内的平均能量为

$$E_n = \frac{1}{2}\rho g a_n{}^2 \tag{4.86}$$

对其任意圆频率间隔 $\omega \sim \omega + \Delta\omega$ 内的波能，求得总能量后再除以圆频率间隔可以得到

$$\frac{1}{\Delta\omega}\sum_{\omega_n}^{\omega_n+\Delta\omega}\frac{1}{2}\rho g a_n^2 \tag{4.87}$$

现定义波能谱密度 $S_\eta(\omega)$ 如下：

$$S_\eta(\omega_n)=\frac{1}{\Delta\omega}\sum_{\omega_n}^{\omega_n+\Delta\omega}\frac{1}{2}a_n \tag{4.88}$$

波能谱密度 $S_\eta(\omega)$ 是频率为 ω_n、比例于单位频率间隔内海浪的平均能量，代表海浪能量相对于各组成波的频率分布，称为频谱。频谱可由海浪观测资料推算得到，是研究海浪方向谱的基础，因而得到广泛的研究和应用。

理论上，$S(\omega_n)$ 的频率分布范围在 0～∞，但对于表面重力波，其波浪能量集中分布在一个较窄的频率范围内，如图 4.28 所示，很小频率和很大频率的组成波提供的能量很小，能谱密度由低频至峰值，频率的增大过程迅速，在高频带则缓慢衰减。

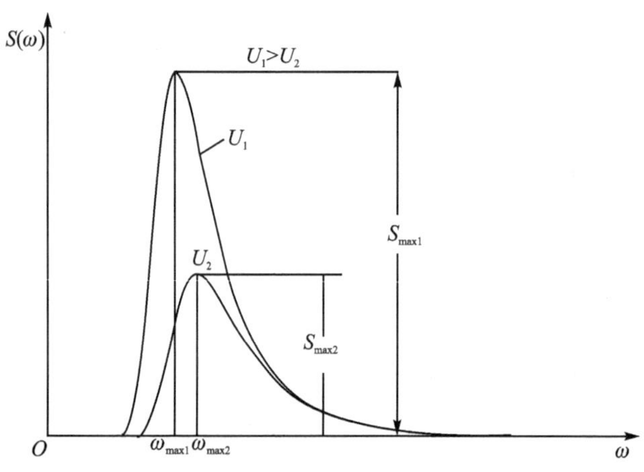

图 4.28　海浪频谱示意图

下面介绍几种常见的波浪谱：

(1) P-M 谱

美国学者 Moscowitz 于 1964 年根据北大西洋的实测资料，筛选出充分成长的 5 组波浪谱，进一步求得平均谱，拟合得到用 ω 表示的有因次谱公式如下，由于其所参考的资料比较充分，使用简便且可以直接积分，在 20 世纪 60 年代中期在船舶工程中广泛应用。

$$S_\eta(\omega)=\frac{0.78}{\omega^5}\exp\left(-1.25\left(\frac{\omega_m}{\omega}\right)^4\right) \tag{4.89}$$

式中，ω_m 为谱峰频率。

(2) ITTC 谱

1987 年，第 15 届 ITTC 推荐采用式(4.90)计算波浪谱，由于同时考虑了波高和周期两个因素，因此属于二参数谱。

$$\begin{cases}S_\eta(\omega)=A\omega^{-5}\exp(-B(\omega)^{-4})\\A=173H_s^2T_{0.1}^{-4}\\B=691T_{0.1}^{-4}\end{cases} \tag{4.90}$$

式中，H_s、T_{01} 分别为有效波高和谱距计算的平均周期。

(3) JONSWAP 谱

JONSWAP 谱是在 20 世纪 70 年代，英、荷、美等国在“联合北海波浪计划”后提出的波浪

谱计算公式，即

$$S_{\eta}(\omega)=ag^{2}\frac{1}{\omega^{5}}\exp\left(-1.25\left(\frac{\omega_{m}}{\omega}\right)^{4}\right)\gamma^{\exp\left[-\frac{(\omega-\omega_{0})^{2}}{2\sigma^{2}\omega_{m}^{2}}\right]} \tag{4.91}$$

式中，γ 为谱峰因子；ω_m 为谱峰频率；H_s 为有效波高；σ 为谱形系数，取值和谱峰频率有关。

JONSWAP 谱基于有限风距和中等风况测得，适用于不同成长阶段的风浪谱，因此得到了广泛的应用。

(4) 我国沿海波能谱

国家海洋局根据对应统计资料，提出了一种我国沿海适用的波能谱公式：

$$S_{\eta}(\omega)=\frac{0.74}{\omega^{5}}\exp\left(-\frac{g^{2}}{U^{2}\omega^{2}}\right) \tag{4.92}$$

式中，ω 为对应波浪频率；U 为风速。

4.2 MARINTEK 试验研究

4.2.1 楔形体着水冲击水弹性理论

1999 年，Faltinsen 在 Wagner 入水冲击理论的基础上，推广到楔形体的左右为正交异性板的水动力冲击情况，主要是针对斜升角 β 较小的船体 V 形剖面，但不计及水的可压缩性和气垫效应，如图 4.29 和图 4.30 所示。那么加强筋的边界条件可以认为沿龙骨板及舷部是固定端，而在横梁处可视为弹性固定端。略去结构阻尼的加强筋板弯曲微分方程式为

$$\bar{m}\frac{\partial^{2}\omega}{\partial t^{2}}+D_{x}\frac{\partial^{4}\omega}{\partial x^{4}}+2B\frac{\partial^{4}\omega}{\partial x^{2}\partial x^{y}}+D_{y}\frac{\partial^{4}\omega}{\partial y^{4}}=p(x,y,t;\omega) \tag{4.93}$$

式中：

p——水动压力，是时间、空间及挠度的函数；

ω——正交板的挠度；

x——沿船长的纵向，2 个横梁的 x 坐标为 $x=0$ 及 $x=L$，龙骨板的 y 坐标为 $y=0$；

$\bar{m}$——正交板每单位面积的平均质量；

D_x、D_y——x 和 y 方向的弯曲刚度；

B——有效扭转刚度。

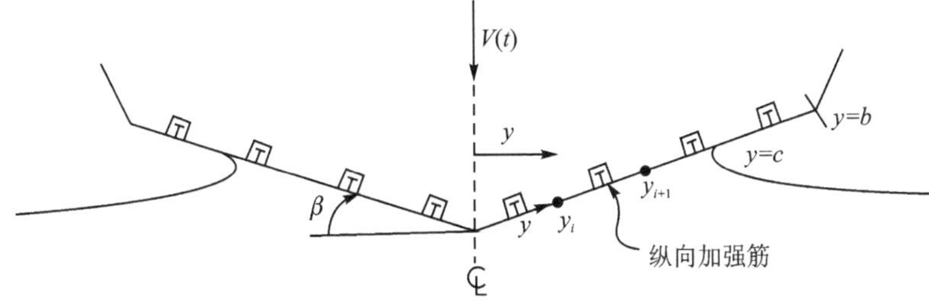

图 4.29　弹性楔形剖面的入水冲击

上述正交板弯曲微分方程式的求解可根据 Vlasov/Galerkin 方法，考虑到加载的特性，在

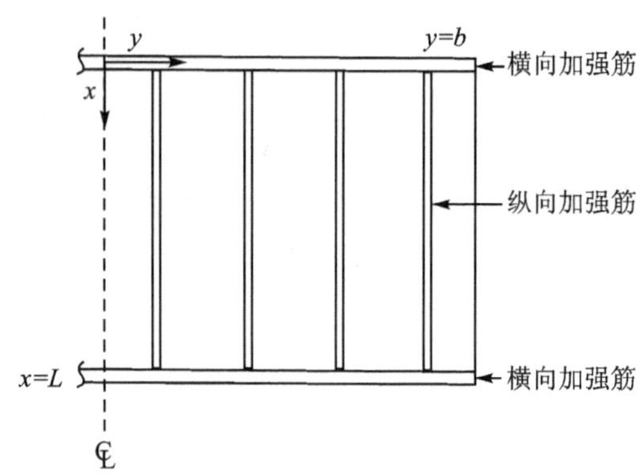

图 4.30 由板和纵向加强筋组成的加强筋板

y 方向可取 2 个模态，为此假定

$$\omega = X_1(x)\left[a_1(t)\psi_1(y) + a_2(t)\psi_2(y)\right] \tag{4.94}$$

式中：

$X_1(x)$——板在 x 方向的一阶振动模态；

$\psi_1(y)$、$\psi_2(y)$——板在 y 方向的一阶和二阶振动模态。

根据 Wagner 入水冲击的简化理论，在物面上得速度势为

$$\Phi(y,t;x) = (-V(t) + \bar{\omega}(x,t))(c^2(x,t) - y^2)^{\frac{1}{2}} \tag{4.95}$$

式中：

V——刚体入水速度，向下为正；

$\bar{\omega}$——物体湿表面的平均挠曲速度；

$y = \pm c(x,t)$——物面与水面的瞬时交点。

略去速度二次项的影响，作用于物体湿表面上的压力为

$$p = -\rho\frac{\partial \Phi}{\partial t} = -\rho\left[\frac{\mathrm{d}v}{\mathrm{d}t} + \bar{\omega}(x,t)\right](c^2 - y^2)^{\frac{1}{2}} - \rho\left[-V + \bar{\omega}(x,t)\right]c\,\frac{\mathrm{d}c}{\mathrm{d}t}(c^2 - y^2)^{-\frac{1}{2}} \tag{4.96}$$

$$\frac{\mathrm{d}c}{\mathrm{d}t} = (V - \bar{w})\,\frac{\pi}{2\tan\beta} \tag{4.97}$$

将 $p(x,y,t)$代入正交板弯曲微分方程，按 Galerkin 方法就可以解出正交板包括挠度及应变在内的结构响应。

Faltinsen 在系统地研究正交板的斜升角 β 和冲击速度对流-固耦合求解的影响时指出，因为楔形体入水冲击的浸湿时间与 $\frac{L\tan\beta}{V}$ 成正比，而浸湿纵向加强筋的自振周期 T 与 $\sqrt{\rho L^5/(El)}$ 成正比，所以提出了对流-固耦合起重要影响的无因次系数为 $\tan\beta/(V\sqrt{\rho L^3/(El)})$。当此无因次系数越小时，流-固耦合影响较大，即如果楔形体的斜升角 β 越小，入水时的冲击速度越大以及正交加筋板的刚性越弱，则更应考虑流-固耦合对冲击响应的影响。

几乎同时，我国学者卢炽华同样研究了二维弹性结构物入水冲击过程中的流-固耦合效应。其基本求解方法是将流体域内作用在结构上的水动力载荷借边界元方法获得，而结构的

弹性动力响应由有限元方法求解，通过线性化离散伯努利方程，将有限元方程与边界元方程耦合在一起，从而获得求解流场和结构动力响应二者相互耦合的运动方程。

在数值计算中，考虑了自由表面的非线性边界条件，通过引入射流单元以及最大射流厚度，较好地处理了冲击引起的射流问题。

与刚体入水冲击求解不同之处是物面条件为 $\frac{\partial \Phi}{\partial n}=V \cdot n-\omega$，其中 ω 为弹性结构的振动速度，其方向与 n 相反。通过第二类格林函数的边界积分，建立结构的单元动力平衡方程式，再按节点自由度装配起来，形成总体结构的动力平衡方程式，最后由离散的伯努利方程建立完全流-固耦合效应的入水冲击运动方程组，采用 Newmark 直接积分法求解。

对不同斜升角（β 为 30°及 45°）、不同板厚（5 mm、8 mm 及 11 mm）的楔形板进行完全流-固耦合解与解耦解（decoupled solution，或称单向耦合解）的比较和分析，其中 Zhao 和 Faltinsen 求解的自由表面和压力分布结果吻合得很好，流-固耦合的影响也相一致，且指出当结构刚度较小时，可以由解耦解来替代完全耦合解，以便减少机时。

诚然，关于入水冲击过程中流-固耦合理论计算的文献还较少，已发表的理论又偏重于理论计算的探索性研究，其中假设性较多，加上数值计算比较复杂，还可能存在不稳定计算过程等，这一切都有待于进一步研究。

4.2.2　三维水面飞行器着水冲击理论

针对水陆两栖飞机着水载荷精细化设计要求，解决基于模型试验的着水载荷理论修正技术问题，必须先从飞机着水运动学出发，建立水陆两栖飞机着水数学模型，然后识别着水载荷影响因素，最后建立各因素与着水载荷的定量关系，为着水载荷模型试验提供理论基础。

水陆两栖飞机着水示意图如图 4.31 所示。

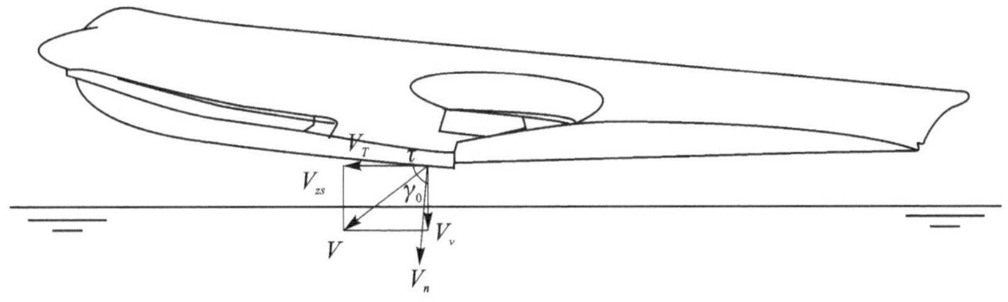

图 4.31　水陆两栖飞机着水示意图

据国外文献和国内研究情况，水陆两栖飞机在接水后产生最大水动载荷，着水瞬间姿态角变化很小，机翼升力约等于重力。因此，可假设姿态角不变，机翼升力等于重力，着水水域为平静水面，建立水陆两栖飞机着水数学模型。

（1）运动方程

由牛顿第二定律得到飞机着水瞬间所受到的反作用力的表达式为

$$F=-M\,\frac{\mathrm{d}V_n}{\mathrm{d}t} \tag{4.98}$$

式中：

M——飞机质量(kg)；

V_n——垂直于基线的速度分量(m/s)。

根据理论分析,这样的反作用力由两部分组成:水动冲击所产生的力 F_1 和水动升力所产生的力 F_2。

$$F_1 = \frac{\mathrm{d}}{\mathrm{d}t}(\mu M \cdot V_n) \tag{4.99}$$

$$F_2 = \mu M \cdot \frac{a}{l} V_n V_T \tag{4.100}$$

式中:

l——浸湿区域沿基线长度(m);

a——经验系数(一般为 3)。

结合式(4.98)、式(4.99)和式(4.100)得

$$-\frac{\mathrm{d}V_n}{\mathrm{d}t} = \frac{\mathrm{d}}{\mathrm{d}t}(\mu V_n) + 3\frac{\mu}{l} V_n V_T \tag{4.101}$$

查相关文献,附连质量的表达式为

$$\mu M = \rho K (h \sec \tau)^3 \tag{4.102}$$

式中:

h——飞机浸水深度(m);

μ——附加质量系数。

(2) 最大加速度方程

最大加速度表达式为

$$\frac{\mathrm{d}V_n}{\mathrm{d}t} = \frac{\mathrm{d}V_n}{\mathrm{d}\omega_T} \cdot \frac{\mathrm{d}\omega_T}{\mathrm{d}\mu} \cdot \frac{\mathrm{d}\mu}{\mathrm{d}h} \cdot \frac{\mathrm{d}h}{\mathrm{d}t} \tag{4.103}$$

结合式(4.98)、式(4.102)和式(4.103)得

$$\frac{\mathrm{d}V_n}{\mathrm{d}t} = \frac{K^{1/3} V_{n0}^2}{(W/(\rho g))^{1/3}} \left[\frac{3\mu^{2/3}}{1+\mu} \left(\frac{\omega_T}{\omega_0} \right)^2 \right] \tag{4.104}$$

(3) 冲击参数

假设水陆两栖飞机着水时,加速度达到最大,平行于基线的速度分量保持不变,引入一个冲击参数:

$$y_0 = \frac{V_{n0}}{V_T \tan \tau} = \frac{\tan(\gamma_0 + \tau)}{\tan \tau} \tag{4.105}$$

式中:

V_{n0}——刚触水时垂直于基线的速度分量(m/s);

V_T——平行于基线的速度分量(保持不变,m/s);

τ——相对于水面的姿态角(°);

γ_0——航迹角(°)。

结合式(4.101)、式(4.104)和式(4.105)解非线性方程组,便可得到冲击参数与 A_0 的关系,如表 4.1 所列。由式(4.61)发现,确定最大加速度值还需确定附加质量因子 K 的大小。

表 4.1　A_0 与 $1/y_0$ 之间的关系

$1/y_0$	x_m	A_0	y_m
1	0	0	1
0.95	0.001 3	0.032 2	1.003 9
0.9	0.005 2	0.075 4	1.016
0.85	0.011 9	0.120 3	1.037 3
0.8	0.021 2	0.164 5	1.068 7
0.75	0.032 8	0.206 9	1.111 3
0.7	0.046 5	0.247	1.166 4
0.65	0.061 7	0.284 7	1.236
0.6	0.078 1	0.32	1.322 3
0.55	0.095 3	0.353 1	1.429 1
0.5	0.113 1	0.384 1	1.561 4
0.45	0.131 1	0.413 2	1.726 6
0.4	0.149 2	0.440 5	1.936 4
0.35	0.167 2	0.466 3	2.209

(4) 附连质量

附连质量由 Crewe 结合理论与试验给出，表达式如下：

$$\mu M = \rho \frac{8}{3\pi} \frac{(\text{Area})^2}{\text{Perimeter}} \xi_1 \tag{4.106}$$

其中，Area 和 Perimeter 分别表示着水浸湿区域在飞机基平面的投影面积和周长。$\xi_1 = (1-\theta/\pi)$，θ 为飞机船底剖面斜升角。

可以证明当 τ 很小时，在 $\pi/8<\theta<\pi/4$ 内，$(1-\theta/x)/(\lambda_0+\sqrt{1+\lambda_0^2})$ 变化很小，因此可以近似地把它看作定值，则

$$K = \frac{\pi}{3}\left[\frac{1-(\theta/\pi)}{\lambda_0+\sqrt{1+\lambda_0^2}}\right]\Bigg|_\theta \cot\tau\cot^2\theta \tag{4.107}$$

(5) 着水载荷系数 C_1 的表达式

将垂直于基线的速度分量对时间进行微分，着水过程中产生的最大加速度为

$$\left(\frac{\mathrm{d}V_n}{\mathrm{d}t}\right)_m = -A_0 \frac{K^{1/3}V_{n0}^2}{(W/(\rho g))^{1/3}} \tag{4.108}$$

由 Crewe 附连质量理论，结合 Wagner 二维楔形体小斜升角理论，推导出附连质量因子表达式：

$$K = \frac{\pi}{3}\left[\frac{1-(\beta/\pi)}{\lambda_0+\sqrt{1+\lambda_0^2}}\right]\Bigg|_\theta \cot\tau\cot^2\beta \tag{4.109}$$

式中，β 为飞机船底着水剖面斜升角；λ_0 表达式如下：

$$\lambda_0 = \pi/2 \cdot \tan\tau \cdot \cot\beta \tag{4.110}$$

如图 4.31 所示，对水陆两栖飞机着水速度进行分解，得

$$V_{n0} = V_{zs}\sin(\gamma_0 + \tau)/\cos\gamma_0 \tag{4.111}$$

式中：

V_{zs}——触水瞬间飞机相对于水的着水速度；

V_{SO}——设计着水重量 W 下，打开襟翼及其增升装置且无滑流影响时的着水失速速度。若着水水域为平静水面，则 $V_{SO}=V_{zs}$。

$$V_{SO} = \sqrt{\frac{2W}{\rho S C_{y,\max}}} \tag{4.112}$$

式中：

ρ——空气密度；

S——机翼面积；

$C_{y,\max}$——飞机着水时的最大升力系数。

令着水载荷系数表达式为

$$n_{zs} = -\frac{\mathrm{d}V_n/\mathrm{d}t}{g} \tag{4.113}$$

于是

$$n_{zs} = \frac{C_1 V_{so}^2}{\tan^{2/3}\beta W^{1/3}} \tag{4.114}$$

式中，C_1 为着水载荷经验系数，即

$$C_1 = A_0 \rho^{1/3} \tan^{2/3}\beta \frac{\sin^2(V_v/V_{zs} + \tau)}{g\cos^2(V_v/V_{zs})} K^{1/3} \tag{4.115}$$

4.3 船体水面载荷影响因素

4.3.1 斜升角对水面载荷的影响

根据式(4.114)可分析船底斜升角对着水载荷的影响，一般而言，水陆两栖飞机的船底断阶处斜升角在 20°左右，从计算公式来说，增大斜升角可减小着水载荷，通过计算可得到斜升角对水面载荷的影响大小，如表 4.2 所列。

表 4.2　斜升角对载荷系数的影响

序　号	斜升角/(°)	斜升角增大百分比/%	载荷系数/g	载荷系数减少百分比/%
1	20.16	0	3.799	0
2	21.17	5	3.666	3.49
3	22.18	10	3.543	6.73
4	23.18	15	3.428	9.76
5	24.19	20	3.321	12.59
6	25.20	25	3.220	15.25
7	26.21	30	3.124	17.76

4.3.2　姿态角对水面载荷的影响

根据上述着水载荷理论分析可知，着水载荷系数影响因素比较多，主要包括质量、水平速度、垂向速度、姿态角、船底斜升角以及波浪参数。

以某大型水陆两栖飞机参数为例，分析各因素对着水载荷的影响。飞机主要参数如下：

① 飞机质量 $W=54\ 000$ kg；

② 最大升力系数 $C_1=2.79$；

③ 机翼面积 $S=167.235\ \text{m}^2$；

④ 船底斜升角 $\beta=20°$、21°、22°、23°、24°、24.5°、25°；

⑤ 着水姿态角 $\tau=2°$、3°、4°、4.5°、5°、6°、7°；

⑥ 下沉速度 $V=0.5$ m/s、1.0 m/s、1.5 m/s、2.0 m/s、2.5 m/s、3.0 m/s。

根据上述着水载荷理论，可得着水失速速度 $V_{zs}=43.05$ m/s。

将上述参数代入到着水载荷理论计算公式中，可得不同影响因素下的着水载荷系数 n_w 以及 C_1 系数，结果如图 4.32～图 4.37 所示。

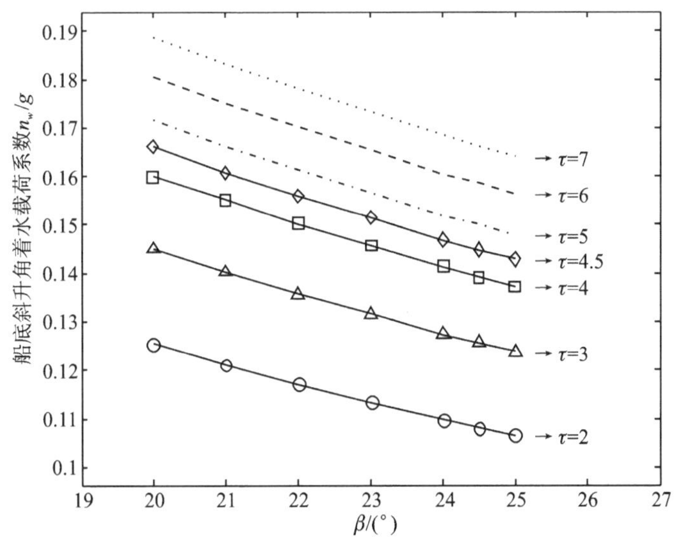

图 4.32　下沉速度为 0.5 m/s 时的不同姿态角和船底斜升角着水载荷系数

由图 4.32～图 4.37 可知，船底斜升角越大，着水载荷系数越小；着水下沉速度越大，着水载荷越大；着水姿态角越大，着水载荷越大。

由图 4.38 和图 4.39 可知：①当航迹角小于 5.31°时，着水载荷系数随姿态角增大而增大；②当航迹角大于 6.62°时，着水载荷系数随姿态角增大呈现先减小后增大的趋势；③当航迹角大于 11.81°时，着水载荷系数随姿态角增大而减小；④着水载荷系数随航迹角增大而增大。

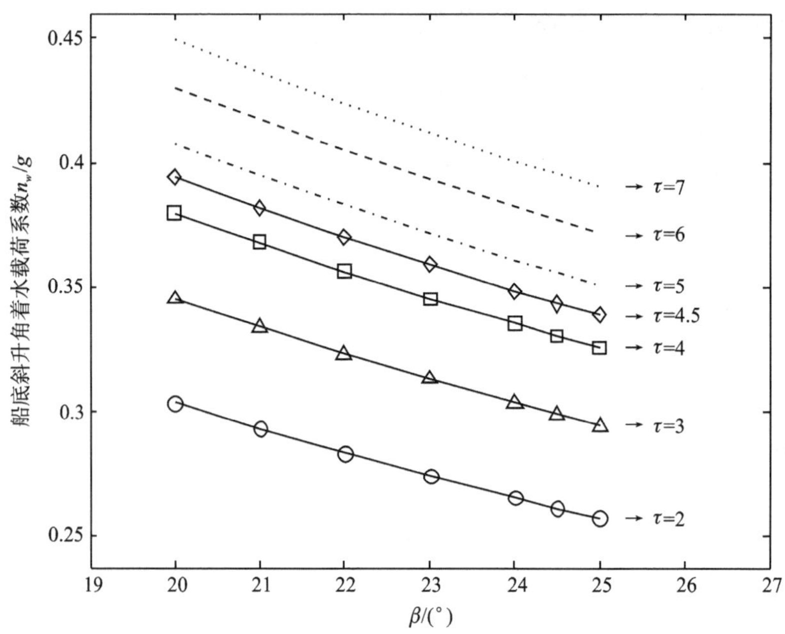

图 4.33　下沉速度为 1.0 m/s 时的不同姿态角和船底斜升角着水载荷系数

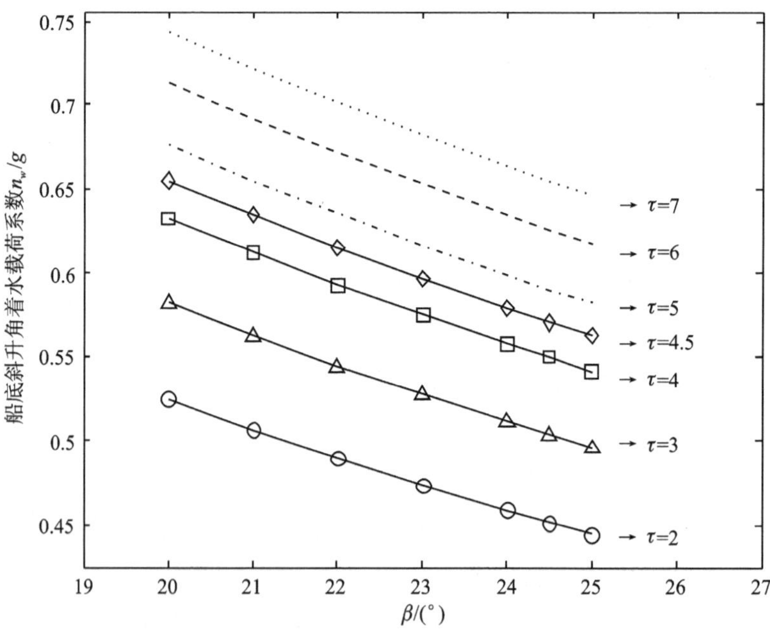

图 4.34　下沉速度为 1.5 m/s 时的不同姿态角和船底斜升角着水载荷系数

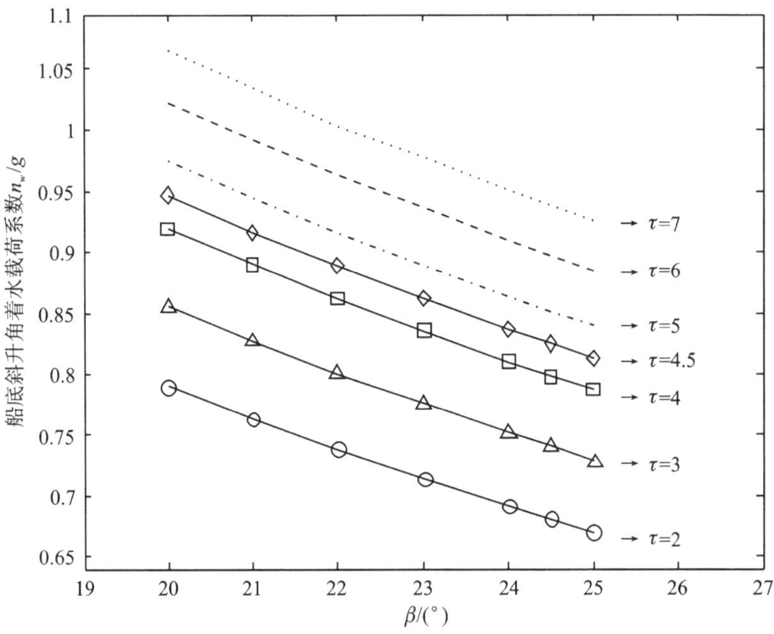

图 4.35　下沉速度为 2.0 m/s 时的不同姿态角和船底斜升角着水载荷系数

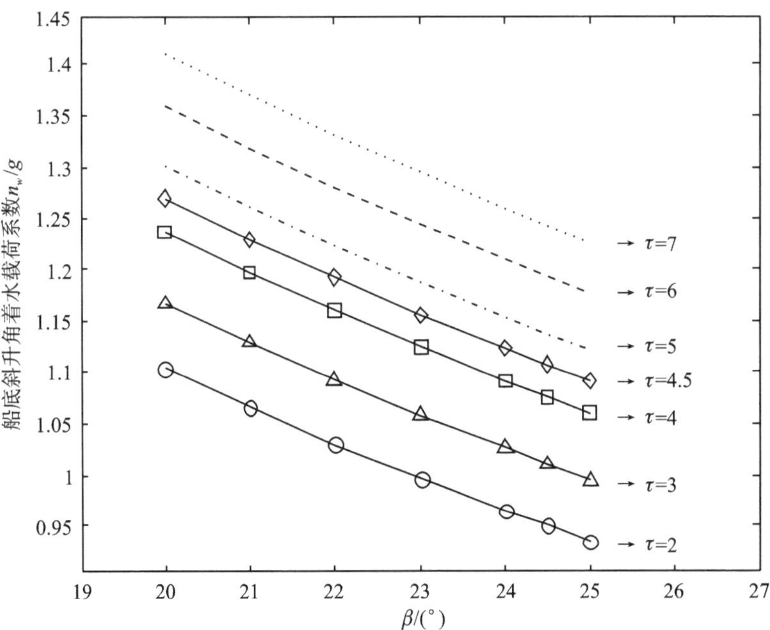

图 4.36　下沉速度为 2.5 m/s 时的不同姿态角和船底斜升角着水载荷系数

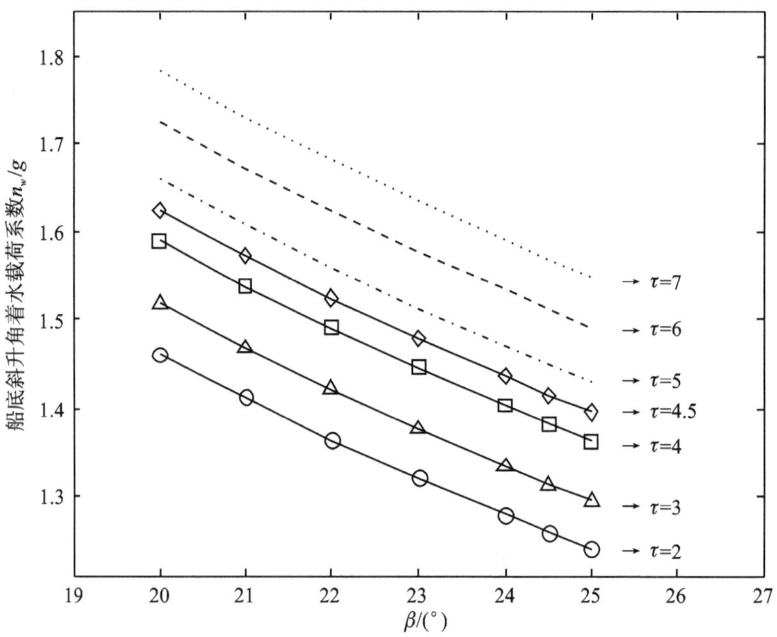

图 4.37　下沉速度为 3.0 m/s 时的不同姿态角和船底斜升角着水载荷系数

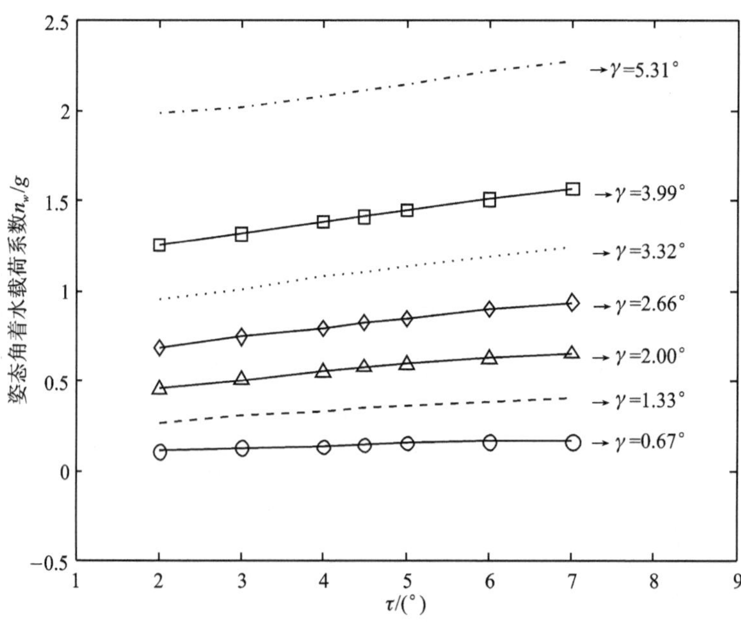

图 4.38　船底斜升角为 24.5°时的不同航迹角和姿态角着水载荷系数(一)

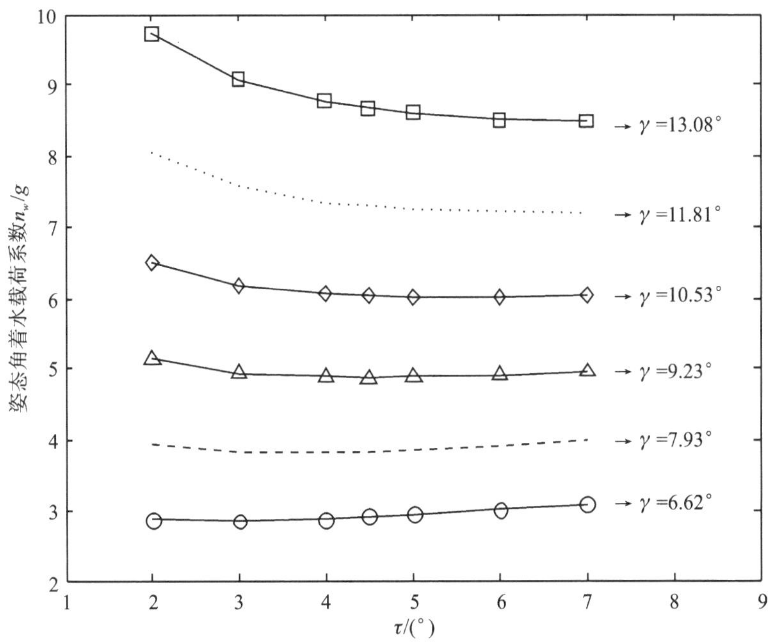

图 4.39 船底斜升角为 24.5°时的不同航迹角和姿态角着水载荷系数(二)

4.3.3 着水速度对水面载荷的影响

由式(4.114)可知,减少失速速度能显著减小载荷系数和水载荷合力。以断阶着水工况为例,具体分析失速速度对着水载荷系数的影响,如表 4.3 所列。

表 4.3 失速速度减少对载荷系数的影响

序 号	失速速度/(km · h^{-1})	速度减少百分比/%	载荷系数/g	载荷系数减少百分比/%
1	143	0	3.799	0
2	135.85	5	3.429	9.75
3	128.7	10	3.077	19.00
4	121.55	15	2.745	27.75
5	114.4	20	2.431	36.00
6	107.25	25	2.137	43.75
7	100.1	30	1.862	51.00

4.3.4 水面环境对水面载荷的影响

下面介绍水面飞行器波浪着水 C_1 经验系数表达式的简要推导过程。

分解飞机着水速度得到

$$V_{n0} = V_{zs}\sin(\gamma_0 + \tau)/\cos\gamma_0 \tag{4.116}$$

式中:

V_{zs}——触水瞬间水面飞行器相对于水的着水速度(m/s)。

γ_0——水面飞行器初始航迹角，与水平速度和垂直速度有关(°)；

τ——水面飞行器着水时的姿态角(°)。

飞机在波浪情况下着水，需要考虑波浪、风速对着水速度的叠加，因此飞机相对于水的实际速度为

$$V_{zs,s}=V_{zs}-V_w-V_b \tag{4.117}$$

式中：

V_w——水面飞行器着水时的水面风速(m/s)；

V_b——水面飞行器着水时的水面波速(m/s)，即

$$V_b=\sqrt{\frac{gL}{2\pi}} \tag{4.118}$$

水面飞行器着水时，着水载荷与波长、波速、波浪剖面形状以及与船体相对遭遇位置等有关。因此飞机相对于波浪的有效航迹角为

$$\gamma_{yx}=\gamma_0+\theta_1 \tag{4.119}$$

式中，θ_1 为水面飞行器着水时遭遇波浪相应位置的波倾角(°)。

因此，水面飞行器相对于波浪的有效姿态角为

$$\tau_{yx}=\tau-\theta_1$$

令着水载荷系数表达式为

$$n_{zs}=-\frac{\mathrm{d}V_n/\mathrm{d}t}{g} \tag{4.120}$$

静水的着水载荷系数表示为

$$n_{zs}=A_0\frac{K^{1/3}V_{no}^2}{g(W/\rho)^{1/3}}=A_0\frac{(\pi/3)^{1/3}\left[\dfrac{1-(\beta/\pi)}{\lambda_0+\sqrt{1+\lambda_0^2}}\right]^{1/3}\cot^{1/3}\tau\cot^{2/3}\beta k^2V_{zs}^2}{(W/\rho)^{1/3}}\frac{\sin^2(\gamma_0+\tau)}{g\cos^2\gamma_0} \tag{4.121}$$

式中：

W——水面飞行器重量(kg)；

β——船体着水部位处的底部斜升角(°)；

ρ——水的密度(kg/m^3)；

A_0——最大加速度因子。

$$\lambda_0=\frac{\pi}{2}\tan\tau\cot\beta$$

为了简化 n_{zs} 的表达形式，令

$$n_{zs}=\frac{C_1V_{zs}^2}{\tan^{2/3}\beta W^{1/3}} \tag{4.122}$$

根据上述波浪着水时各个参数的变化，得到波浪条件下 C_1 系数的表达式为

$$C_1=\left(\frac{\pi\rho}{3}\right)^{1/3}A_0\left[\frac{1-(\beta/\pi)}{\lambda_0+\sqrt{1+\lambda_0^2}}\right]^{1/3}\Bigg|_{\theta=\theta_0}\cot^{1/3}\tau_{yx}\frac{\sin^2(\gamma_{yx}+\tau_{yx})}{g\cos^2\gamma_{yx}} \tag{4.123}$$

将式(4.123)简化为

$$C_1=B_0K^{1/3} \tag{4.124}$$

其中

$$K=\frac{\pi}{3}\left[\frac{1-(\beta/\pi)}{\lambda_0+\sqrt{1+\lambda_0^2}}\right]\Bigg|_\beta \cot\tau\cot^2\beta$$

$$B_0=A_0\rho^{1/3}\tan^{2/3}\beta\ \frac{\sin^2(\gamma_{yx}+\tau_{yx})}{g\cos^2\gamma_{yx}}$$

式中,K 是由 Crewe 附加质量理论导出的系数;B_0 为一个关于航迹角 γ、船底斜升角 β、飞机姿态角 τ、波浪高度 H 的参数。

由于实际海浪具有很强的随机性,水面飞行器与波浪遭遇时,遭遇位置也具有很强的随机性。一般情况下,水面飞行器与波浪遭遇点在波腰产生的冲击载荷比波峰、波谷大。理论计算时,一般将随机性的海浪简化为一系列正弦波,且波浪遭遇位置为波腰。按 MIL-8864-A(Aero)的要求,波长/波高为 20~40。

以某大型水陆两栖飞机参数为例,分析波浪参数对着水载荷的影响。飞机主要参数如下:

① 飞机质量 W=54 000 kg;

② 最大升力系数 C_1=2.79;

③ 机翼面积 S=167.235 m^2;

④ 船底斜升角 β;

⑤ 着水姿态角 τ=4.5°、5.0°、6.0°、7.0°;

⑥ 下沉速度 V_v=1.5 m/s;

⑦ 波高 H=0.5 m、1.0 m、1.25 m、1.5 m、2.0 m、2.5 m、3.0 m;

⑧ 波长/波高值取 30。

根据上述着水载荷理论,可得着水失速速度 V_{zs}=43.05 m/s。

图 4.40~图 4.43 所示为波浪着水载荷系数 n_w 和着水载荷经验系数 C_1 随波高的变化曲线。

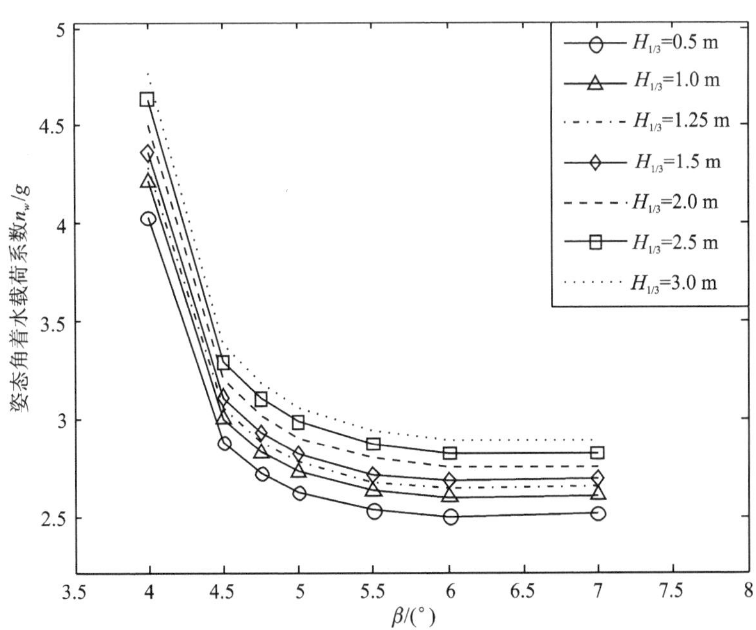

图 4.40　迎风迎浪 V_v=1.5 m/s 时的不同三一波高和姿态角着水载荷系数

当下沉速度为 1.5 m/s，波长/波高为 30，波高为 0.5～3.0 m 时，航迹角的变化范围为 6.04°～6.48°。从图 4.40～图 4.43 可以看出，着水载荷系数随波高的增加而增大；水面飞行器在迎风迎浪时，着水载荷比顺风顺浪时着水载荷大，但两者之间的着水载荷相差比较小；飞机在无风的迎涌水面着水时着水载荷最大。

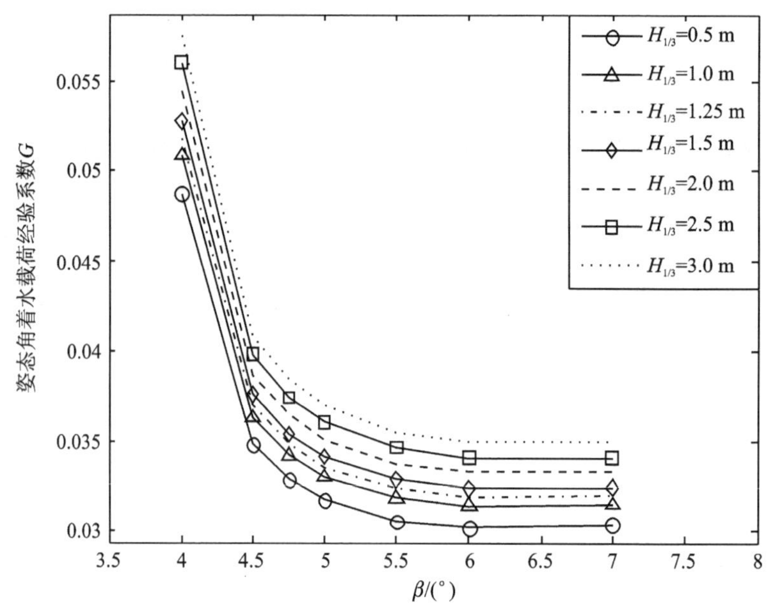

图 4.41　迎风迎浪 V_v＝1.5 m/s 时的不同三一波高和姿态角着水载荷经验系数

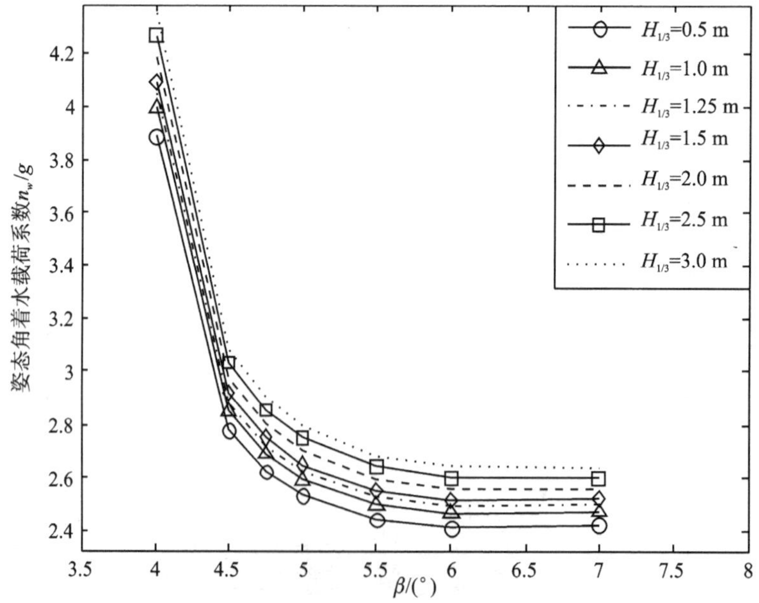

图 4.42　顺风顺浪 V_v＝1.5 m/s 时的不同三一波高和姿态角着水载荷系数

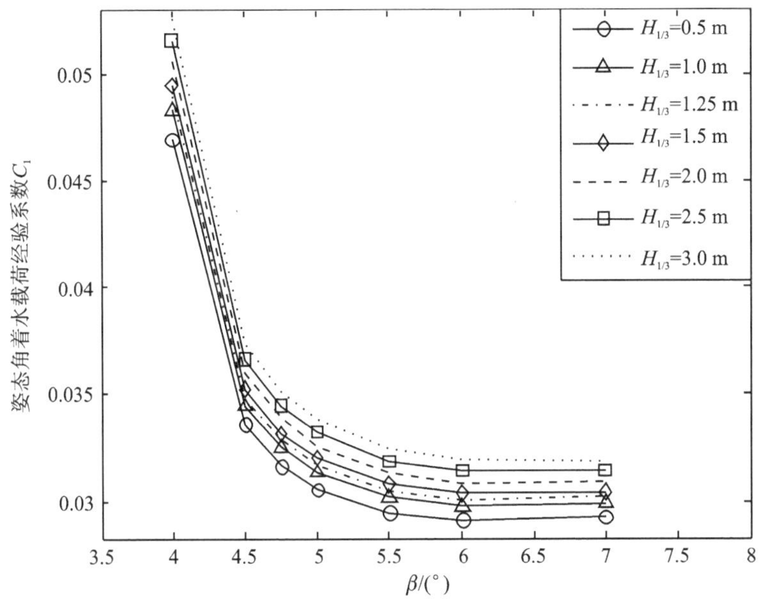

图 4.43　顺风顺浪 V_v = 1.5 m/s 时的不同三一波高和姿态角着水载荷经验系数

4.3.5　着水部位对水面载荷的影响

根据前述得水面载荷系数表达式为

$$n_{zs}=\frac{C_1V_{zs}^2}{(\tan^{2/3}\beta)W^{1/3}} \tag{4.125}$$

这个公式适用于水面飞行器断阶着水情况。根据水面飞行器实际使用情况，它可能出现首部（船首）或尾部（船尾）着水，如图 4.44 所示。首部或尾部着水，水载荷合力偏离重心，引入 K_1 因子表征水合力方向飞机的折算质量、非断阶着水浸水面形状的区别，折算后的载荷系数表达式如下：

$$n_{zs}=\frac{C_1V_{zs}^2}{(\tan^{2/3}\beta)W^{1/3}}\ \frac{K_1}{\left(1+\left(\dfrac{d}{R_y}\right)^2\right)^{2/3}} \tag{4.126}$$

式中：

W——飞机非断阶着水时的折算质量；

d——水面飞行器重心到进行载荷计算的飞机纵向位置的距离；

R_y——水面飞行器俯仰回转半径。

例如：

① 飞机质量 W=54 000 kg；

② 断阶距原点距离 l_d=17.47 m；

③ 前体长度 l_f=14.9 m；

④ 后体长度 l_a=18.9 m；

⑤ 前体距原点距离 d_d=2.57 m；

⑥ 最大升力系数 C_1=2.79；

⑦ 机翼面积 S=167.235 m^2；

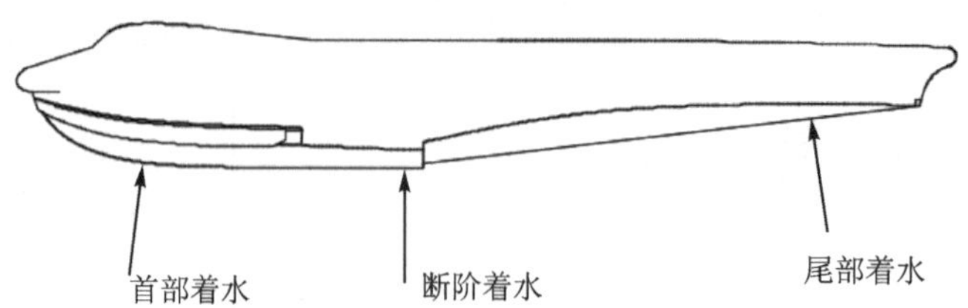

图 4.44　水面飞行器三种着水情况

⑧ 船底斜升角 $\beta=24.5°$；

⑨ 重心位置$[x_g, y_g, z_g]=[17.063, -0.008, 1.551]$m；

⑩ 俯仰惯量 $I_y=2\ 074\ 599\ \mathrm{kg \cdot m^2}$；

⑪ 载荷计算站位 $x=3.2\sim36.3$ m。

根据 CCAR 25 部，K_1 折算因子沿船体的分布如图 4.45 所示。

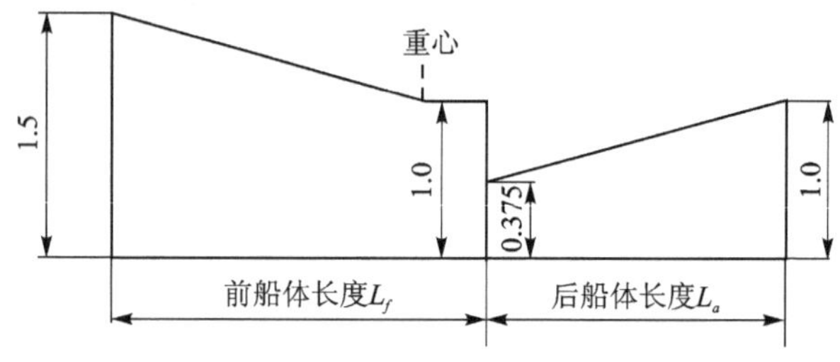

图 4.45　K_1 沿船身纵向分布图

图 4.46 所示为不同着水部位下的载荷系数，由图可得出，重心处（断阶附近）着水载荷系数最大，着水部位距重心越远，着水载荷系数越小。

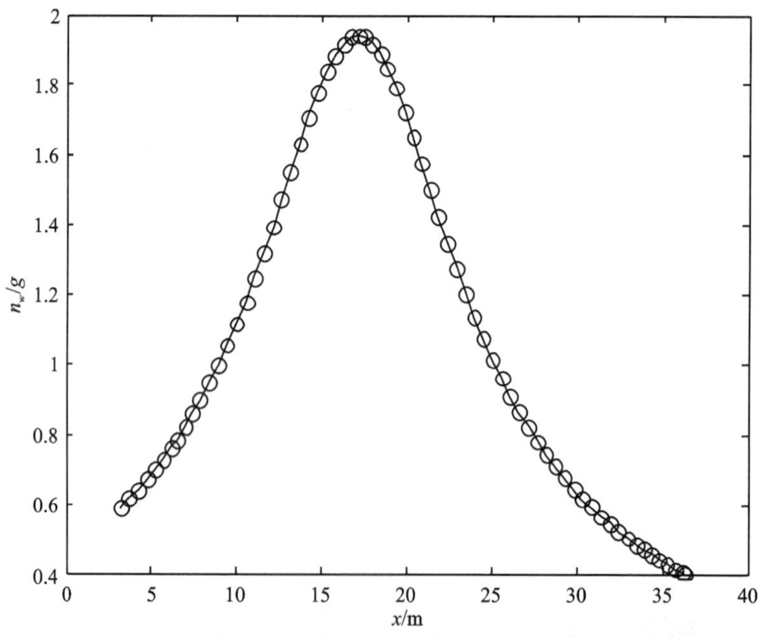

图 4.46　不同着水部位下的载荷系数

4.3.6　气动升力对水面载荷的影响

根据 GJB 67.5A—2008 水上飞机水载荷使用说明，水上飞机着水时，机翼上的升力和水平尾翼上的平衡载荷直接影响着水速度、触水姿态和过载系数，对撞击情况的总载荷影响较大。撞击载荷随机翼上升力的减小而增加，即当机翼升力小于重力时，水动力撞击载荷增量约为机翼升力减小量的 1.33 倍，如图 4.47 所示。例如对于着水撞击时重心处的载荷系数为 3.0 的大型水陆两栖飞机，若机翼升力为零，则撞击时水载荷可增加 44%，即水面反作用载荷系数增加 44%。因此，计算着水载荷时应合理确定机翼上的升力。

水面飞行器在波浪上着水时，由于气动力、水动力和重力的作用，一般水面飞行器要经受连续多次的反弹撞击，而且最大撞击载荷往往不是发生在第一次触水撞击时，而是发生在速度损失不大的第二次或第三次的触水瞬时撞击时，根据相关文献中机翼根部弯矩测量与分析结果，首次撞击时机翼升力约为平飞时的 85%，第二次撞击时为 70%。

研究气动升力对载荷的影响，存在以下假设条件：

① 飞机在着水过程中，姿态角保持不变且舭部未浸水；

② 飞机着水的合速度垂直于龙骨基线；

③ 机翼提供的气动升力为常数。

根据水载荷理论相关文献，得到飞机着水载荷在垂直方向上的分量为

$$F_v = \frac{[f(\beta)]^2\varphi(A)\rho\pi}{6\sin\tau\cos^2\tau}(z^3\ddot{z} + 3z^2\dot{z}^2) \tag{4.127}$$

式中：

$$f(\beta) = \frac{\pi}{2\beta} - 1,\quad \varphi(A) = 1 - \frac{\tan\tau}{2\tan\beta}$$

应用牛顿第二定律，考虑机翼升力的影响，飞机的运动方程可表示为

$$-\frac{W}{g}\ddot{z} = \frac{[f(\beta)]^2\varphi(A)\rho\pi}{6\sin\tau\cos^2\tau}(z^3\ddot{z} + 3z^2\dot{z}^2) - W\left(1 - \frac{L}{W}\right) \tag{4.128}$$

为了对上述运动方程进行进一步的处理，将式(4.128)简写成如下形式：

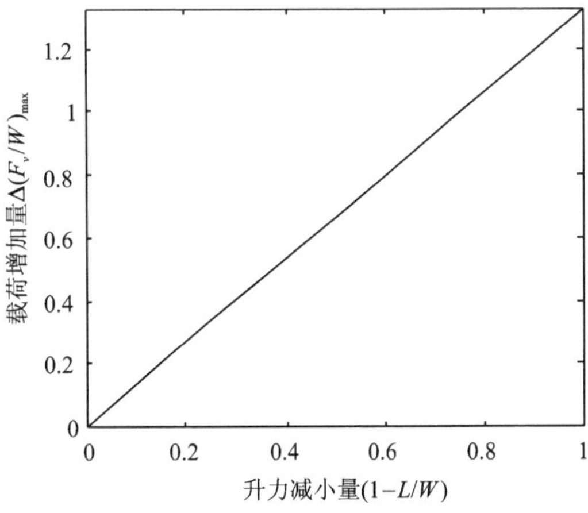

图 4.47　升力减小量与载荷增量之间的关系曲线

$$(1+\Lambda^3 z^3)\ddot{z}+3\Lambda^3 z^2 \dot{z}^2=g\left(1-\frac{L}{W}\right) \tag{4.129}$$

式中

$$\Lambda=\left\{\frac{g}{W}\ \frac{[f(\beta)]^2\varphi(A)\rho\pi}{6\sin\tau\cos^2\tau}\right\}^{1/3}$$

4.4 水面载荷作用域与分布规律

计算作用在水面飞行器上的水载荷，是以楔形体入水撞击理论为基础的，并忽略入水过程中飞行器所受到的重力、浮力、水阻力等外力。

水面飞行器的载荷分布于船体底部的浸水区域。因此以水面载荷作为一种主要的设计载荷情况进行机体结构强度分析计算时，必须考虑其作用域和分布规律的影响。在机体结构强度计算中，为避免在水面载荷作用域引起机体结构过大的局部剪切力和弯矩，作用于船体底部的水载荷应以分布压力的形式施加，并考虑压力的横向分布和纵向分布。

分析水面飞行器在艏部、断阶、艉部着水时与水面的撞击长度，确定水面载荷作用域，分析水面载荷分布规律，为强度校核提供准确的分布压力和局部压力。

(1) 二维楔形体的冲击理论

水面飞行器的水面降落与二维楔形体入水有相似之处，属于水动力冲击问题，所以水面飞行器的降落可简化为楔形体在静水面的入水冲击问题。下面以楔形体垂直落入静水面的冲击过程来描述水面飞行器水面降落时入水冲击的物理现象。

假定水是理想的、不可压缩的流体，并且认为楔形体入水后的流动是无旋的，这样，流场由满足拉普拉斯方程式$\nabla^2\phi=0$ 的速度势函数 ϕ 所决定。该流场在自由表面要满足的边界条件为

$$\frac{\mathrm{d}\phi}{\mathrm{d}t}=\frac{1}{2}\left[\left(\frac{\partial\phi}{\partial y}\right)^2+\left(\frac{\partial\phi}{\partial z}\right)^2\right] \tag{4.130}$$

在楔形体湿表面要满足的边界条件为

$$\frac{\partial\phi}{\partial t}=V_n \tag{4.131}$$

楔形体入水冲击的初始条件是零速度势及没有水隆起的自由表面。一旦速度势函数 ϕ 求得，则附加质量 m 为

$$m=\frac{\rho}{V^2}\iint_{\sigma}[\mathrm{grad}\phi]^2\mathrm{d}\sigma=\frac{-\rho^2}{V^2}\int_S\phi\ \frac{\partial\phi}{\partial n}\mathrm{d}S \tag{4.132}$$

设大气压为 P_0，由不计重力影响的伯努利方程可求得冲击压力的一般表达式为

$$P-P_0=-\rho\left[\frac{\partial\phi}{\partial t}+\frac{1}{2}\mid\nabla\phi\mid^2\right] \tag{4.133}$$

但是，求解这样一个非定常势流问题是比较困难的。因为在冲击过程中水自由表面的边界条件是非线性的，而且自由表面的边界形状及位置又是解中待定的。

最早将二维水动力冲击问题做简化处理的是 Von Karman，他认为冲击过程是在极短的时间内发生的，因此忽略速度平方的二级微量，并设大气压力 P_0 等于零，将自由表面的边界

条件做了线性化处理，认为在冲击的每一瞬间自由表面就是原来静水面，在此面上满足 $\phi=0$。这样，某瞬间的附加质量 m 等于宽度为 $2c_0$ 的平板浸沉在无限水中所求得的附加质量值的一半(忽略排挤水的影响)，即 $m=0.5\rho\pi c_0^2$。由此，在冲击过程中的冲击力为

$$F=\frac{\mathrm{d}(mv)}{\mathrm{d}t}=\frac{V_0^2\rho\pi c_0\cot\beta}{\left(1+\dfrac{\rho\pi c_0^2}{2M}\right)^3} \tag{4.134}$$

平均压力为

$$\bar{p}=\frac{\rho V_0^2\pi\cot\beta}{2\left(1+\dfrac{\rho\pi c_0^2}{2M}\right)^3} \tag{4.135}$$

最大压力为

$$p_{\max}(c=0)=\frac{\rho}{2}V_0^2\pi\cot\beta \tag{4.136}$$

显然，当 $\beta\to0$ 时，F 和 $\bar{p}$ 都会趋向无穷大，这显然是不符合实际的。但对于水面飞行器着水问题，因其 $\beta\approx20°$，这些公式给出了工程上可接受的结果。

之后，Wagner 发展了 Von Karmon 的线性理论，考虑了在物体自由表面处存在水面隆起的效应，从而明显改善了浸湿半宽、附加质量、冲击力的求解，并可求出压力分布。Wagner 对于浸湿半宽 c 的求算，采用宽度为 $2c$ 的二维平板有势绕流来近似，即平板拟合法(flat plate fitting)，于是，自由表面上 $y>c$ 处，水质点垂向速度 $V_n=V/\sqrt{1-(c^2/y^2)}$，而水面隆起量为 $\eta=\int_0^t V_n\mathrm{d}t=\int_0^t(V/\sqrt{1-(c^2/y^2)})\mathrm{d}t$。

现用 $c=c(t)$ 作参变量，即 $t=t(c)$，$V=V(c)$，可以布置 $\mathrm{d}t=\dfrac{\mathrm{d}t}{\mathrm{d}c}\mathrm{d}c$，得

$$\eta=\int_{c=0}^{c\leqslant y}\frac{V\dfrac{\mathrm{d}t}{\mathrm{d}c}}{\sqrt{1-(c^2/y^2)}}\mathrm{d}c=\int_{c=0}^{c\leqslant y}\frac{u(c)\mathrm{d}c}{\sqrt{1-(c^2/y^2)}} \tag{4.137}$$

式中

$$u(c)=V\frac{\mathrm{d}t}{\mathrm{d}c} \tag{4.138}$$

在某一瞬间，当水质点在 $c=y$ 处达到物面时，水表面在 y 处的垂直坐标与剖面外形在 y 处的纵坐标一致，即 $\eta=\eta_b$，所以

$$\eta_b=\int_0^y\frac{u(c)\mathrm{d}c}{\sqrt{1-(c^2/y^2)}} \tag{4.139}$$

由式(4.139)可以确定浸湿半宽 c 的值，然后求得附加质量 m 及冲击力 F。

设楔形体的形状用级数

$$\eta_b=a_1y+a_2y^2+a_3y^3+\cdots+a_ny^n \tag{4.140}$$

表示，并令

$$u(c)=\frac{a_1}{A_0}+\frac{a_2}{A_1}c^1+\frac{a_3}{A_2}c^2+\frac{a_4}{A_3}c^3+\cdots+\frac{a_n}{A_{n-1}}c^{n-1} \tag{4.141}$$

将式(4.141)代入 $\eta_b=\int_0^y \frac{u(c)\mathrm{d}c}{\sqrt{1-(c^2/y^2)}}$ 中，并比较系数后，可得

$$A_n=\int_0^1\left(\frac{c}{y}\right)^n\left(1-\frac{c^2}{y^2}\right)^{-\frac{1}{2}}\cdot \mathrm{d}\left(\frac{c}{y}\right)=\int_0^{\pi/2}\sin n\phi\,\mathrm{d}\phi=\frac{\sqrt{\pi}\Gamma\left[\frac{(n+1)}{2}\right]}{2\Gamma\left[\frac{(n+1)}{2}\right]} \tag{4.142}$$

即

$$u(c)=\frac{2}{\pi}a_1+a_2c+a_2c^2+a_3c^3+\cdots+a_nc^n \tag{4.143}$$

式中

$$a_n=\begin{cases} a_{n+1}\dfrac{2}{\pi}\dfrac{2\times4\times6\times\cdots\times n}{1\times3\times5\times\cdots\times(n-1)}, & n\text{ 为偶数} \\ a_{n+1}\dfrac{1\times3\times5\times\cdots\times n}{2\times4\times6\times\cdots\times(n-1)}, & n\text{ 为奇数} \end{cases} \tag{4.144}$$

进而可得

$$z=\int_0^t V\mathrm{d}t=\int_0^c u(c)\mathrm{d}c=\frac{2}{\pi}a_0c+\frac{1}{2}a_1c^2+\frac{1}{3}a_2c^3+\cdots+\frac{1}{(n+1)}a_nc^{n+1} \tag{4.145}$$

由式(4.145)可以确定浸湿半宽 c 的值。

对于V形楔，$\eta_b=\tan\beta y$，则 $u(c)=\frac{2}{\pi}\tan\beta$，$z=\int_0^c\frac{2}{\pi}\tan\beta\mathrm{d}c=\frac{2\tan\beta}{\pi}c$，于是浸湿半宽 $c=\frac{\pi}{2}c_0$，附加质量 $m=\frac{1}{2}\rho\pi c^2=\left(\frac{\pi}{2}\right)^2\cdot\frac{1}{2}\rho\pi c_0^2$。由此可见，Wagner 考虑了在冲击时发生水面隆起，从而改善了浸湿半宽及附加质量的结果。

将速度势 $\Phi=-V_c\left[1-(y/c)^2\right]^{\frac{1}{2}}$ 代入伯努利方程，求得作用在V形楔上的冲击压力值，其无因次比值为

$$\frac{p}{\frac{1}{2}\rho V^2}=\frac{2}{u(c)\sqrt{1-\eta^2}}+\frac{2}{\delta}\sqrt{1-\eta^2}-\frac{\eta^2}{\sqrt{1-\eta^2}} \tag{4.146}$$

式中

$$\eta=\frac{y}{c} \tag{4.147}$$

$$u(c)=V\frac{\mathrm{d}t}{\mathrm{d}c}=\frac{\mathrm{d}z}{\mathrm{d}c} \tag{4.148}$$

$$\delta=\frac{V^2}{c\left(\frac{\mathrm{d}V}{\mathrm{d}t}\right)} \tag{4.149}$$

(2) 水面飞行器着水时底部压力分布

根据 Wagner 二维楔形体理论的推导可以得到小斜升角的楔形体入水的压力分布，由伯努利方程得到的压力分布如下：

$$\frac{p}{\rho}=\frac{V_a^2}{u}\frac{1}{\sqrt{1-(x/c)}}+\frac{\mathrm{d}V_a}{\mathrm{d}t}\sqrt{c^2-x^2}-\frac{1}{2}\frac{V_a^2}{(c/x)^2-1} \tag{4.150}$$

式中，c 是楔形体半宽；x 为楔形体压力点距楔形体对称轴的横向距离；V_a^2 为楔形体的入水速度；$u=\frac{2}{\pi}\tan\beta$。三维水面飞行器入水速度 V_a 的表达式为

$$V_a=V\gamma_r+(V-V_{wi})\tau_r+V_w\tau_{wr} \tag{4.151}$$

式中，V_{wi} 为风速；V_w 为波速；τ_{wr} 为波陡。在没有风和波浪的情况下 V_a 的表达式为

$$V_a=V(\gamma_r+\tau_r) \tag{4.152}$$

当水面飞行器的姿态角和航迹角比较小时，V_a 可以表示为

$$V_a=V\sin(\gamma+\tau)=\dot{z} \tag{4.153}$$

由式(4.150)可以得到水面飞行器船底的压力分布：

$$p=\frac{1}{2}\rho\dot{z}^2\left(\frac{\pi\cot\beta}{\sqrt{1-\left(\frac{x}{c}\right)^2}}-\frac{1}{\left(\left(\frac{c}{x}\right)^2-1\right)}\right)+\rho\ddot{z}\sqrt{c^2-x^2} \tag{4.154}$$

式(4.154)可以分成两个部分来说明，第一部分为由飞行器常速引起的压力，第二部分为由飞行器的加速或减速引起的压力。在考虑姿态角的影响下，稳定滑行下的压力分布可表示为

$$p=\frac{\rho\dot{z}^2}{\mu}\left(\frac{1}{\sqrt{1-(x/c)^2}}-\frac{\mu/2}{(c/x)^2-1}\right) \tag{4.155}$$

对于带舭弯的船底剖面，β_e 为有效斜升角，$\mu=\frac{2}{\pi}\tan\beta_e$，则

$$p=\frac{1}{2}\rho\dot{z}^2\left(\frac{\pi\cot\beta_e}{\sqrt{1-(x/c)^2}}-\frac{1}{(c/x)^2-1}\right) \tag{4.156}$$

当斜升角 $\beta\to0$ 时，式(4.156)可表示为

$$p_p=\frac{1}{2}\rho\left(\frac{\mathrm{d}c}{\mathrm{d}t}\right)^2 \tag{4.157}$$

$$\frac{\mathrm{d}c}{\mathrm{d}t}=\frac{V_a}{u} \tag{4.158}$$

$$p_p=\frac{1}{2}\rho\dot{z}^2\left(\frac{\pi^2}{4}\cot^2\beta\right) \tag{4.159}$$

根据试验结果，式(4.159)可以修正为

$$\frac{p_p}{\frac{1}{2}\rho\dot{z}^2}=\frac{1}{\sin^2\tau+\dfrac{\cos^2\tau}{\left(\frac{\pi}{2}\cot\beta\right)^2}} \tag{4.160}$$

式(4.160)适用于姿态角 0°～10°。

4.5　水面载荷作用中心与重心匹配分析技术

水陆两栖飞机在断阶着水过程中，对于对称着水合力的作用点，《军用飞机结构强度规范》中有三种规定：

① 对于对称断阶着水情况，水载荷合力 F 通过重心并垂直于龙骨线。

② 对于对称船首着水，水载荷合力 F 作用在断阶前 $80\%L_a$ 处的前体龙骨上，并垂直于龙骨线。

③ 对于对称船尾着水，水载荷合力 F 作用在断阶后 $85\%L_f$ 处的前体龙骨上，并垂直于龙骨线。

理论上，水载荷合力的作用点与方向取决于船底浸水面积上分布压力的积分结果。水陆两栖飞机在断阶着水过程中，实际水载荷合力作用点并不通过重心，这导致飞机在着水后水载荷合力对重心产生较大的力矩，这种力矩将会导致飞机出现较大的姿态，不利于飞机的安全。

根据二维 V 形弹性体入水理论，任意截面物体入水的附加质量是由物体浸水形状决定的，并与浸深的平方成比例，比例常数由斜升角的函数决定。所以任意截面二维 V 形弹性体入水的附加质量由下式表示：

$$m_w = [f(\beta)]^2 \frac{\rho\pi}{2} z^2 \tag{4.161}$$

式中，$f(\beta)$表示物体浸水形状的等效圆柱体的半径。

入水附加质量的动量为

$$m_w \dot{z} = [f(\beta)]^2 \frac{\rho\pi}{2} z^2 \dot{z} \tag{4.162}$$

根据牛顿定律，力为动量对时间的导数，因此物体入水时，水对物体的反力为

$$F = [f(\beta)]^2 \frac{\rho\pi}{2} (z^2 \ddot{z} + 2z\dot{z}^2) \tag{4.163}$$

因为缺少严谨的三维物体入水理论，所以三维物体入水时每个流面的流体运动被看作是二维物体入水现象。飞机着水受到的总的反作用力由对浸水部分每个流面反作用力的积分乘以尾流修正系数得到。

水陆两栖飞机断阶着水的过程中，总的反作用力垂直于飞机的基平面。飞机断阶着水的浸水截面部分在断阶向前适当的距离内是不变的，就是所谓的常截面。着水冲击短时间内，机身的倾斜角也是不变的。所以总的反作用力积分后得到

$$F = [f(\beta)]^2 \phi(A) \frac{\rho\pi}{2} \left(\ddot{z} \tan^2\tau \int_0^{z_s/\tan\tau} s^2 \mathrm{d}s + 2\dot{z}^2 \tan\tau \int_0^{z_s/\tan\tau} s\,\mathrm{d}s \right) \tag{4.164}$$

$$F_T = [f(\beta)]^2 \phi(A) \frac{\rho\pi}{2\tan\tau} \left(\frac{z_s^3 \ddot{z}}{3} + z_s^2 \dot{z}^2 \right) \tag{4.165}$$

式中，$\phi(A)$为尾流修正系数，只在三维物体入水时存在，由浸水形状决定。

通过分析以上积分方程，可以看出着水冲击的运动和时间特征可以通过无因次变量一般化表示，这些无因次变量在着水冲击的过程中由进场系数 κ 来单独控制，即

$$\kappa = \frac{\sin\tau}{\sin\gamma_0} \cos(\tau + \gamma_0) \tag{4.166}$$

进场系数可以认为是着水冲击的标准系数，仅仅由水陆两栖飞机的倾斜角和航迹角决定。

Wagner 二维入水理论中，斜升角函数和尾流修正系数分别为

$$f(\beta) = \frac{\pi}{2\beta} - 1 \tag{4.167}$$

$$\phi(A) = 1 - \frac{\tan\tau}{2\tan\beta} \tag{4.168}$$

由式(4.164)可以推导合力对断阶点的力矩公式：

$$M_s = [f(\beta)]^2 \phi(A) \frac{\rho\pi}{2} \int_0^{z_s/\tan\tau} (z^2 \ddot{z} + 2z\dot{z}^2)(l - s) \mathrm{d}s \tag{4.169}$$

$$M_s = \frac{[f(\beta)]^2 \phi_1(A) \rho\pi}{6\tan^2\tau} \left(\frac{\ddot{z} z_s^4}{4} + \dot{z}^2 z_s^3 \right) \tag{4.170}$$

式中，M_s 姿态角增大的方向为正。

定义压力中心距断阶位置的距离(相对于机身坐标系)为

$$p = \frac{M_s}{F_T} \tag{4.171}$$

根据牛顿第二定律：

$$F_T = -\frac{W}{g}\ddot{z} = -\frac{W}{g} \frac{\ddot{y}}{\cos\tau} = \frac{W n_{iw}}{\cos\tau} = \frac{C_l \dot{y}_0^2}{\cos\tau} \left\{ \frac{W}{g} \frac{[f(\beta)]^2 \phi(A) \rho\pi}{6\sin\tau\cos^2\tau} \right\}^{\frac{1}{3}} \tag{4.172}$$

由式(4.162)得到

$$M_s = \frac{C_{ms} \dot{y}_0^2}{\sin\tau\cos\tau} \left(\frac{W}{g} \right) \frac{\phi_1(A)}{\phi(A)} \tag{4.173}$$

第 5 章 水面载荷仿真技术

5.1 概 述

水面飞行器水面载荷数值仿真主要是对水面飞行器静/波浪水面起飞、降落过程中的阻力、船体压力、机体过载等进行仿真计算，结合水载荷试验，为水面飞行器的结构设计和强度校核提供输入。近些年各种数值方法在水面飞行器水面载荷研究中的应用逐步成熟，目前应用比较多的是有限元法、SPH 方法和有限体积法。

(1) 有限元法(Finite Element Method，FEM)

有限元法创始于 20 世纪 50 年代，最初由一些飞机结构工程师提出用于分析飞机的整体结构。有限元法的基础是变分原理和加权余量法。有限元最早应用于结构力学，自 20 世纪 60 年代特别是 80 年代以来，有限元法已经开始应用于流体动力学问题。有限元技术的成熟使得在一个数学模型中同时进行结构和流体的耦合分析成为可能，并且这种技术理论上可以同时考虑复杂的三维几何外形、非线性的自由表面、水的压缩性以及结构的变形。有限元软件 KRASH、PAM－CRASH、MSC－DYTRAN、ANSYS/LS－DYNA 广泛应用于着水冲击问题的计算，利用有限元建模，结合试验数据可以模拟飞机表面的结构变形破坏等问题。用于求解自由表面流动问题的有限元方法主要有拉格朗日(Lagrange)方法、任意拉格朗日-欧拉(Arbitrary Lagrange－Euler，ALE)方法等。

1993 年，Rapaport 等报告了软件 KRASH 的改进，引入了水体模型，从而得到飞机在入水撞击过程中的机体响应。1994 年，Anderson 等应用软件 LS－DYNA3D 模拟阿波罗登月舱的坠水冲击过程，不过由于软件当时没有流体模块，计算结果与试验结果的对比表明，只在前 30～40 ms 比较接近，因此建议软件增加流体计算模块。1997 年，Smith 等采用有限元方法对直升机的水上坠毁问题进行了仿真，并提出了直升机下底板水上迫降抗坠毁设计原则。

2000 年，Schultz 等将有限元仿真结果与直升机 UH－1H 水上迫降试验结果进行对比，得到了比较好的结果，但在模型中忽略了水平速度的影响。

2003 年，Pentecote 等利用 PAM－CRASH 对 WG30 直升机水上坠落进行了有限元仿真验证。在 2001—2004 年期间，欧洲开展了“CRAHVI”(crashworthiness of aircraft for high velocity impact)计划，探索飞机在高速碰撞下机体结构响应研究的新方法和新分析工具，参与该计划的有牛津大学、克兰菲尔德大学、空客法国、德宇航等十多家单位。西班牙 EADS－CASA 公司对其装备美国海岸警卫队的 CN－235－300M 型飞机进行了一系列水上坠落试验与有限元仿真研究。

2008 年，北京航空航天大学杨嘉陵等介绍了他们对某型号客机进行的水上迫降动强度有限元分析，通过必要的简化在 MSC. PATRAN 中建立全机有限元模型，并导入水上迫降模型试验数据，采用 MSC. DYTRAN 进行试验工况的机体结构响应动力学计算。

2011 年，上海交通大学宋长福考虑飞机机身结构的弹塑性，采用 MSC. DYTRAN 建立入水冲击的模拟并与刚体的仿真结果做比较。

对于飞机入水冲击问题，有限元方法也会由于自由表面网格大变形而导致网格扭曲、缠结等问题，计算精度低。不过随着计算理论的发展，尤其是ALE方法的应用使得有限元法在入水冲击和水上迫降方面得到了大量的应用。ALE网格处理方法兼具拉格朗日和欧拉方法的优点，在结构边界运动的处理上引进了拉格朗日的特点，能够有效地跟踪物质结构边界的运动，在内部网格的划分上，吸取欧拉方法的长处，使内部网格单元独立于物质实体而存在。在物质域和空间域外引进了参考域，在参考域网格上的求解，既解决了拉格朗日描述下材料可能的严重扭曲，又解决了欧拉描述下移动边界引起的复杂性，是解决流-固耦合问题一个较好的方法。有限元法的缺点是还需要解决接触算法中的渗漏（沙漏）问题，并且水面模拟精度有限，压强等数据会因为网格的密度问题呈现比较严重的波动，需要进行滤波处理。

(2) 光滑粒子水动力学法(Smoothed Particle Hydrodynamics，SPH)

网格方法在处理复杂三维问题时，高质量网格的生成存在困难。对于涉及大变形和不连续的流动（如自由表面冲击、液舱中的晃荡冲击、船舶甲板上的浪等都伴有液面飞溅、翻转和破碎等强非线性运动），会因网格发生严重的变形、扭曲而严重影响计算精度，而且会因网格重构和减小时间步长而大幅度地增加计算量，这些困难限制了网格方法的应用。无网格方法为有效解决上述问题提供了可能，其基本思想是将网格去除而代之以一系列的节点，并采用核函数近似，从而摆脱大变形和不连续对问题的束缚。特别是纯粹Lagrange无网格法，粒子分布具有自适应性，这对涉及流体大变形区域和自由表面的捕捉十分有利。

目前已提出十余种无网格方法，如光滑粒子流体动力学法、有限点法(Finite Point Method，FPM)、离散元法(Distinct Element Method，DEM)、无单元伽辽金法(Element Free Galerkin Method，EFG)、点插值法(Point Interpolation Method，PIM)。各种无网格法之间的区别主要在于所使用的试探函数（如移动最小二乘近似、重构核函数近似、单位分解法、径向基函数法、点插值法等）和微分方程的等效形式（如伽辽金法、配点法、最小二乘法、Petrov - Galerkin法等）不同。SPH方法的主要思想是采用积分表示法对场函数进行近似，场函数上的微分算子会传递到光滑函数（权函数）中去。SPH法已经证明了通过使用任意分布的点对极大变形问题进行求解，可以得到稳定的数值结果。

2002年，Portemont等采用RADIOSS软件的ALE方法与SPH方法模拟了三维楔形体的入水冲击问题，根据试验结果确定了水材料的参数，并把它应用于空客A321飞机以9°迎角着水初期的响应模拟，通过与硬着陆的情况比对，说明水上迫降可能会对乘员造成更严重的伤害。

2004年，EADS - CASA的Pentecote等采用PAM - CRASH软件的SPH方法研究了刚体飞机水上坠毁多场耦合问题，因为没有加入空气材料，所以气垫效应尾部吸力未能模拟出来。2006年，EADS - CASA和DLR合作，用该软件对CN - 235 - 300M飞机垂直入水冲击问题进行了仿真。

2006年，上海交通大学吴卫等使用SPH方法对水下块体下滑引起的自由表面水动力学过程进行了二维数值模拟，并将数值计算结果和试验数据做了对比，能够模拟出破碎和漩涡现象，表明SPH法处理自由表面大变形问题具有优越性。

2006年，欧洲成立了全球唯一的关于SPH技术的组织SPHERIC(SPH European Research Interest Community)。该组织集中了欧洲以及其他地区对SPH的最新研究成果，以促进 SPH 法在学术界和工业界的传播与应用，目前已超过 80 所机构参与其中，每年举办一次 SPHERIC 国际研讨会。SPH 方法模拟自由表面流动一直是该研讨会的热点问题之一，此外关于 SPH 方法的高性能计算及 GPU 加速技术等也是备受关注的热点问题。

2009 年，刘桦等用 SPH 方法进行了圆盘垂直入水冲击问题研究，表明 SPH 在入水冲击问题研究中存在潜在应用前景。2009 年，南京航空航天大学的孙为民利用 PAM - CRASH 软件对某型飞机刚体和弹性体水上迫降模型进行了模拟，水面用 SPH 粒子离散，得到的结果体现了水体飞溅晃动对机体结构坠撞的影响。2010 年，RMIT 大学 Shah 用 ANSYS/LS - DYNA 中的 SPH - FE 耦合法进行了楔形体垂直入水验证研究，为水上迫降综合研究提供了技术支持。2010 年，Bruce 等通过 PAM - CRASH 软件中的 SPH - FE 耦合法研究了自由表面波浪运动、直升机水上迫降以及潜水艇和救生船的水上运动，结果证明该方法在研究流-固耦合问题和自由表面大变形问题上有较大的优势。

2011 年，吴佳莉利用 SPH 方法对两种不同的机型进行了参数化的研究，针对 SPH 方法无模拟气相及机身吸力的缺陷，提出了机身吸力修正模型，利用该修正模型计算的冲击载荷和飞机运动规律与 NASA 兰利水池试验的结果吻合较好(见图 5.1)；利用 SPH 方法和机身吸力修正模型开展了 ARJ21 飞机水上迫降数值模拟，典型状态的仿真结果与试验吻合很好；研究了初始仰角、水平速度和下沉速度对迫降过程中飞机的俯仰角、垂向过载以及自由水面形状的影响规律，给出了最佳水上迫降姿态，为适航认证提供了参考。

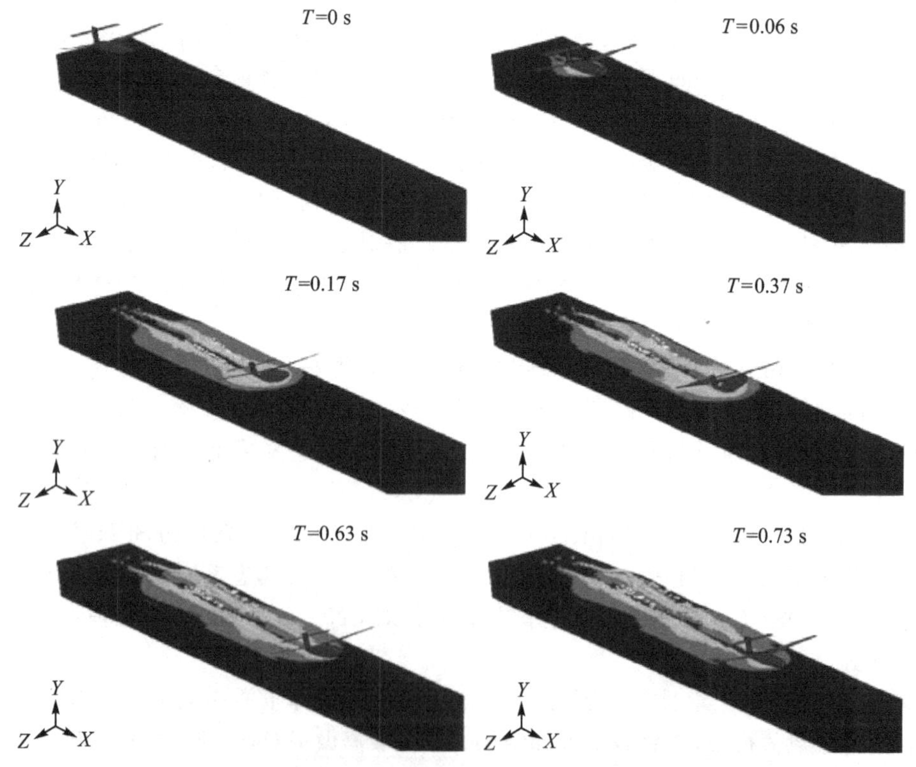

图 5.1 采用 SPH 方法对 NACA - TN - 2929 模型模拟的结果

2014 年，张盛等使用 SPH 方法模拟波浪条件下的某小型飞机水上迫降过程，并给出了最佳迫降姿态。

SPH 方法不采用传统网格离散方法来计算导数，避免了由于网格划分产生的若干问题。鉴于 SPH 方法对自由表面处理方便，在模拟复杂自由表面流体问题时对自由表面波的翻卷、破碎、飞溅等细节的模拟体现出较好的适应性，具有较好的应用前景。但 SPH 方法模拟气垫和吸力则有欠缺，严重影响到飞行器运动和冲击压强的模拟。精度要求越高，则离散用的粒子和网格会越多，计算量会越大。

(3) 有限体积法(Finite Volume Method，FVM)

有限体积法的基本思路是将计算区域划分为一系列不重复的控制体积，将待解的微分方程在每一个控制体积上进行体积分，再利用高斯公式将体积分转换为面积分，便得出一组离散方程。由于物理量的积分守恒对任意控制体积都满足，所以对整个计算区域也自然满足。有限体积法在处理自由表面流动问题时，需要一套复杂的自由表面捕捉方法。界面捕捉方法具有很多形式，其中最主要的是流体体积占比方法(Volume of Fluid Method，VOF)和水平集(Level Set)方法，该类方法在有限元法和有限体积法中都有广泛的应用。有限体积法结合 VOF 方法已经成为飞机水上迫降数值模拟一种比较常用的方法，其主要优势在于这种方法能够同时计算飞机水上迫降过程中所受的气动力和水动力，较好地模拟飞机尾部的吸力，这是其他的数值方法所不具备的。

2006 年，Andrew 基于 Fluent 软件模拟了一架 UAV 从不同高度首部向下落入海中的溅落现象。

2007 年，Lindenau 等使用基于动量法的混合程序 DITCH 与基于 RANS 方程及 VOF 捕捉自由水面的六自由度求解器 Comet 模拟不同尾部形状机身的着水冲击现象，将两者计算结果与试验数据比较，验证了上述两种方法的准确性。相比之下，采用有限体积法模拟飞机水上迫降问题的精度十分依赖于自由表面捕捉方法的精度以及网格的密度，物体运动的模拟依赖于动网格方法的发展，破碎和飞溅等现象取决于自由面捕捉方法的进展，如图 5.2 所示。

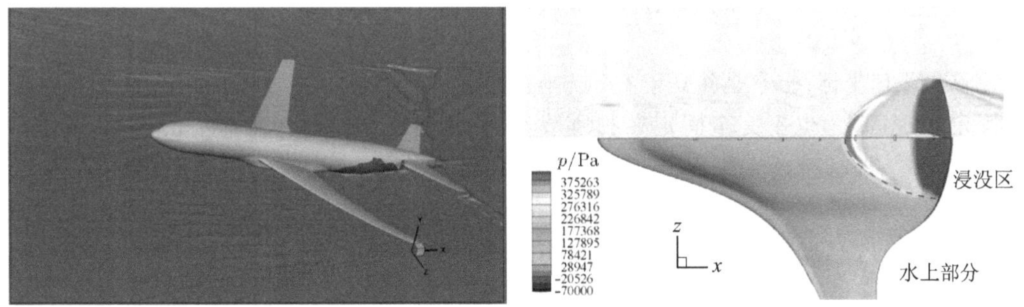

图 5.2　有限体积法对两种机型的水上迫降数值模拟

2009 年，屈秋林等使用 Fluent 软件基于 VOF 法模拟了某型客机迫降过程，较好地捕捉到了水面的变形并给出了最佳迫降姿态。

5.2 数值仿真方法

5.2.1 有限元法

在应用有限元法对入水冲击问题的数值仿真进行研究的过程中，以 ALE 方法的应用最为广泛，通过 ALE 方法来描述流体单元，并以罚函数为基础，与拉格朗日方法描述的飞机结构进行流-固耦合计算，以模拟入水冲击过程。

ALE 方法兼具 Lagrange 和 Euler 方法两者的特长，首先为了能够有效地跟踪结构边界的运动，ALE 方法吸收了 Lagrange 方法的长处，而在内部网格的处理上，ALE 方法又引进了 Euler 方法的特点，但又不完全相同于 Euler 网格。在 ALE 方法中内部网格单元不仅独立于物质实体而存在，而且网格位置可根据所定义的参数做出适当调整，从而可以避免网格在求解过程中出现严重畸变。对于大变形问题的处理，ALE 方法是非常有优势的，在求解过程中 ALE 算法采用 Lagrange 和 Euler 两种算法进行自动重分区，ALE 列式先进行一个或几个 Lagrange 时步计算，随着材料的流动单元网格发生变形，然后进行 ALE 时步计算：

① 光滑步：保持变形后的物质边界条件，重分内部单元网格，且保持网格的拓扑关系不变；

② 对流步：将变形网格中的单元变量（密度、能量、应力张量等）和节点速度矢量输运到重分后的新网格中。ALE 算法可以系统地计算所有单元的质量、动量和能量输运量，单元的密度、速度以及能量等参量对时间步进行更新，然后采用更新后的密度和模型状态方程中的单位内能来计算单元中的压力值。

1. ALE 描述的基本方程

在 ALE 描述中，物质导数为

$$\frac{\partial f(X,t)}{\partial t}=\frac{\partial f(\chi,t)}{\partial t}+c_i\frac{\partial f(x,t)}{\partial x_i} \tag{5.1}$$

其中，χ 是 ALE 坐标系，它是独立于 Euler 坐标系和 Lagrange 坐标系的，ALE 坐标系一般不完全固定在空间上，也不完全固定在物质节点上，其网格可以做任意需要的运动；X 是 Lagrange 坐标系，即材料坐标系，其网格节点固定在材料节点上，当材料运动变形时，X 坐标系会跟随改变；x 是 Euler 坐标系，即空间坐标系，它固定在空间上而不随物体的运动变形而改变，当 $\chi_i=x_i$ 时，ALE 描述退化为欧拉描述；c_i 为物质点与参考坐标系下网格点之间的相对速度，$c_i=u_i-v_i$。

控制方程如下：

① 质量守恒方程

$$\frac{\partial\rho(\chi,t)}{\partial t}=-\rho\frac{\partial u_i}{\partial x_i}-c_i\frac{\partial\rho}{\partial x_i} \tag{5.2}$$

式中，ρ 是流体密度。

② 动量守恒方程（Navier - Stokes 方程）

$$\frac{\partial u_i(\chi,t)}{\partial t}=\frac{\partial\sigma_{ij}}{\partial x_j}+\rho b_i-c_j\frac{\partial u_i}{\partial x_j} \tag{5.3}$$

式中，b_i 是单位体力。在牛顿流体中，应力张量和速度是相关的，有如下关系：

$$\sigma_{ij}=\delta_{ij}P+\mu\left(\frac{\partial u_i}{\partial x_j}+\frac{\partial u_j}{\partial x_i}\right) \tag{5.4}$$

式中，μ 是动力黏性系数；P 是压力。

2. 罚函数耦合方法

流-固耦合采用的是罚函数耦合方法，这种耦合方法根据结构与流体之间的相互穿透距离 d（$d=u^s-u^f$，u^s 与 u^f 分别为结构与流体上相应接触点的位移）和 d 的物质时间导数计算出接触面上每一点的压力，然后作用到流体与结构相互接触的节点上，从而阻止流体穿透结构。在这种接触法则中，结构定义为“从段物质”，流体定义为“主段物质”，耦合力作用在流体与结构接触面的节点上。对于从段物质表面的每一个节点，每一个时间步都得通过相对速度 $\dot{d}=(v^s-v^f)$ 计算 d 的增量，其中 v^s 是从节点的速度，v^f 是初始接触时接触面上与从节点相重合的流体主粒子的速度。需要注意的是，这里的主粒子并不是单元节点，而是流体单元内与从节点重合的流体粒子，从节点是结构上的单元节点。v^f 是通过当前时刻流体域单元节点的速度插值得到的。

在 $t=t_n$ 时刻，d^n 表示为

$$d^{n+1}=d^n+(v^s_{n+1/2}-v^f_{n+1/2})\Delta t \tag{5.5}$$

式中，Δt 为时间增量。耦合力只有在发生穿透时才会存在，即 $|d^{n+1}|>0$。为了简洁，省略 d 的上标，用 d 表示相对位移即穿透距离。罚函数耦合就像一个弹簧阻尼系统，罚函耦合力是与渗透量 d 以及渗透率 $\bar{d}$ 成比例的。图 5.3 阐述了从节点与相应的流体单元主粒子之间的弹簧阻尼系统。

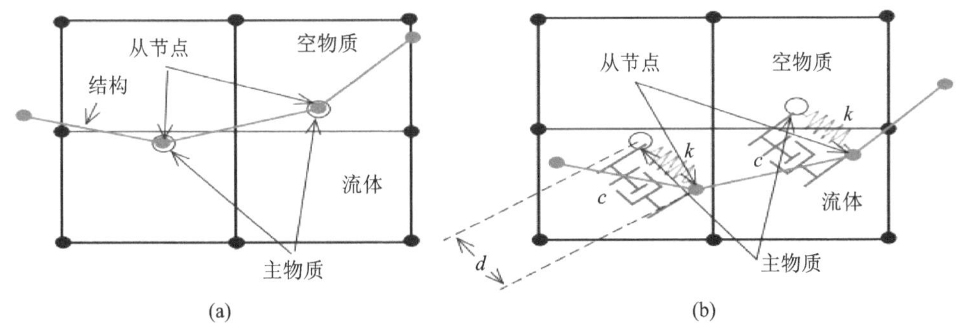

图 5.3　罚函数耦合法则示意图

耦合力 F 由下式给出：

$$F=kd+c\bar{d} \tag{5.6}$$

式中，k 和 c 分别表示弹簧刚度和阻尼系数。对于无黏性流体，d 就是从节点和流体主粒子在结构表面法线方向的相对位移，所以当流体沿着结构表面切线方向运动时，$F=0$。力 F 同时作用在流体主粒子和从节点上，但方向相反，保证了接触面上力的平衡。力 $F_s=F$ 是直接作用在从节点上的，而对于流体，耦合力 F_f 根据主粒子所在的流体单元的形状函数 N_i（$i=1,2,\cdots,8$）分布在流体单元节点上：

$$F_f^i = N_i F \tag{5.7}$$

当罚函刚度 k 趋于无穷大时，d 趋于 0，虽然这样能够满足接触面没有穿透的边界条件，但是这种罚函数方法会增加系统的整体刚度，从而影响系统的动力学特性。因此需要选取合适的 k 值，使其既不会显著地改变所研究问题的动力学特性，又能阻止两个接触体之间的相互渗透。

接触刚度是以单位面积定义的，即

$$k_d = \frac{k}{A} \tag{5.8}$$

式中，A 是接触面上与从节点相关联的结构单元面积的平均值。接触刚度既可以通过 k_d 值直接定义，也可以通过流体的体积模量 c_1 以及包含主段流体粒子的流体单元的体积 V_{fe} 来定义：

$$k_d = \frac{P_f c_1 A}{V_{fe}} \tag{5.9}$$

式中，P_f 是罚函数耦合刚度的缩放因子，P_f 建议取值范围为 0.0～0.1。如何选取合适的 k_d 和 P_f 值是计算的关键和难点。一般通过计算流体贯穿接触面的穿透量和接触面间的压力来定义 k_d 值。对于合适的 k_d 值，接触面上压力的变化应该相对平滑，流体穿透量应该足够的小以至可忽略不计，也就是说 d 在接触面法线方向的平均值应该至少比接触面结构体的厚度小一个量级。

通过定义阻尼系数 c，黏性阻尼可以抑制由接触刚度引起的高频振荡。同样为了防止阻尼力改变系统的动力学特性，应该选取一个合适的阻尼系数 c。对于一个弹簧阻尼系统，其运动方程可以表示为

$$M\frac{\mathrm{d}^2(d)}{\mathrm{d}t^2} + c\frac{\mathrm{d}(d)}{\mathrm{d}t} + kd = 0 \tag{5.10}$$

式中，$M = m_s \cdot m_f/(m_s + m_f)$，$m_s$ 和 m_f 分别为从节点和流体主粒子的集中质量。式(5.10)可以改写为

$$\frac{\mathrm{d}^2(d)}{\mathrm{d}t^2} + \xi w\frac{\mathrm{d}(d)}{\mathrm{d}t} + w^2 d = 0 \tag{5.11}$$

其中，阻尼因子 $\xi = \dfrac{c}{\sqrt{kM}}$；频率 $w = \sqrt{k/M}$。

3. 自由液面捕捉方法

目前，自由液面捕捉方法主要有 PIC、MAC、VOF、Level Set、SPH、LBM、Sharp Interface Method、CLSVOF、VOSET 等。针对有限元方法，主要采用 VOF 方法对自由液面进行模拟。

VOF 方法根据各个时刻流体在网格单元中所占体积函数 α_q 来构造和追踪自由面，若在某时刻网格单元中 $\alpha_q = 1$，则说明该单元全部被指定相流体所占据，为流体单元；若 $\alpha_q = 0$，则该单元全部被另一相流体所占据，相对于前相流体则称为空单元；当 $0 < \alpha_q < 1$ 时，则该单元为包含两相物质的交界面单元。α_q 函数的控制方程可以写为

$$\frac{\partial \alpha_q}{\partial t} + u\frac{\partial \alpha_q}{\partial x} + v\frac{\partial \alpha_q}{\partial y} + w\frac{\partial \alpha_q}{\partial z} = 0 \tag{5.12}$$

由于 VOF 方法追踪的是网格中的流体体积，而不是追踪流体质点的运动，因此具有容易

实现、计算量小和精度高等优点，并且可以处理自由面的大变形和自由面的拓扑结构发生变化等复杂三维情况。目前，工程领域应用比较广泛的是 VOF 方法，如图 5.4 所示。

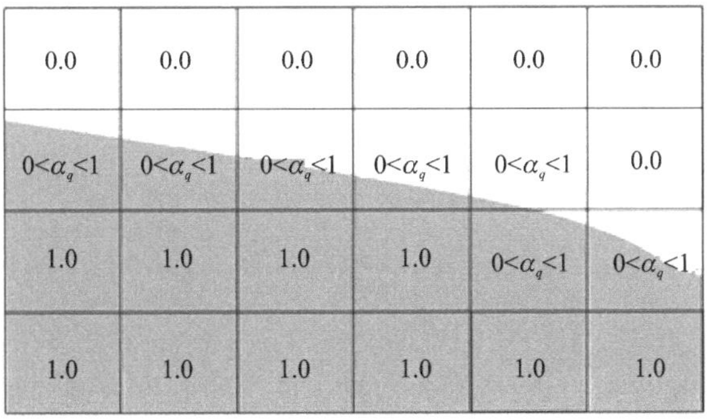

0.0 0.0 0.0 0.0 0.0 0.0
0<αq<1 0<αq<1 0<αq<1 0<αq<1 0<αq<1 0.0
1.0 1.0 1.0 1.0 0<αq<1 0<αq<1
1.0 1.0 1.0 1.0 1.0 1.0

图 5.4 VOF 方法

4. 数值造波方法

目前，数值造波方法按照原理大致可分为三种：边界造波法、仿物理造波法和源项造波法。在有限元法的数值仿真中，常采用仿物理造波法中的推板造波。推板造波理论是建立在微幅波理论的基础上的，如图 5.5 所示。

z
波面η
波长L
水深h
x
冲程S

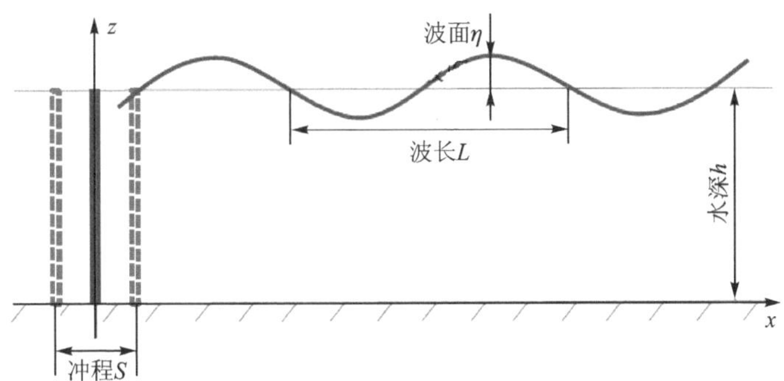

图 5.5 推板造波法示意图

推板的推幅为

$$e(z)=S \tag{5.13}$$

由微幅波理论可得

$$\eta(x,t)=C_0 S\cos\omega t+\sum_{n=1}^{\infty}C_n S\sin\omega t \tag{5.14}$$

其中

$$C_0=\frac{2\sinh^2 k_0 h}{2k_0 h+\sinh(2k_0 h)},\quad C_n=\frac{2\sinh^2 k_n h}{2k_n h+\sinh(2k_n h)}e^{-k_n x}$$

式(5.14)中等号右边的第一项为行进波的表达式，后一项为驻波，它是在造波运动过程中产生的，该驻波会随着自身的传播而消失，因此可以忽略。

对于给定目标波参数，可得推板的冲程为

$$S = \frac{A}{C_0} \tag{5.15}$$

推板运动方程为

$$x = -\frac{S}{2}\cos \omega t \tag{5.16}$$

5.2.2 有限体积法

1. 基本方程

(1) 连续性方程

连续性方程遵循质量守恒定律,质量守恒是指通过控制体控制面的净质量流出=控制体内质量随时间的减少量。连续性方程可分为守恒形式和非守恒形式,从空间固定的流动模型中直接得到的流动控制方程的形式是守恒型的,其微分形式如下:

$$\frac{\partial \rho}{\partial t} + \nabla \cdot (\rho V) = 0 \tag{5.17}$$

式中,ρ 为密度;t 为时间;∇为散度;V 为速度。

(2) 动量方程

牛顿第二定律 $F=ma$ 应用于流动模型所得到的方程称为动量方程。将牛顿第二定律应用于控制体,得到作用在控制体上的合力等于控制体的质量乘以控制体的加速度,这是一个矢量关系,因此可以分解为 x、y、z 三个方向。动量方程的守恒型如下:

$$\begin{cases} \dfrac{\partial(\rho u)}{\partial t} + \nabla \cdot (\rho u V) = -\dfrac{\partial p}{\partial x} + \dfrac{\partial \tau_{xx}}{\partial x} + \dfrac{\partial \tau_{yx}}{\partial y} + \dfrac{\partial \tau_{zx}}{\partial z} + \rho f_x \\ \dfrac{\partial(\rho v)}{\partial t} + \nabla \cdot (\rho v V) = -\dfrac{\partial p}{\partial y} + \dfrac{\partial \tau_{xy}}{\partial x} + \dfrac{\partial \tau_{yy}}{\partial y} + \dfrac{\partial \tau_{zy}}{\partial z} + \rho f_y \\ \dfrac{\partial(\rho w)}{\partial t} + \nabla \cdot (\rho w V) = -\dfrac{\partial p}{\partial y} + \dfrac{\partial \tau_{xz}}{\partial x} + \dfrac{\partial \tau_{yz}}{\partial y} + \dfrac{\partial \tau_{zz}}{\partial z} + \rho f_z \end{cases} \tag{5.18}$$

式中,u、v、w 分别为 x、y、z 方向上的速度分量;p 为压力;τ 为切应力;f 为单位质量的体积力。

(3) 能量方程

能量方程遵循能量守恒定律,即控制体内的能量随时间的变化率=净流入控制体内的热量+体积力和表面力对控制体所做的功率。能量方程的守恒型如下:

$$\begin{aligned} &\frac{\partial}{\partial t}\left[\rho\left(e + \frac{V^2}{2}\right)\right] + \nabla \cdot \left[\rho\left(e + \frac{V^2}{2}\right)V\right] = \rho\dot{q} + \frac{\partial}{\partial x}\left(K\frac{\partial T}{\partial x}\right) + \frac{\partial}{\partial y}\left(K\frac{\partial T}{\partial y}\right) + \\ &\frac{\partial}{\partial z}\left(K\frac{\partial T}{\partial z}\right) - \frac{\partial(up)}{\partial x} - \frac{\partial(vp)}{\partial y} - \frac{\partial(wp)}{\partial z} + \frac{\partial(u\tau_{xx})}{\partial x} + \frac{\partial(u\tau_{yx})}{\partial y} + \frac{\partial(u\tau_{zx})}{\partial z} + \\ &\frac{\partial(v\tau_{xy})}{\partial x} + \frac{\partial(v\tau_{yy})}{\partial y} + \frac{\partial(v\tau_{zy})}{\partial z} + \frac{\partial(w\tau_{xz})}{\partial x} + \frac{\partial(w\tau_{yz})}{\partial y} + \frac{\partial(w\tau_{zz})}{\partial z} + \rho f \cdot V \end{aligned} \tag{5.19}$$

式中,e 为每单位质量的内能;$\dot{q}$ 为单位时间单位面积由于热传导传递的热量,K 为热传导率。

(4) 六自由度运动方程

水面飞行器的空间六自由度运动由质心动力学方程、绕质心动力学方程以及角度几何关系方程组成。

1) 坐标系的定义及变换

坐标系是描述飞行器的质心或质点在空间的相对位置，以及飞行器在空间的相对方位所使用的基准线组。选取合理的坐标系不仅可以描述刚体质心的位置以及其运动的姿态，而且可以分析刚体各个参数的变化规律。刚体运动所涉及的坐标系有惯性坐标系 $Oxyz$ 和机体坐标系 $O_1x_1y_1z_1$，它们都是遵循右手法则的直角坐标系。

惯性坐标系(大地坐标系)$Oxyz$ 与地球固联，O 表示坐标原点，它是飞行器的质心在水平面上的投影点，Ox 轴在水平面内，并规定沿着飞行器尾部的方向为正方向；Oy 轴垂直于地面，坐标轴指向上为正；Oz 轴的方向则通过右手法则确定。通常情况下飞行器质心的位移是通过平移惯性坐标系的方式获得的。飞行器质心的运动位置和姿态角的描述都是基于惯性坐标系的。

对于机体坐标系来说，O_1 表示坐标原点，它位于飞行器的质心上；O_1x_1 轴和飞行器的纵向轴线重合，并规定沿着飞行器的尾部的方向为正方向；O_1y_1 轴垂直于飞行器轴线并位于其纵向平面内，向上为正；O_1z_1 轴的方向可以通过右手法则来确定。由于体坐标系是与飞行器固联的，即随飞行器的运动而运动，所以该坐标系也称作动坐标系。它与惯性坐标系配合，可以确定飞行器的姿态。

坐标系的变换在求解六自由度运动方程中有着很大的作用。将不同坐标系下的参数通过坐标变换矩阵转换到同一坐标系下，极大方便了方程求解。然而不同的坐标变换顺序会得到不同的坐标变换矩阵，选择先按 y 轴旋转再按 z 轴旋转最后按 x 轴旋转的顺序，即 2－3－1 顺序。下面探讨惯性坐标系与飞行器机体坐标系之间的变换矩阵。

在研究惯性坐标系和飞行器的体坐标系变换关系时，首先将两坐标系的原点重合平移，然后地面坐标系绕某个轴旋转，直至与机体坐标系 $O_1x_1y_1z_1$ 重合。惯性坐标系可以先通过 z 轴转过偏航角 φ，再绕 y' 轴转过俯仰角 θ，最后绕 x_1 转过滚转角 γ，就与机体坐标系重合了。

滚转角 γ：飞行器对称平面与包含 O_1x_1 轴的铅垂平面之间的夹角，从飞行器机体尾部顺 O_1x_1 轴往前看，若 O_1y_1 轴位于铅垂平面的右侧，则形成的夹角 γ 为正(转动角速度方向与 O_1x_1 轴的正欧拉角变换矩阵向一致)，反之为负。

偏航角 φ：飞行器的纵轴 O_1x_1 在水平面上的投影与地面坐标系 Ox 轴之间的夹角，若由 Ox 轴逆时针方向转至飞行器纵轴的投影线，则偏航角 φ 为正(转动角速度方向与 Oy 轴的正向一致)，反之为负。

俯仰角 θ：飞行器的纵轴与水平面之间的夹角，若飞行器纵轴在水平面之上，则俯仰角 θ 为正(转动角速度方向与 y 轴的正向一致)，反之为负。

地面坐标系到机体坐标系的坐标变换为

$$\begin{bmatrix} x_1 \\ y_1 \\ z_1 \end{bmatrix} = T \begin{bmatrix} x \\ y \\ z \end{bmatrix} = \begin{bmatrix} T_{11} & T_{12} & T_{13} \\ T_{21} & T_{22} & T_{23} \\ T_{31} & T_{32} & T_{33} \end{bmatrix} \begin{bmatrix} x \\ y \\ z \end{bmatrix} \tag{5.20}$$

式中，T 为地面坐标系到弹体坐标系的坐标变换矩阵：

$$T=\begin{bmatrix} \cos\theta\cos\phi & \sin\theta & -\cos\theta\sin\phi \\ -\cos\gamma\sin\theta\cos\phi+\sin\gamma\sin\phi & \cos\gamma\cos\theta & \cos\gamma\sin\theta\sin+\sin\gamma\cos\phi \\ \sin\gamma\sin\theta\cos\phi+\cos\gamma\sin\phi & -\sin\gamma\cos\theta & -\sin\gamma\sin\theta\sin+\cos\gamma\cos\phi \end{bmatrix} \tag{5.21}$$

2）动力学方程

在建立六自由度运动方程时有如下假设：

① 地球为惯性坐标系，忽略自转与公转；

② 大气相对于地球静止（不考虑风的干扰）；

③ 运动过程中质量保持不变。

飞行器质心运动的动力学方程选用的参考系是惯性坐标系，其表达式如下：

$$\begin{cases} \ddot{x}=\dot{W}_x+g_{Tx} \\ \ddot{y}=\dot{W}_y+g_{Ty} \\ \ddot{z}=\dot{W}_z+g_{Tz} \end{cases} \tag{5.22}$$

式中，$\dot{W}_x$、$\dot{W}_y$、$\dot{W}_z$ 分别为飞行器在飞行中所受的加速度（除重力加速度外）在惯性坐标系下沿三个坐标轴方向的分量。

飞行器绕质心转动的动力学方程是在飞行器体坐标系下求解的，这是因为该矢量方程组在体坐标系上的标量方程比较简单，计算也较容易。另外，飞行器的惯性张量在此坐标系中始终是常量。若飞行器在体坐标系中的转动角速度为 ω，又因为体坐标系是跟随飞行器运动的动坐标系，则其绕质心运动的动力学方程在体坐标系下的表达式如下：

$$\frac{\mathrm{d}\boldsymbol{H}}{\mathrm{d}t}=\frac{\delta\boldsymbol{H}}{\delta t}+\boldsymbol{\omega}\times\boldsymbol{H}=\boldsymbol{M} \tag{5.23}$$

式中，$\frac{\mathrm{d}\boldsymbol{H}}{\mathrm{d}t}$表示动量矩的绝对导数；$\frac{\delta\boldsymbol{H}}{\delta t}$代表动量矩的相对导数。

定义 $\boldsymbol{i}_1$ 为体坐标系下 x_1 轴方向的单位向量，$\boldsymbol{j}_1$ 为体坐标系下 y_1 轴方向的单位向量，$\boldsymbol{k}_1$ 为体坐标系下 z_1 轴方向的单位向量；$\boldsymbol{\omega}_{x1}$ 为角速度 $\boldsymbol{\omega}$ 在体坐标系下 x_1 轴的分量，$\boldsymbol{\omega}_{y1}$ 为角速度 $\boldsymbol{\omega}$ 在体坐标系下 y_1 轴的分量，$\boldsymbol{\omega}_{z1}$ 为角速度 $\boldsymbol{\omega}$ 在体坐标系下 z_1 轴的分量。动量矩可表示为

$$\boldsymbol{H}=\boldsymbol{J}\cdot\boldsymbol{\omega} \tag{5.24}$$

式中，$\boldsymbol{J}$ 表示惯性张量，其矩阵表示形式为

$$\boldsymbol{J}=\begin{bmatrix} J_{x_1} & -J_{x_1y_1} & -J_{z_1x_1} \\ -J_{x_1y_1} & J_{y_1} & -J_{y_1z_1} \\ -J_{z_1x_1} & -J_{y_1z_1} & J_{z_1} \end{bmatrix} \tag{5.25}$$

式中，J_{x_1}、J_{y_1}、J_{z_1} 表示飞行器对体坐标系各轴的转动惯量；$J_{x_1y_1}$、$J_{y_1z_1}$、$J_{z_1x_1}$ 表示飞行器对体坐标系各轴的惯性积。

3）运动学方程

为了得到每一个时间步长飞行器质心的位置和其运动姿态角，可以通过求解飞行器质心运动的运动学方程和绕质心转动的运动学方程。

① 飞行器质心运动的运动学方程

在惯性坐标系中，飞行器速度分量为

$$\begin{bmatrix} V_x \\ V_y \\ V_z \end{bmatrix} = \begin{bmatrix} \dfrac{\mathrm{d}x}{\mathrm{d}t} \\ \dfrac{\mathrm{d}y}{\mathrm{d}t} \\ \dfrac{\mathrm{d}z}{\mathrm{d}t} \end{bmatrix} \tag{5.26}$$

通过积分，可以求得飞行器质心相对于地面坐标系 $Oxyz$ 的位置坐标(x,y,z)。

② 飞行器绕质心转动的运动学方程

建立并求解在惯性坐标系下的飞行器绕质心转动的运动学方程的目的是确定飞行器相对地面的运动姿态角，即建立三个欧拉角 γ、φ、θ 的时间导数与转动角速率沿体坐标系分量 ω_{x_1}、ω_{y_1}、ω_{z_1} 之间的关系。根据飞行器体坐标系与地面坐标系之间的变换关系可知，飞行器相对地面坐标系的旋转角速度 $\boldsymbol{\omega}$ 实际上是三次旋转的转动角速度的矢量合成。所以，飞行器转动角速率在体坐标系中的分量如下：

$$\begin{bmatrix} \dot{\gamma} \\ \dot{\phi} \\ \dot{\theta} \end{bmatrix} = \begin{bmatrix} 1 & -\tan\theta\cos\gamma & \tan\theta\sin\gamma \\ 0 & \cos\gamma/\cos\theta & -\sin\gamma/\cos\theta \\ 0 & \sin\gamma & \cos\gamma \end{bmatrix} \begin{bmatrix} \omega_{x_1} \\ \omega_{y_1} \\ \omega_{z_1} \end{bmatrix} \tag{5.27}$$

将式(5.27)展开，就得到了飞行器绕质心转动的运动学方程，其表达式为

$$\begin{bmatrix} \dfrac{\mathrm{d}\gamma}{\mathrm{d}t} \\ \dfrac{\mathrm{d}\phi}{\mathrm{d}t} \\ \dfrac{\mathrm{d}\theta}{\mathrm{d}t} \end{bmatrix} = \begin{bmatrix} \omega_x - \tan\theta(\omega_y\cos\gamma - \omega_z\sin\gamma) \\ \dfrac{1}{\cos\theta}(\omega_y\cos\gamma - \omega_z\sin\gamma) \\ \omega_y\sin\gamma + \omega_z\cos\gamma \end{bmatrix} \tag{5.28}$$

2. 湍流模型

湍流指运动的流体微团呈现无序混乱的流动状态，速度、压强和温度等流动参数都在时间和空间上发生随机性的变化，湍流流动是一种高度非线性的复杂流动。湍流问题曾被称为“经典物理学最后的疑团”，它涉及流体从微观到宏观的许多时空尺度上的运动，其结构和产生机理至今仍不清楚，人们对于它的认识还处于不断深化之中。虽然湍流的机理和结构尚在探索之中，但是由于其存在的普遍性，许多工程应用中都涉及湍流计算，因此各种湍流的数值模拟方法应运而生。目前，湍流数值模拟方法可以分为直接数值模拟方法和非直接数值模拟方法两大类，如图 5.6 所示。所谓直接数值模拟(Direct Numerical Simulation，DNS)是直接用瞬时 N－S 方程对湍流求解，该方法对计算机硬件要求较高，目前还无法用于真正意义上的工程计算。非直接数值模拟不需要直接计算湍流的脉动特性，而是设法对湍流做某种程度的近似和简化处理，因此不可能将影响湍流结构和机理的所有因素都考虑在内，其适用范围比较窄，缺乏普适性，这使得根据实际流动的特点选择合适的湍流模型变得非常重要。根据所采用的近似和方法的不同，非直接数值模型可分为大涡模拟(LES)、雷诺平均法(RANS)和统计平均法，其中雷诺平均法是目前使用最为广泛的湍流数值模拟方法。雷诺平均法的基本思想是把

湍流运动看作由两个流动叠加而成的,一是时间平均流动,二是瞬时脉动流动。

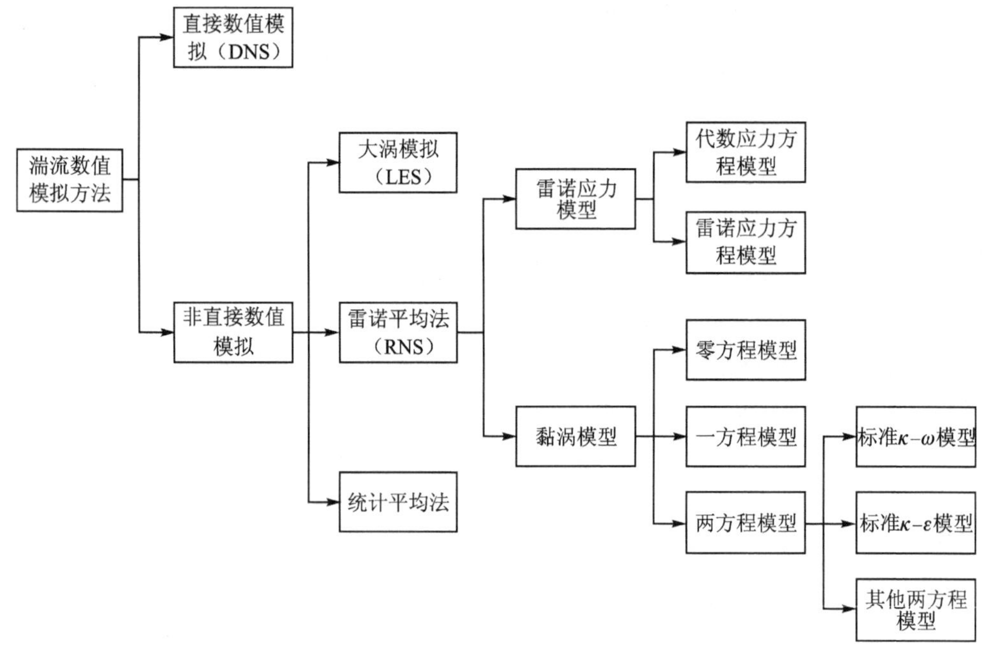

图 5.6　湍流数值模拟方法

(1) SA 模型

SA 模型(Spalart - Allmaras 模型)是由 Spalart 和 Allmaras 于 1992 年提出的。Spalart 和 Allmaras 认为在自由剪切流中能量和信息由大尺度流动流向小尺度流动,涡黏系数只有产生项和扩散项,因此通过量纲分析,吸取其他湍流模型经验,并根据不同流场湍流发展进行修改和逐步逼近,建立了 SA 模型。SA 模型是一种相对简单的通过求解输运方程而得到湍流黏度的一方程模型,是一方程模型里面最成功的一个模型,在工程上得到了广泛的应用。其最早被用于有壁面限制情况的流动计算中,特别在存在逆压梯度的流动区域内,对边界层的计算效果较好,因此经常被用于流动分离区附近的计算,后来在涡轮机械的计算中也得到广泛应用。目前主要应用于航空航天领域,专门处理具有壁面边界条件的空气流动问题。

(2) 标准 $k-\varepsilon$ 模型

标准 $k-\varepsilon$ 模型是由 Launder 和 Spalding 于 1972 年提出的,当流体为不可压缩流体时,标准 $k-\varepsilon$ 模型方程如下:

$$\frac{\partial(\rho k)}{\partial t}+\frac{\partial(\rho k u_i)}{\partial x_i}=\frac{\partial}{\partial x_j}\left[\left(\mu+\frac{\mu_i}{\sigma_k}\right)\frac{\partial k}{\partial x_j}\right]+G_k-\rho\varepsilon \tag{5.29}$$

$$\frac{\partial(\rho\varepsilon)}{\partial t}+\frac{\partial(\rho\varepsilon u_i)}{\partial x_i}=\frac{\partial}{\partial x_j}\left[\left(\mu+\frac{\mu_i}{\sigma_\varepsilon}\right)\frac{\partial \varepsilon}{\partial x_j}\right]+\frac{C_{1\varepsilon}\varepsilon}{k}G_k-C_{2\varepsilon}\rho\frac{\varepsilon^2}{k} \tag{5.30}$$

式中,根据 Launder 等推荐值以及后来的试验验证,模型常数分别取值为

$$C_{1\varepsilon}=1.44,\quad C_{2\varepsilon}=1.92,\quad \sigma_\varepsilon=1.3,\quad \sigma_k=1.0$$

标准 $k-\varepsilon$ 模型在科学研究工程中得到了广泛的检验和成功,但是仍存在以下不足:$C_{1\varepsilon}$、$C_{2\varepsilon}$、σ_ε、σ_k 等参数均是通过试验确定的,没有严格的理论推导,限制了其适用性。标准 $k-\varepsilon$ 模

型是针对湍流发展的高雷诺数湍流建立起来的，并不适用于如近壁面流动等低雷诺数情况，需要进行特殊处理。在标准 $k-\varepsilon$ 模型中，假定湍流是各向同性的，μ_i 是各向同性的量标，而在弯曲流线的情况下，湍流是各向异性的。针对标准 $k-\varepsilon$ 模型的不足，研究者提出了两种修正方案：RNG $k-\varepsilon$ 模型和 Realizable $k-\varepsilon$ 模型。

(3) RNG $k-\varepsilon$ 模型

重正化群(Renormalization Group，RNG)$k-\varepsilon$ 模型是由 Yakhot 和 Orzag 提出的，是对瞬时的 N－S 方程用重整化群的数学方法推导出来的。相比标准 $k-\varepsilon$ 模型，RNG $k-\varepsilon$ 模型通过修正湍动黏度，考虑了平均流动中的旋转及漩流流动情况，并在 ε 方程中添加了一项反映主流的时均应变率，使得该模型产生项不仅与流动情况有关，而且还考虑了空间坐标函数，RNG $k-\varepsilon$ 模型方程为

$$\frac{\partial(\rho k)}{\partial t}+\frac{\partial(\rho k u_i)}{\partial x_i}=\frac{\partial}{\partial x_j}\left[a_k\mu_{\mathrm{eff}}\frac{\partial k}{\partial x_j}\right]+G_k-\rho\varepsilon \tag{5.31}$$

$$\frac{\partial(\rho\varepsilon)}{\partial t}+\frac{\partial(\rho\varepsilon u_i)}{\partial x_i}=\frac{\partial}{\partial x_j}\left[a_k\mu_{\mathrm{eff}}\frac{\partial\varepsilon}{\partial x_j}\right]+\frac{C_{1\varepsilon}^*\varepsilon}{k}G_k-C_{2\varepsilon}\rho\frac{\varepsilon^2}{k} \tag{5.32}$$

式中：

$$\mu_{\mathrm{eff}}=\mu+\mu_i,\ \mu_i=\rho C_\mu\frac{k^2}{\varepsilon},\ C_\mu=0.084\,5,\ a_k=a_\varepsilon=1.39,\ C_{1\varepsilon}=1.42$$

$$C_{1\varepsilon}^*=C_{1\varepsilon}-\frac{\eta(1-\eta/\eta_0)}{1+\beta\eta^3},\ C_{2\varepsilon}=1.68,\ \eta=(2E_{ij}\cdot E_{ij})^{1/2}\frac{k}{\varepsilon},\ \eta_0=4.377,\ \beta=0.012$$

(4) Realizable $k-\varepsilon$ 模型

Realizable $k-\varepsilon$ 模型是由 T. Shih 于 1995 年为了解决标准 $k-\varepsilon$ 模型时均应变率特别大有可能导致负应力而提出的，相比标准 $k-\varepsilon$ 模型和 RNG $k-\varepsilon$ 模型，Realizable $k-\varepsilon$ 模型的湍动黏度计算中的系数 μ_i 发生了变化，引入了与旋转和曲率有关的内容，μ_i 的公式如下：

$$\mu_i=\frac{1}{A_0+A_sU^*k/s} \tag{5.33}$$

式中：

$$A_0=4.0,\ A_s=\sqrt{6}\cos\phi,\ \phi=\frac{1}{3}\cos^{-1}(\sqrt{6}W),\ W=\frac{E_{ij}E_{jk}E_{kj}}{(E_{ij}E_{ij})^{1/2}},\ E_{ij}=\frac{1}{2}\left(\frac{\partial u_i}{\partial x_j}+\frac{\partial u_j}{\partial x_i}\right)$$

$$U^*=\sqrt{E_{ij}E_{ij}+\tilde{\Omega}_{ij}\tilde{\Omega}_{ij}},\ \tilde{\Omega}_{ij}=\Omega_{ij}-2\varepsilon_{ijk}\omega_k,\ \Omega_{ij}=\overline{\Omega}-2\varepsilon_{ijk}\omega_k$$

由此可知，$\overline{\Omega}$ 是从角速度 ω_k 的参考系中观察到的时均转动速率张量。

(5) 标准 $k-\omega$ 模型

首先提出标准 $k-\omega$ 湍流模型概念的是苏联著名科学家 Kolmogorov，Launder 等对其进行了改进。1994 年，Wilcox 在此基础上，提出了形式更简单的 $k-\omega$ 两方程湍流模型，其输运方程如下：

$$\frac{\partial(\rho k)}{\partial t}+\frac{\partial(\rho k u_i)}{\partial x_i}=\tau_{ij}\frac{\partial k}{\partial x_j}-\beta^*\rho\omega k+\frac{\partial}{\partial x_j}\left[(\mu+\sigma^*\mu_l)\frac{\partial k}{\partial x_j}\right]+S_k \tag{5.34}$$

$$\frac{\partial(\rho\omega)}{\partial t}+\frac{\partial(\rho\omega u_i)}{\partial x_i}=\left[(\mu+\sigma\mu_l)\frac{\partial\omega}{\partial x_j}\right]+a\frac{\omega}{k}\tau_{ij}\frac{\partial u_i}{\partial x_j}-\beta\rho\omega^2+S_\omega \tag{5.35}$$

式中,ω 为湍流频率。

$$\omega=\frac{\varepsilon}{k},\quad \beta^{*}=0.09,\quad \sigma^{*}=0.5,\quad a=0.555,\quad \beta=0.075,\quad \sigma=0.5$$

(6) SST $k-\omega$ 模型

1994 年,Menter 以标准 $k-\omega$ 模型为基础,通过引入混合函数 F_1、F_2,结合 $k-\omega$ 模型和 $k-\varepsilon$ 模型的优势,并修改了湍动黏度的定义以考虑湍流剪应力的输运特性,建立了剪应力输运(Shear Stress Transport,SST)$k-\omega$ 模型,其输运方程如下:

$$\frac{\partial k}{\partial t}+u_i\frac{\partial k}{\partial x_i}=\frac{\partial}{\partial x_j}\left[(v+\sigma_k v_t)\frac{\partial k}{\partial x_j}\right]+\tilde{p}_k-\beta^{*}k\omega+S_k \tag{5.36}$$

$$\frac{\partial \omega}{\partial t}+u_i\frac{\partial \omega}{\partial x_i}=\frac{\partial}{\partial x_j}\left[(v+\sigma_k v_t)\frac{\partial \omega}{\partial x_j}\right]+aS^2-\beta\omega^2+2(1-F_1)\sigma_{\omega 2}\frac{1}{\omega}\frac{\partial k}{\partial x_j}\frac{\partial \omega}{\partial x_j}+S_\omega \tag{5.37}$$

式中,v_t 为湍流黏性系数:

$$v_t=\frac{a_1 k}{\max(a_1\omega,\Omega F_2)},\quad \sigma_k=\frac{1}{F_1/\sigma_{k1}+(1-F_1)/\sigma_{k2}}$$

$$\sigma_\omega=\frac{1}{F_1/\sigma_{\omega 1}+(1-F_1)/\sigma_{\omega 2}},\quad \tilde{p}_k=\min\left[v_t\frac{\partial u_i}{\partial x_j}\left(\frac{\partial u_i}{\partial x_j}+\frac{\partial u_j}{\partial x_i}\right),10\beta^{*}\rho k\omega\right]$$

混合函数 F_1、F_2 的定义如下:

$$F_1=\tan(\Phi_1^4),\quad \Phi_1=\min\left[\max\left(\frac{\sqrt{k}}{\beta^{*}\omega y},\frac{500v}{y^2\omega}\right),\frac{4\rho\sigma_{\omega 2}k}{CD_{K\omega}y^2}\right]$$

$$CD_{K\omega}=\max\left[2\rho\sigma_{\omega 2}\frac{1}{\omega}\frac{\partial k}{\partial x_j}\frac{\partial \omega}{\partial x_j},10^{-10}\right]$$

$$F_2=\tan(\Phi_2^2),\quad \Phi_2=\max\left(\frac{\sqrt{k}}{\beta^{*}\omega y},\frac{500v}{y^2\omega}\right),\quad a_1=0.555,\quad a_2=0.44$$

$$\beta_1=0.075,\quad \beta_2=0.0828,\quad \beta^{*}=0.09,\quad \sigma_{k1}=0.85,\quad \sigma_{\omega 1}=0.5,\quad \sigma_{\omega 2}=0.856$$

与标准 $k-\omega$ 模型相比,SST $k-\omega$ 湍流模型在处理近壁区时采用 $k-\omega$ 湍流模型,在边界层边缘和自由剪切层时采用 $k-\varepsilon$ 湍流模型,使得该模型无论对于近壁区还是远流场,都能很好地进行模拟,适用范围更加广泛,而且准确可靠。这些改进使得 SST $k-\omega$ 模型比标准 $k-\omega$ 模型在流动领域中有更高的精确度和可信度。

(7) Reynolds Stress Model(RSM)

与黏涡模型不同的是,雷诺应力模型不采用 Boussinesq 假设,而是直接对时均 N-S 方程中的二阶脉动相关项提出其相应的偏微分方程组,由于在方程组中还出现了湍动能 k 及耗散率 ε,故增加了相应的 k 与 ε 方程,在求解时,需要额外求解 6 个雷诺应力方程、k 方程与 ε 方程。增加的雷诺应力微分方程考虑了更多的湍流细节,所以雷诺应力模型能更真实地模拟实际的湍流流动,反映其内在本质,这一模型的优点在于可准确地考虑各向异性效应。计算表明,该模型对雷诺应力的各向异性模拟结果还是令人满意的。

雷诺应力模型虽能考虑一些各向异性,但并不一定比其他模型好,在计算突扩流动分离区和计算湍流输运各向异性较强的流动时,雷诺应力模型优于两方程模型,但对于一般的回流流动,其结果并不一定比两方程模型好。另一方面,就三维问题而言,采用该模型意味着要多求解 6 个雷诺应力的微分方程，计算量大，对计算机的要求更高。因此，与两方程模型相比，雷诺应力模型应用在燃烧、两相流等领域较多，这是由于在这些领域中的湍流流动更为复杂，而湍流效应对燃烧、化学反应等的影响更为强烈。

3. 壁面函数法和近壁模型法

在受壁面限制的流动中，因为壁面附近流场变量的梯度较大，所以壁面对湍流计算的影响很大。湍流模型中假定湍流是各向同性的，因此在壁面附近需要进行特殊处理。处理的一种办法是用半经验公式将自由流中的湍流与壁面附近的流动连接起来，这种方法称为壁面函数法。另一种方法是通过在壁面附近加密网格，同时调整湍流模型以包含壁面影响的方法，称为近壁模型法。壁面函数法又分为标准壁面函数法和非平衡壁面函数法。一般来说，标准壁面函数适用于大多数流动问题，非平衡壁面函数法则适用于流场函数在壁面附近存在很大梯度的流动问题。壁面函数法适用于高雷诺数流动，近壁模型法适用于低雷诺数流动。

湍流边界层分为内区和外区，而内区又分为黏性底层、过渡层和对数律层。黏性底层中黏性作用占主导，过渡层中湍流作用和黏性作用共同主导，对数律层中湍流作用占主导，外区则惯性力占主导。基于壁面函数法进行网格划分时，需要将边界层第一层网格中心布置在黏性底层之外，如图 5.7 所示。一般认为，y^+（第一层网格中心到壁面的无量纲距离）小于 5 为黏性底层，大于 300 就进入湍流核心区域了，如图 5.8 所示。

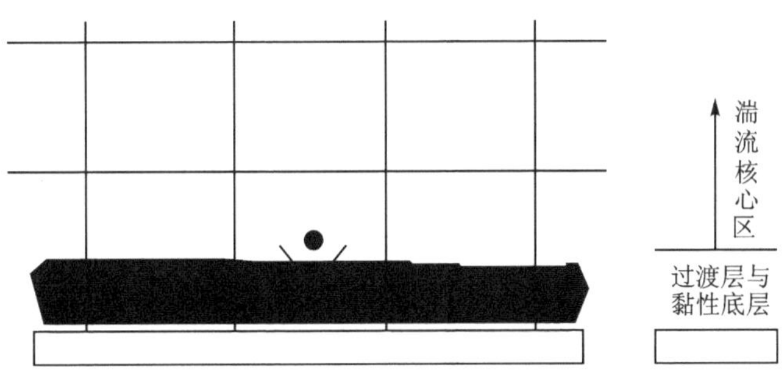

图 5.7　壁面函数法的第一层网格布置

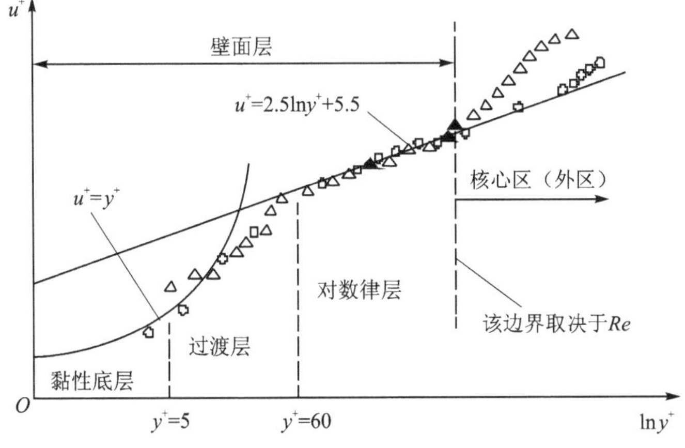

图 5.8　边界层 y^+ 分布图

4. 离散方法

在计算域内建立的偏微分方程理论上存在精确解，但由于问题本身的复杂性以及几何外形的复杂程度，偏微分方程的理论求解异常困难，这时就可以采用数值方法进行求解，而数值方法中最重要的一步就是将控制方程进行离散，即对于时间和空间连续的雷诺平均 N－S 方程，将空间域和时间域进行离散化，将连续的偏微分方程及其定解条件转换为代数方程组，以便在计算机上求解代数方程组，从而得到离散点的近似解。离散的过程主要指对空间上的连续计算域进行划分，将其划分为有限个子区域，同时确定每个区域中的节点，即生成流场网格，在流场网格的基础上，用网格各个节点上的代数方程组来表示控制方程。有限体积法从积分形式的守恒方程出发离散连续的空间域和时间域，建立代数方程组，其基本思路为将计算区域划分为一系列不重叠的控制体积，并使每个网格点周围有一个控制体积，然后将待解的微分方程对每一个控制体积积分，便得出一组离散方程。

以二维对流-扩散微分方程为例：

$$\frac{\partial(\rho\phi)}{\partial t}+\mathrm{div}(\rho\vec{u}\phi)=\mathrm{div}(\Gamma\mathrm{grad}\phi)+S \tag{5.38}$$

式中，ϕ 为通用变量；ρ 为密度；$\vec{u}$ 为速度变量；Γ 为扩散系数；S 为源项。

图 5.9 所示为计算域的网格，网格中实线的交点是计算节点，虚线所围成的方格是控制体，控制体的界面在两个节点中间的位置，每一个计算节点均由一个控制体包围。P 表示一个广义节点，其周围的节点分别用 E、W、S、N 表示，控制体 P 的界面分别用 e、w、s、n 表示，控制体在 x 方向和 y 方向的宽度分别用 Δx 和 Δy 表示，控制体的体积为 $\Delta V=\Delta x\cdot\Delta y$。

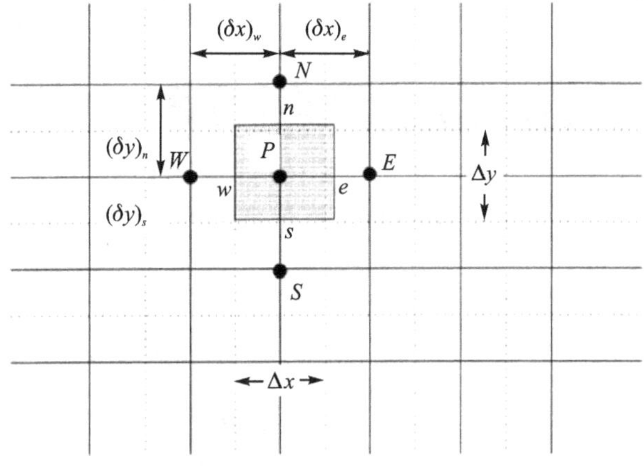

图 5.9　有限体积法网格示意图

针对图 5.9 中的网格，在控制体 P 和时间段 Δt 上对控制方程积分得

$$\int_t^{t+\Delta t}\int_{\Delta V}\frac{\partial(\rho\phi)}{\partial t}\mathrm{d}V\mathrm{d}t+\int_t^{t+\Delta t}\int_{\Delta V}\mathrm{div}(\rho\vec{u}\phi)\,\mathrm{d}V\mathrm{d}t=\int_t^{t+\Delta t}\int_{\Delta V}\mathrm{div}(\Gamma\mathrm{grad}\phi)\,\mathrm{d}V\mathrm{d}t+\int_t^{t+\Delta t}\int_{\Delta V}S\mathrm{d}V\mathrm{d}t \tag{5.39}$$

该方程的物理意义是：Δt 时间段控制体 P 内 $\rho\phi$ 的变化，加上 Δt 时间段内通过控制体表面的流量 $\rho\vec{u}\phi$，等于 Δt 时间段通过控制体表面的扩散量和 Δt 时间段控制体 P 内源项的变化量。应用有限体积法将式(5.39)进行离散，对于式中等号左边第一项(即瞬态项)和源项，关于时间

的积分可以采用时间离散格式进行离散，关于体积的积分可以用控制体的体积和被积函数的乘积来离散；对于对流项和扩散项，其中的体积积分可以根据高斯散度定理将体积分转换为面积分，然后根据节点 P 周围的节点 E、W、S、N 和控制体 P 的界面 e、w、s、n 进行面积分，关于时间的积分可以采用时间离散格式进行离散。

5. 离散求解方法

流场计算的基本过程是在空间上用有限体积法（或其他类似方法）将计算区域离散成许多小的体积单元，在每个体积单元上对离散后的控制方程组进行求解。其本质是对离散方程进行求解，一般可以分为分离解法（Segregated Method）和耦合解法（Coupled Method）两大类，各自又根据实际情况扩展成具体的计算方法。

（1）分离解法

分离解法不直接求解联立方程组，而是顺序地、逐个地求解各变量代数方程组。分离解法中应用广泛的是压力修正法，其求解基本过程如下：

① 假定初始压力场；

② 利用压力场求解动量方程，得到速度场；

③ 利用速度场求解连续方程，使压力场得到修正；

④ 根据需要，求解湍流方程及其他标量方程；

⑤ 判断当前时间步上的计算是否收敛，若不收敛，返回第二步，迭代计算；若收敛，重复上述步骤，计算下一时间步的物理量。

分离解法主要包含三种压力与速度的耦合方式，分别是 SIMPLE 算法、SIMPLEC 算法和 PISO 算法。

SIMPLE 算法即求解压力耦合方程的半隐式方法（Semi - implicit Method for Pressure Linked Equations），它是 Patankar 与 Spalding 在 1972 年提出的。SIMPLE 算法是目前工程实际中应用最为广泛的一种流场计算方法，也是各种商用 CFD 软件普遍采纳的算法，它属于压力修正法的一种，该方法是主要应用于求解不可压流场的数值方法，它的核心是采用“猜测-修正”的过程在交错网格的基础上来计算压力场，从而达到求解动量方程的目的。SIMPLE 算法的基本思想可以叙述为：对于给定的压力场，求解离散形式的动量方程，得到速度场。因为压力是假定的或者不精确的，这样得到的速度场一般都不满足连续方程的条件，因此，必须对给定的压力场进行修正。修正的原则是修正后的压力场相对应的速度场能满足同一迭代层次上的连续方程。根据这个原则，把动量方程的离散形式所规定的压力与速度的关系代入连续方程的离散形式，从而得到压力修正方程，再由压力修正方程得出压力修正值。接着，根据修正后的压力场，求得新的速度场。最后，检查速度场是否收敛，若不收敛，用修正后的压力值作为给定的压力场，开始下一层次的计算，直到获得收敛的解为止。在上面所述的过程中，核心问题在于如何获得压力修正值以及如何根据压力修正值构造速度修正方程。

SIMPLEC 是 SIMPLE Consistent 的缩写，意为协调一致的 SIMPLE 算法。它是 SIMPLE 的改进算法之一，是由 Van Doormal 和 Raithby 提出的。SIMPLEC 算法与 SIMPLE 算法的基本思路是一致的，不同之处在于 SIMPLEC 算法在通量修正方法上有所改进，加快了计算的收敛速度。

PISO 是 Pressure Implicit with Splitting of Operators 的缩写，译为压力的隐式算子分割

算法，由 Issa 于 1986 年提出的。起初是针对非稳态可压缩流动的无迭代计算所建立的一种压力速度计算方法，后来在稳态问题的迭代计算中也比较广泛地使用了该算法。PISO 算法与 SIMPLE 及 SIMPLEC 算法的不同之处在于：SIMPLE 和 SMPLEC 算法是两步算法，由预测步和修正步组成。而 PISO 算法增加了一个修正步，包含一个预测步和两个修正步，在完成了第一步修正步得到速度场和压力场后寻求第二次改进值，目的是使它们更好地同时满足动量方程和连续方程。PISO 算法由于使用了预测-修正-再修正三个步骤，从而加快了单个迭代步中的收敛速度。

(2) 耦合解法

耦合解法同时求解离散方程组，联立求解出各变量，其求解过程如下：

① 假定初始压力和速度等变量，确定离散方程的系数及常数项；

② 联立求解连续方程、动量方程、能量方程；

③ 求解湍流方程及其他标量方程；

④ 判断当前时间步上的计算是否收敛。若不收敛，返回第二步，迭代计算；若收敛，重复上述步骤，计算下一时间步的物理量。

相对于分离式解法，耦合解法同时求解两个方程，这种全隐式耦合法是通过若干隐式离散实现的，包括对动量方程中的压力梯度项的隐式离散和对考虑了耗散项的面质量流密度的隐式离散。耦合解法有一些独特的优点，对于非定常的高速流动，尤其是当网格质量较差或使用较大时间步长时，采用 Coupled 算法是必要的，但 Coupled 算法的缺点是需要的内存较大(是分离解法的 1.5～2 倍)。

6. 自由液面捕捉方法

与有限元法一样，针对有限体积法的数值仿真，目前工程上比较常用的是 VOF 方法，不过 Level Set 在处理自由液面问题上也有诸多优势。Level Set 是利用定义的符号距离函数 ϕ 来捕捉两相流交界面，ϕ 沿界面法向单调，根据 ϕ 的符号可判断格点在界面的内侧还是外侧。ϕ 直接隐含界面的几何属性，不需要重构界面，描述的界面比 VOF 方法光滑；Level Set 中关于 ϕ 的输运方程在形式上与 VOF 关于 α_q 的方程完全相同，该方程的求解可采取与流动控制方程 N－S 方程一样的解法，即可在任意类型网格上，运用迎风格式有限体积法离散求解。

Level Set 方法界面捕捉能力较好，但其物理量守恒性较差，需要在每一步迭代计算之前对 LS 函数进行重初始化。VOF 方法的物理量守恒性较好，但是界面法向和曲率计算准确度不高，且界面重构算法复杂；CLSVOF 结合了两者的优势，能更好地捕捉自由液面，且具有较好的物理量守恒性。

7. 数值造波方法

与有限元方法不同的是，采用有限体积法进行数值造波时，通常采用边界造波法或源项造波法。

(1) 边界造波法

边界条件造波法是三种数值造波方法中最容易实现，也是最容易理解的数值造波法。该造波法同时适用于线性波、非线性波以及非规则波等多种波浪模型，除此以外，还适用于考虑洋流效应时的波浪与洋流耦合模型。因此，边界造波法在波浪、海洋工程等领域的研究中有着广泛应用。

边界造波法把数值波浪水池的入口作为扰动源设置入口处的边界条件。根据线性波、二阶 Stokes 波以及非规则波的波面方程，将对应流体质点的位移或速度赋值给水池入口边界，产生扰动，从而生成预期的波浪。边界造波法坐标原点位于静水面与速度入口的交点处，如图 5.10 所示。

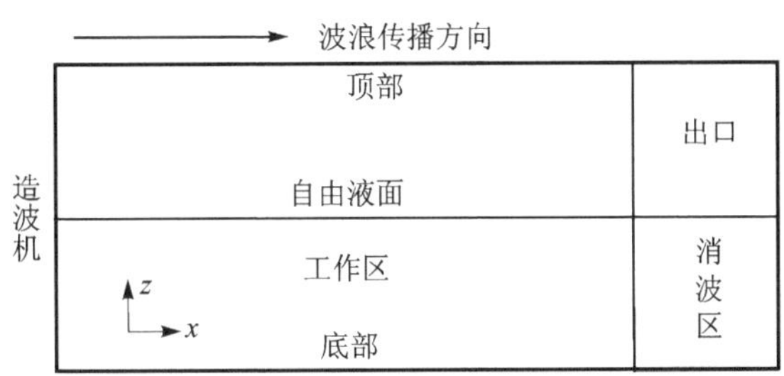

图 5.10　边界造波法模型

为了使波浪能穿透边界而不在边界处产生反射，可用阻尼消波方法吸收边界处的波浪，阻尼消波的思想是在消波段的动量方程中加入阻尼项来消除反射波，动量方程为

$$\begin{cases} \rho\left(\dfrac{\partial u}{\partial t}+u\dfrac{\partial u}{\partial x}+v\dfrac{\partial u}{\partial y}+w\dfrac{\partial u}{\partial z}\right)=-\dfrac{\partial P}{\partial x}+\mu\left(\dfrac{\partial^2 u}{\partial x^2}+\dfrac{\partial^2 u}{\partial y^2}+\dfrac{\partial^2 u}{\partial z^2}\right)-\mu(x)u \\ \rho\left(\dfrac{\partial v}{\partial t}+u\dfrac{\partial v}{\partial x}+v\dfrac{\partial v}{\partial y}+w\dfrac{\partial v}{\partial z}\right)=-\dfrac{\partial P}{\partial y}+\mu\left(\dfrac{\partial^2 v}{\partial x^2}+\dfrac{\partial^2 v}{\partial y^2}+\dfrac{\partial^2 v}{\partial z^2}\right)-\mu(x)v \\ \rho\left(\dfrac{\partial w}{\partial t}+u\dfrac{\partial w}{\partial x}+v\dfrac{\partial w}{\partial y}+w\dfrac{\partial w}{\partial z}\right)=g-\dfrac{\partial P}{\partial z}+\mu\left(\dfrac{\partial^2 w}{\partial x^2}+\dfrac{\partial^2 w}{\partial y^2}+\dfrac{\partial^2 w}{\partial z^2}\right)-\mu(x)w \end{cases} \tag{5.40}$$

式中，$\mu(x)$为消波系数，其形式有线性形式、指数形式、根号形式、平方形式等。

(2) 源项造波法

源项造波法需要对连续性方程以及动量方程做一些修正，修正后的表达式如下：

$$\begin{cases} \dfrac{\partial u}{\partial x}+\dfrac{\partial w}{\partial z}=q(x,z,t) \\ \dfrac{\partial u}{\partial t}+u\dfrac{\partial u}{\partial x}+w\dfrac{\partial u}{\partial z}=-\dfrac{1}{\rho}\dfrac{\partial p}{\partial x}+\nu\left[\dfrac{\partial^2 u}{\partial x^2}+\dfrac{\partial^2 u}{\partial z^2}\right]+uq+\dfrac{\nu}{3}\dfrac{\partial q}{\partial x} \\ \dfrac{\partial w}{\partial t}+u\dfrac{\partial w}{\partial x}+w\dfrac{\partial w}{\partial z}=g-\dfrac{1}{\rho}\dfrac{\partial p}{\partial z}+\nu\left[\dfrac{\partial^2 w}{\partial x^2}+\dfrac{\partial^2 w}{\partial z^2}\right]+wq+\dfrac{\nu}{3}\dfrac{\partial q}{\partial z} \end{cases} \tag{5.41}$$

式(5.41)为修正后的连续性方程和修正后的动量方程组。式中，ν 为流体运动黏度系数；g 为重力加速度。修正后的连续性方程中，$q(x,z,t)$为所添加的质量源项，其大小与质量源所在的网格大小以及波浪水质点 x 向速度大小 u 有关。位于造波区域的质量源项表示为 $q_s(z,t)$，在造波区域之外质量源项为 0，可用下式简单表达：

$$q(x,z,t)=\begin{cases} 0, & x\neq x_0 \\ q_s(z,t), & x=x_0 \end{cases} \tag{5.42}$$

$x\neq x_0$ 表示造波源区域之外的计算域，$x=x_0$ 表示位于造波源区域的计算域。动量方程最后两项为附加的动量源项。

图 5.11 所示为造波源区域示意图，斜线区域为造波区域，高度为 H_s，宽为 x，整个造波区

域均浸没于水中，造波区域底部与水槽底部接触。u、w 分别表示波浪水质点 x、z 向速度。

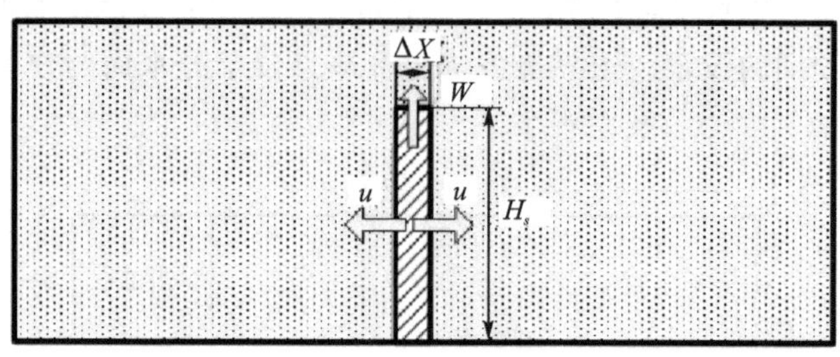

图 5.11　造波源区域示意图

利用质量守恒原理，可以推导以下关系式：

$$q_s(z,t)=\frac{2u(z,t)}{\Delta x}+\frac{w(z,t)}{H_s} \tag{5.43}$$

由于源项造波法造波区域宽度极小，一般仅有一个网格的宽度，因此，Δx 与 H_s 相比是个小量，最终得到的质量源强度表达式如下：

$$q_s(z,t)=\frac{2u(z,t)}{\Delta x} \tag{5.44}$$

因此，将线性波或者二阶 Stokes 波、非规则波的水平速度代入式(5.44)即可求得对应波浪模型的质量源强度。

8. 动网格方法

在不考虑结构变形的情况下，模型做刚体运动时存在 6 个自由度，分别为 x、y、z 方向上的平移和旋转运动，可根据牛顿第二定律以及角动量守恒定理进行求解。其中质量、转动惯量需要指定，而流体作用在结构上的力主要为压力及摩擦力。其中压力垂直于物面，摩擦力主要是因为流体黏性产生的，沿物面切向方向，即

$$\begin{cases}\vec{F}=\int p\vec{n}\,\mathrm{d}s+\int\vec{\tau}\,\mathrm{d}s\\ \vec{M}=\int p\vec{r}\times\vec{n}\,\mathrm{d}s+\int\vec{r}\times\vec{\tau}\,\mathrm{d}s\end{cases} \tag{5.45}$$

根据式(5.45)可以得到在绝对坐标系下物体受到的力及力矩，但由于模型是运动的，所以模型相对于绝对坐标系下的转动惯量是相对变化的。需要定义一个随模型一起运动的动坐标系，将流体作用在模型上的力和力矩分解到随体坐标系，进而计算模型的运动，得到新的模型位置，同时更新随体坐标系，进行下一时间步的计算。由于模型的运动，故计算过程中网格单元也是运动的，即涉及动网格技术。

一般动网格技术可以根据是否有新的网格单元生成分为两类：一类是通过网格光顺的方式，将模型附近网格运动位移逐步向外扩散，保证网格单元质量；另一类则是模型产生运动之后，局部生成了新的网格，保证计算域网格质量。无论哪种方式都需要额外的资源对网格进行处理，并且容易出现负体积问题。比较好的思路是应用整体网格运动形式和应用重叠网格。整体网格的运动即整个计算域随着模型一起做刚体运动，网格节点的绝对坐标发生了变化，而计算域网格之间的相对位置没有发生改变，从而避免了动网格过程中出现的由于网格节点运动产生网格负体积的问题。但是由于计算域整体运动，计算域的边界位置也发生了改变，从而

可能引发边界条件的不适应问题。重叠网格分为两套网格:背景网格和子网格,可以认为子网格是背景网格的子域,即两者在空间上是重叠的,两计算域之间通过交界面进行数据传递,而子网格内包含了模型外表面组成的物面边界,子网格可以跟随模型整体做刚体运动,而计算域其他边界条件指定在背景网格边界上,从而避免了整体网格运动引起的边界不适应情况,同时也避免了动网格技术中负体积的问题。

(1) 重叠网格

重叠网格(Overset Mesh)也称为嵌套网格,它是一种区域分割和网格组合的策略。首先,将复杂的流场区域根据网格生成的需要进行分解,并在各个区域内独立生成高质量的网格块,各网格块之间可以共享边界,也可以共享一片区域。其次,对所有网格块进行必要的预处理(组装),将多余的或者无效的网格单元删除,然后建立网格块的流场变量在重叠或者嵌套区域边界上的传递关系。网格的预处理使得所有网格块重新组合成一套可用的计算网格。最后,每个分网格块可根据各自的网格类型进行独立运算,流场信息在重叠区域通过插值运算进行耦合和交换,最终使得流场收敛并获得整个计算域的流场分布。

重叠网格技术在网格预处理中主要分为四个阶段,即洞切割、贡献单元搜索、插值单元匹配、重叠区域的数据交换。在重叠网格中,网格单元通常分为洞内单元、计算单元和插值单元。下面结合简单的二维圆柱绕流为例对网格预处理进行说明,如图 5.12 所示,洞内单元是指那些位于计算域之外,不需要参与流场计算的网格单元。计算单元是指那些位于计算域之内,并需要参与流场变量数值求解的网格单元。插值单元是指位于重叠或者嵌套区域内,在流场数值求解时需要通过插值计算从其他网格块的数值结果中获取流动信息的网格单元。而为插值单元提供流场变量信息的那些位于其他网格域内的网格单元则被称为贡献单元。由于物体内部本来就不含网格单元,因此圆柱周围网格中只包含计算单元和边界插值单元。而背景网格中则有三种网格类型:洞内单元,即在物体内部和无用的重叠区域;圆柱边界的插值单元,介于洞单元和外部计算单元之间的两层网格,需要从圆柱体网格插值中获取流场信息;外部计算大域中的计算单元。

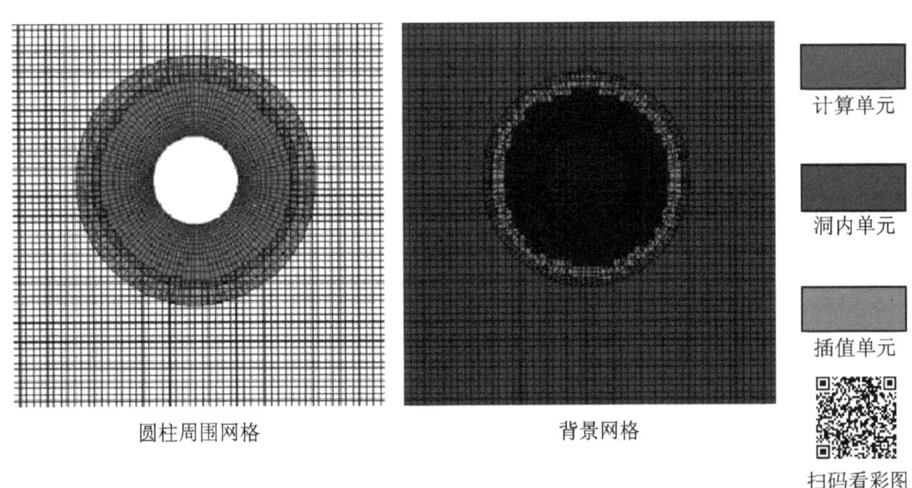

图 5.12　重叠区域网格示意图

面对水面飞行器模型，不仅机身模型具有复杂的运动问题，而且不同的构成部件也可能具有不同的运动形式，因此描述其流场以及解析运动规律需要使用重叠网格系统。重叠网格技术将流场计算域分为背景网格和包含计算模型（如飞机单机身模型）的贴体子网格两部分，整个流场区域为背景区域，包含计算模型物面的贴体子网格区域为重叠区域，子网格完全包含在背景网格的空间范围内。在计算过程中，背景网格始终保持不动，而计算模型跟随重叠区域进行运动，各个区域的网格之间存在着重叠、嵌套或覆盖的关系，流场信息在重叠或嵌套区域通过插值进行传递，如图 5.13 所示。

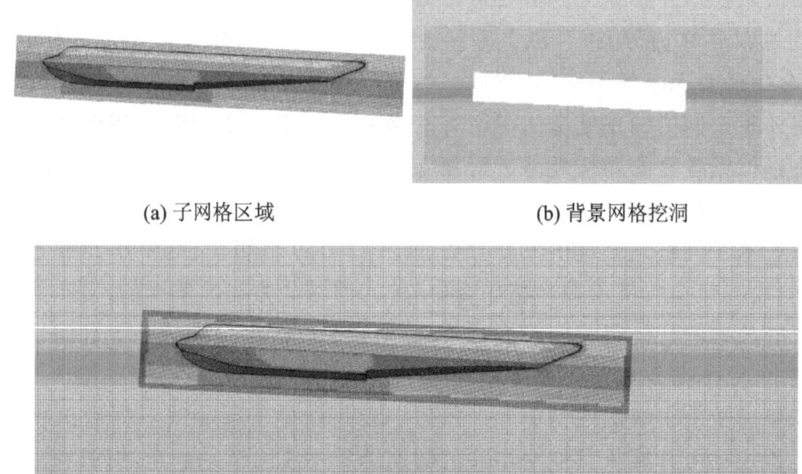

(a) 子网格区域　　(b) 背景网格挖洞

(c) 整体网格组装

图 5.13　重叠网格系统示意图

重叠网格在水面飞行器的滑水/着水模拟的应用可以表述为四个基本过程：

① 网格生成：根据计算需要对复杂流动区域进行分块，在各自区域中独立生成高质量的初始网格；

② 网格预处理：对初始网格进行挖洞，并对洞面进行优化，建立重叠区域与背景区域之间的流场信息插值关系，并组装成为计算网格；

③ 数值计算；

④ 网格更新：非定常数值计算中，相应时刻的流场求解收敛后，还应更新下一时刻的计算网格，于是对步骤②、③进行重复，直至所有时刻的计算完成。该方法可以用图 5.14 所示的流程进行实现。

数值求解的精度和收敛速度受重叠网格的质量影响较大，为保证高质量网格的生成，在网格组装的过程中需要遵守以下的基本原则：

① 网格块和洞边界尽量远离流动变化较为剧烈的区域；

② 重叠区域可以设置得足够小，能保证重叠区域和背景区域之间至少有 2 个边界插值单元即可；

③ 重叠区域的网格密度、单元大小要尽量保持一致；

④ 重叠区域洞边界两侧网格的网格面尽可能保持对齐一致，两侧网格的长宽比保持一致。

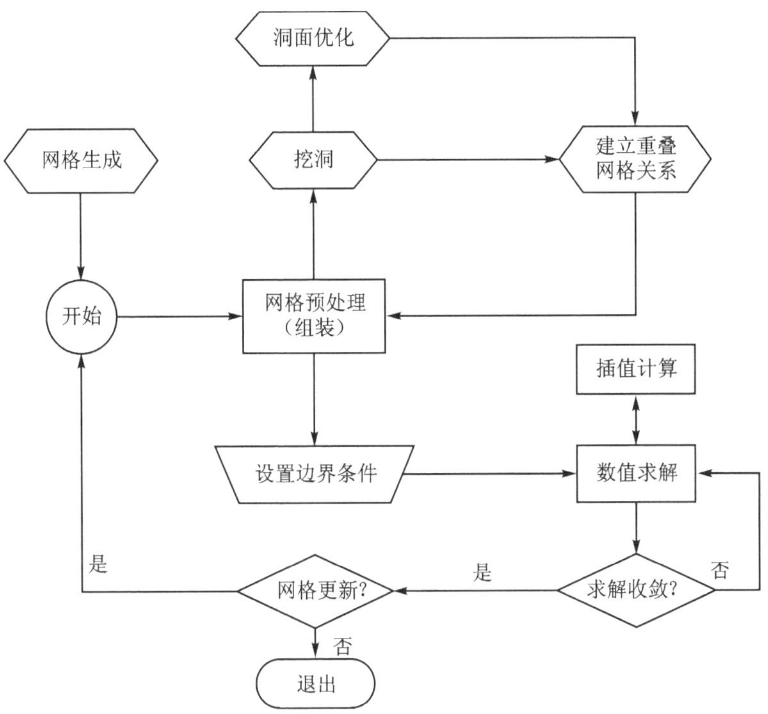

图 5.14　重叠网格方法在滑水/着水数值模拟中的实现流程

(2) 整体运动网格

整体运动网格(Global Mesh)，顾名思义就是计算对象与流场作为一个整体进行六自由度运动。在水面飞行器滑水与着水数值模拟中，计算域与飞机表面形成一个封闭曲面进行整体网格划分，计算域随着飞机运动而运动。

在运动与网格的处理上，采取区域运动的方式，即整个流体区域与机身作为一个刚体一起运动。当刚体在外力作用下发生平动与转动时，刚体与网格之间不发生相对位移，而是网格与刚体一起发生平动和转动，通过改变流场参数在计算网格中的分布，从而插值获得刚体发生位移后的流场参数与网格对应关系，如图 5.15 所示。

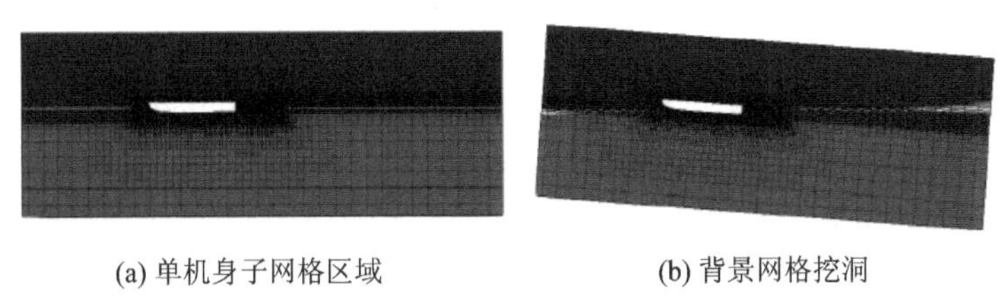

(a) 单机身子网格区域　(b) 背景网格挖洞

图 5.15　刚体位移与网格及流场参数的变化关系

整体运动网格在计算过程中采用大地坐标系，在运动的过程中，机身同背景网格一起发生平动和转动，每一步的网格节点的空间坐标都会随着机身的运动而更新。其中水体不跟随机身做刚体运动，水面高度始终维持在大地坐标系中的规定高度，这将通过 UDF 边界条件设置来实现。

通过整体运动网格与六自由度模型相结合的方法能实现水面飞行器水面滑行和着水过程模拟,该方法的优势在于:

① 网格的划分不需要采用网格变形和重构技术,避免了因运动姿态剧烈变化导致的网格畸变所造成的计算发散;

② 整体运动网格可以采用结构化网格的划分方法,在保证网格质量的基础上能大幅减少网格数量,且在自由液面捕捉上具有明显的优势。

尽管整体运动网格在计算精度和计算资源的需求方面具有较大的优势,但仍存在一定的局限性。整体运动网格方法在处理小姿态变化的运动问题时较为适宜,当计算域发生较大幅度的运动时,水面和自由液面加密区之间的夹角会变大,对于自由液面的捕捉和流场求解精度而言都存在很大的影响,如图 5.16 所示。

为解决类似问题,通常会对机身首尾进行垂向的扇形加密,如图 5.17 所示。但飞机模型的纵倾角过大时,所需要的扇形加密区的体积也随之增大,这将导致网格总量大幅度增加,极大地影响计算效率。因此,对于具有大姿态运动特性的水面飞行器而言,一般不推荐使用整体运动网格进行流场求解。

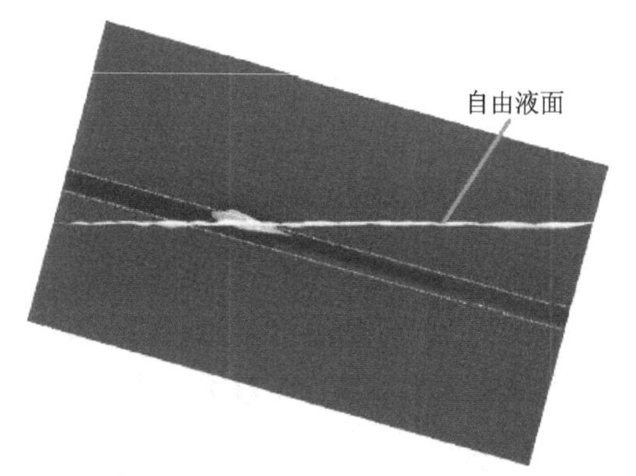

图 5.16 计算域大幅度运动后的自由液面与加密区

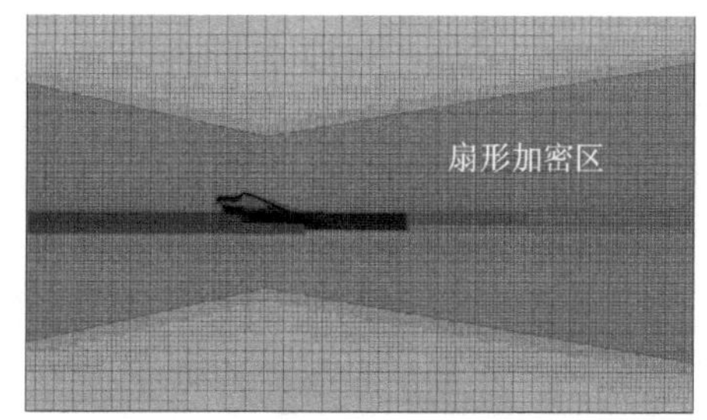

图 5.17 垂向加密后的计算域网格

(3) 滑移网格

滑移网格(Sliding Mesh)是将整个流场区域划分为两个或多个子域,相邻子域之间网格可以相互运动。任意相邻子域之间均存在交接面(Interface),交接面均为成对出现,在迭代计算过程中,一个子域的网格相对于另一个子域的网格沿着交接面进行平移或旋转,交接面两侧相邻网格的通量通过交接面进行插值交换。交接面两边的子域网格可以单独生成,两套网格在交接面上不公用网格节点,且两套网格类型也可以不相同。需要指出的是,在计算过程中,整个流场的网格均不发生变形或重构,仅相对位置发生了变化。

在处理多域运动的问题时,根据不同的流动问题,常需要使用不同类型的交接面来模拟流动。根据运动类型的不同,交接面一般可以分为平移交接面、旋转交接面、连通交接面。每个子域与相邻子域之间需形成至少一个交接面,对于平动问题的处理,未处于交接状态或已经交接结束的区域面自动转化为 wall 边界,如图 5.18 所示。

在计算螺旋桨流场这种周期性旋转流动问题时,交接面则应选择使用旋转交接面,如图 5.19 所示。子域 1 中的桨叶由圆柱或圆球形域面包围,流场子域 2 由虚拟远场边界和子域

1 的外边界面组成的封闭曲面构成，圆柱或圆球形面将作为各自子域的交接面进行通量交换。

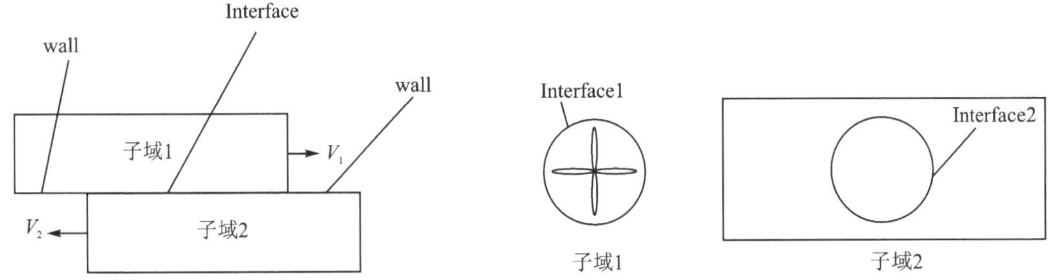

图 5.18　平移运动交接面示意图　　图 5.19　旋转流动交接面示意图

在处理带动力飞行器的流动计算或水面船舶自航模拟等问题时，涉及旋转与平动，即计算模型分为定子与转子，则需要采用通用连接交接面进行处理。通用连接交接面可以将平动或转动问题单独独立出来进行数值求解，通用连接交接面要求交接面之间相通，流能通过交接面从一个区域流出并流入另一个区域，如图 5.20 所示。

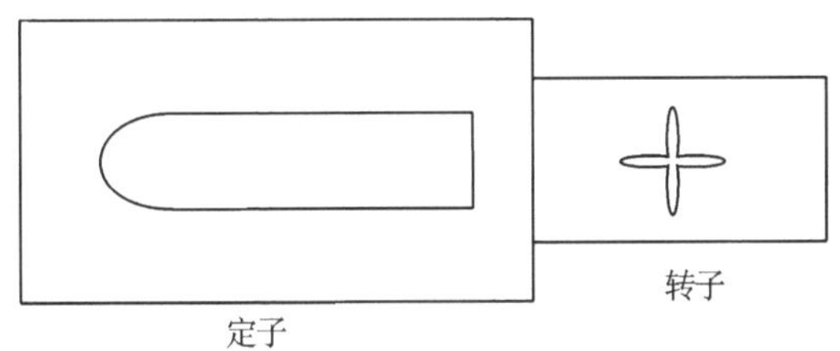

图 5.20　通用连接交接面示意图

图 5.21 所示为水面飞行器滑移网格示意图，相对于其他两种网格运动方法，滑移网格最大的优势在于计算速度在整个过程中较为稳定，对于旋转流动问题具备更高的计算精度。但需要指出的是，利用滑移网格处理流动问题时通常需要指定区域的运动速度和方向，在求解飞行器滑水或着水阶段的自由运动特性方面存在较大的不足。

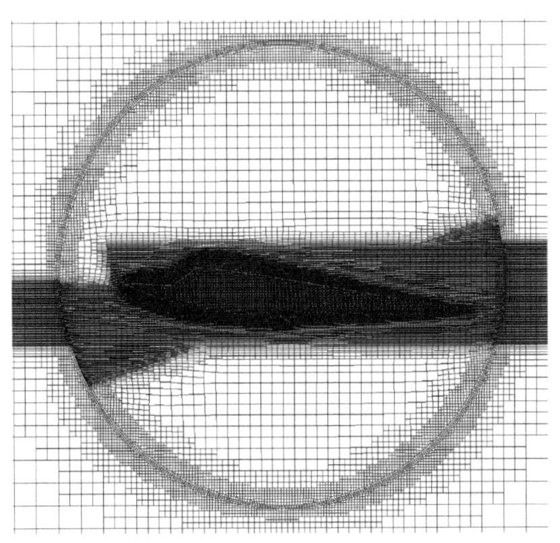

图 5.21　水面飞行器滑移网格示意图

5.2.3 SPH 方法

1. 基本方程

SPH 方法的核心实际上是利用插值函数将求解的流体动力学偏微分方程转换为积分方程，然后将积分方程转化为问题域上的离散点的求和形式，从而得到一系列离散化的常微分方程。其基本方程的构造常分为两个关键步骤，第一步为积分表达法，又称场函数核近似法，第二步为粒子近似法。

(1) 积分表示法

SPH 方法应用 Dirac 函数的性质，对任意场函数 $f(x)$ 有

$$f(x)=\int_{\Omega} f(x')\delta(x-x')\mathrm{d}x' \tag{5.46}$$

式中，Ω 为包含 x 的计算域，$\delta(x-x')$ 为 Dirac 函数：

$$\delta(x-x')=\begin{cases}1, & x=x'\\ 0, & x\neq x'\end{cases} \tag{5.47}$$

基于 Dirac 函数性质，若 $f(x)$ 在 Ω 上定义且连续，则 $f(x)$ 积分表达式是严密的，但是该积分是抽象的难于求解，故用形式相似的函数 $W(x-x',h)$ 替代 Dirac 函数，则有

$$\langle f(x)\rangle=\int_{\Omega} f(x')W(x-x',h)\mathrm{d}x' \tag{5.48}$$

在 SPH 方法中，函数 $W(x-x',h)$ 称为光滑核函数，简称核函数，h 为核函数 W 影响区域的长度计量，称为光滑长度，这里影响区域称为支持域，如图 5.22 所示，支持域大小为 κh（κ 一般取 1～2），若超过支持域，则核函数 W 为 0，式(5.48)即为场函数的核近似。核近似算子用角括号来标记，因此式(5.48)虽然使用等号，但实际上为 $f(x)$ 的近似式，在核函数满足归一化性条件下 $\left(\int_{\Omega} W(x-x',h)\mathrm{d}x'=1\right)$，该近似具有 h^2 精度。

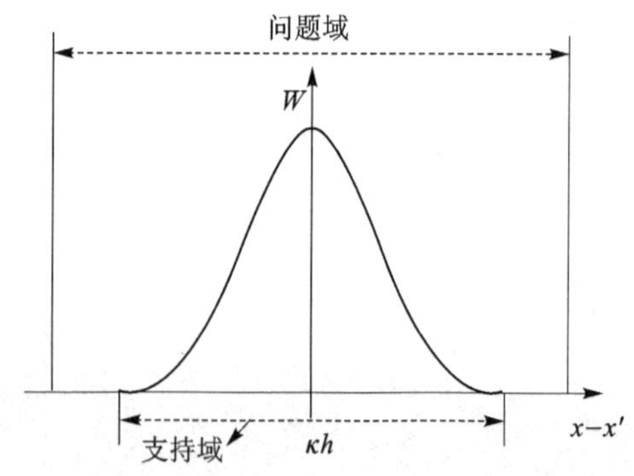

图 5.22 光滑核函数 W 示意图

将空间导数 $\nabla\cdot f(x)$ 取代 $f(x)$ 并利用散度定律进行变换，可得空间导数的核近似：

$$\langle\nabla\cdot f(x)\rangle=-\int_{\Omega} f(x')\cdot\nabla W(x-x',h)\mathrm{d}x' \tag{5.49}$$

式(5.49)意味着场函数导数的积分表达式可以用场函数的值和光滑核函数 W 的导数来

确定。

(2) 粒子近似法

SPH 方法中，整个系统离散成有限个具有独立质量、占有独立空间的粒子，故场函数 $f(x)$ 和核近似函数 $\langle \nabla \cdot f(x) \rangle$ 的积分可以转化为支持域内所有粒子叠加求和的离散化形式，如图 5.23 所示。具体来说，用粒子的体积 ΔV_j 取代之前积分中粒子 j 无穷小体元 dx'，则粒子的质量 m_j 可以表示为

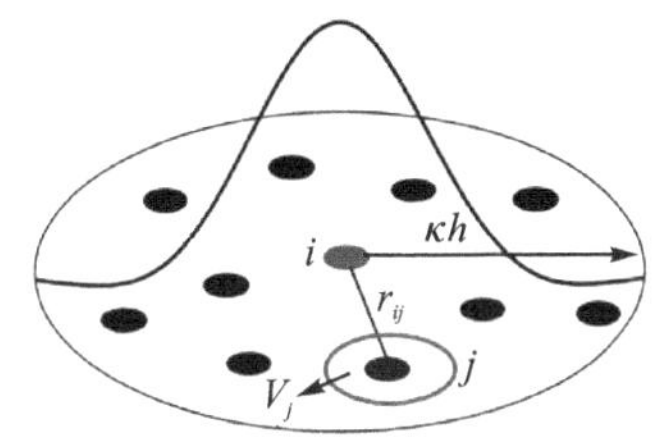

图 5.23　粒子近似法示意图

$$m_j = \Delta V_j \rho_j \tag{5.50}$$

式中，ρ_j 为粒子 j 的密度。

根据粒子 i 处的函数及其导数的粒子近似，可推导得到

$$\langle f(x_i) \rangle = \sum_{j=1}^{N} \frac{m_j}{\rho_j} f(x_j) W_{ij} \tag{5.51}$$

$$\langle \nabla \cdot f(x_i) \rangle = \sum_{j=1}^{N} \frac{m_j}{\rho_j} f(x_j) \cdot \nabla_i W_{ij} \tag{5.52}$$

$$W_{ij} = W(x_i - x_j, h) \tag{5.53}$$

$$\nabla W_{ij} = \frac{x_i - x_j}{r_{ij}} \frac{\partial W_{ij}}{\partial r_{ij}} = \frac{\vec{x}_{ij}}{r_{ij}} \frac{\partial W_{ij}}{\partial r_{ij}} \tag{5.54}$$

其中，N 为粒子 i 支持域内粒子总数；r_{ij} 为粒子 i 和粒子 j 之间的距离。

(3) 光滑核函数性质和常用核函数

核函数对于 SPH 方法来说十分重要，它既决定了核近似和粒子近似的精度和一致性，也影响着 SPH 模型的计算效率和稳定性。许多不同的核函数已被应用在 SPH 方法中，它们具有一些特殊的性质：

① 归一性：

$$\int_{\Omega} W(x - x', h) dx' = 1 \tag{5.55}$$

② 紧支性：

$$W(x - x', h) = 0, \quad |x - x'| > \kappa h \tag{5.56}$$

③ 非负性：

$$W(x - x', h) \geqslant 0, \quad |x - x'| \leqslant \kappa h \tag{5.57}$$

④ Dirac 函数性质：

$$\lim_{h \to 0} W(x - x', h) = \delta(x - x') \tag{5.58}$$

⑤ 衰减性：当粒子间间距增大，粒子的光滑核函数值应该是单调递减的；

⑥ 对称性：光滑核函数应为偶函数；

⑦ 光滑性：光滑函数应充分光滑。

SPH 发展至今，学者们构造出许多核函数。首先定义点 x 和 x' 处两粒子之间相对距离 R 为

$$R = \frac{r}{h} = \frac{|x - x'|}{h} \tag{5.59}$$

Wendland 核函数：

$$W(r,h)=\alpha_d\left(1-\frac{R}{2}\right)^4(2R+1),\quad 0\leqslant R\leqslant 2 \tag{5.60}$$

分段三次样条函数：

$$W(r,h)=\alpha_d\begin{cases}\dfrac{2}{3}-R^2+\dfrac{1}{2}R^3, & 0\leqslant R<1\\ \dfrac{1}{6}(2-R)^3, & 1<R\leqslant 2\end{cases} \tag{5.61}$$

新分段三次样条数：

$$W(r,h)=\alpha_d\begin{cases}6-6R^2+R^3, & 0\leqslant R<1\\ (2-R)^3, & 1<R\leqslant 2\end{cases} \tag{5.62}$$

分段五次样条函数：

$$W(r,h)=\alpha_d\begin{cases}(3-R)^5-6(2-R)^5+15(1-R)^5, & 0\leqslant R<1\\ (3-R)^5-6(2-R)^5, & 1\leqslant R<2\\ (3-R)^5, & 2\leqslant R\leqslant 3\end{cases} \tag{5.63}$$

以上核函数系数 α_d 的数值如表 5.1 所列。

表 5.1　核函数系数 α_d 数值

核函数类型	二　维	三　维
Wendland 核函数	$7/(4\pi h^2)$	$21/(16\pi h^3)$
分段三次样条函数	$15/(7\pi h^2)$	$3/(2\pi h^3)$
新分段三次样条函数	$1/(3\pi h^2)$	$15/(62\pi h^3)$
分段五次样条函数	$7/(478\pi h^2)$	$3/(359\pi h^3)$

2. 流体动力学模型

(1) 控制方程

连续性方程和动量方程如下：

$$\frac{\mathrm{d}\rho}{\mathrm{d}t}=-\rho\,\nabla\cdot\vec{u} \tag{5.64}$$

$$\frac{\mathrm{d}\vec{u}}{\mathrm{d}t}=-\frac{1}{\rho}\,\nabla P+g \tag{5.65}$$

式中，$\vec{u}$ 为速度矢量；g 为重力加速度。动量方程为无黏形式。

将连续性方程和动量方程按照之前粒子近似表达式可以进行转换，根据不同的需求，转换后的 SPH 表达式有多种形式，一般采用以下形式的表达式：

$$\frac{\mathrm{d}\rho_i}{\mathrm{d}t}=\rho_i\sum_{j=0}^{N}\frac{m_j}{\rho_j}\vec{u}_{ij}\cdot\nabla_i W_{ij},\quad u_{ij}=u_i-u_j \tag{5.66}$$

$$\frac{\mathrm{d}\vec{u}_i}{\mathrm{d}t}=-\sum_{j=0}^{N}m_j\frac{p_i+p_j}{\rho_i\rho_j}\nabla_i W_{ij}+g \tag{5.67}$$

式(5.66)和式(5.67)的连续性方程 SPH 表达式形式相较其他形式在自由液面核函数截断的条件下具有更好的一致性。

为了得到各向同性压力和密度之间的关系，还需要引入状态方程来描述该流体系统，但是传统泊松方程的引入会限制时间步的大小，导致计算成本大大增加，所以这里假设流体是弱可压的，并采用以下状态方程：

$$P=\frac{\rho_0 c_0^2}{\gamma}\left[\left(\frac{\rho}{\rho_0}\right)^r-1\right] \tag{5.68}$$

式中，ρ_0 为初始密度；γ 为常数，对于水而言，γ 一般取 7；c_0 为声速，在弱可压 SPH 中，声速一般不取真实声速，其取值大致比流体最大速度大一个量级，即 $c_0 \geqslant 10u_{\max}$。

时间积分一般采用 SPH 模拟中常用的蛙跳法，该方法具有二阶精度，另外满足 CFL 条件的时间步长取值估计表达式 $\Delta t=\min(h/c_0)$。

(2) 表面粒子识别

对于涉及自由液面的模拟来说，自由表面粒子的识别捕捉是一项重要的技术，在 SPH 方法中，对于自由液面的捕捉有许多方法，其实质都是利用自由表面的粒子缺失导致的自由表面某些数值上的差异来标定自由表面，这里利用不同粒子位置处散度的差异进行自由表面粒子的标定，即

$$\nabla\cdot\vec{r}_i=\sum_{j=0}^{N}\frac{m_j}{\rho_j}r_{ij}\cdot\nabla_i W_{ij}\leqslant\beta D \tag{5.69}$$

式中，β 为常数。对于内部粒子来说，该值的理论值为 D（D 为模拟问题的空间维数），在自由表面处由于粒子的缺失，该值往往小于 D，经试验，β 取 0.7 能够较好地识别自由表面的粒子，效果图如图 5.24 所示。

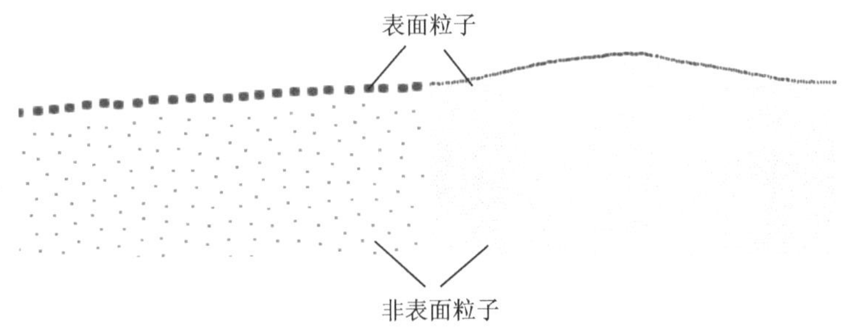

图 5.24　表面粒子识别效果图

(3) 固壁边界

在传统 SPH 方法中，Dynamic 边界条件（Dynamic Boundary Condition，DBC）经常用来模拟固壁边界。Dynamic 边界条件是一种简单的虚粒子法，固壁粒子与流体粒子一样参与控制方程的计算，其密度与压力随时间更新。固定其位置与速度，固壁与流体粒子之间自然会产生相互斥力，使得固壁边界不被穿透。但是对于动边界——固壁边界位置与速度按照预先设置好的规律更新，固壁粒子密度会产生较大波动，最终导致流体粒子穿透固壁。因此在固壁粒子靠近流体粒子的第一层与流体粒子之间加上斥力作用，如图 5.25 所示，以有效防止粒子的非物理穿透，流体粒子 i 受到边界粒子 k 的作用力如下式：

$$\vec{F}_{b_k}/m_i=\begin{cases} m_k D\left[\left(\frac{r_0}{r_{ij}}\right)^{n_1}-\left(\frac{r_0}{r_{ij}}\right)^{n_2}\right]\frac{x_{ij}}{r_{ij}^2}, & r_{ij}\leqslant r_0 \\ 0, & r_{ij}>r_0 \end{cases} \tag{5.70}$$

式中，D 为常数，经试验，D 一般取 $gH/(m_i+m_j)$ 比较合适，H 为模拟的水深，r_0 为截止半径，这里与初始粒子间距相等；参数 n_1 和 n_2 一般分别取 4 和 2。该边界力随粒子间距离变化如图 5.26 所示。

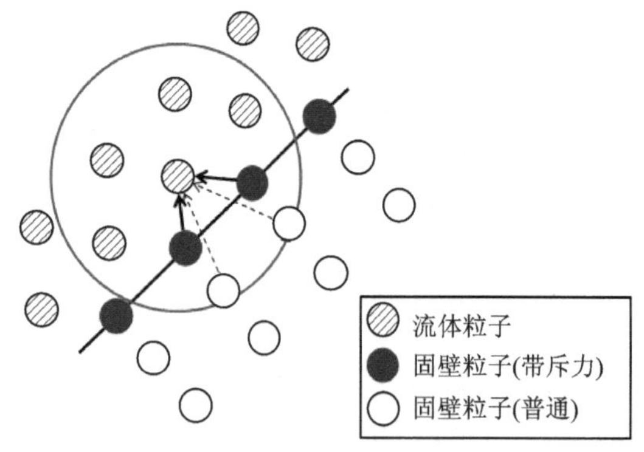

图 5.25　Dynamic 边界加斥力示意图

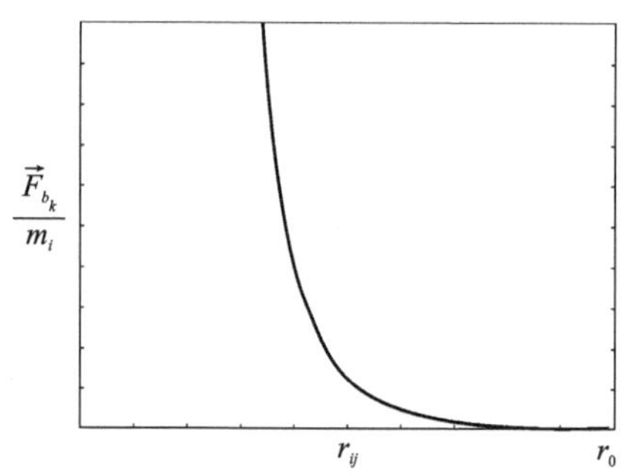

图 5.26　边界斥力大小随粒子间距变化示意图

(4) 人工黏性

SPH 方法在模拟流场时容易产生非物理性振荡，而人工黏性的加入可以有效改善这种振荡的情况，使得粒子分布更加均匀，模拟更加稳定。一般情况下，采用的人工黏性形式如下：

$$\prod_{ij}=\alpha hc_0\rho_0\sum_{j=0}^{N}\frac{m_j}{\rho_i\rho_j}\pi_{ij}\ \nabla_i W_{ij} \tag{5.71}$$

$$\pi_{ij}=\frac{\vec{u}_{ij}\cdot\vec{r}_{ij}}{r_{ij}^2} \tag{5.72}$$

式中；α 为常数；$\vec{r}_{ij}$ 为 i 粒子和 j 粒子之间的位置矢量，该人工黏性加在动量方程之中，即

$$\frac{\mathrm{d}\vec{u}_i}{\mathrm{d}t}=-\sum_{j=0}^{N}m_j\ \frac{p_i+p_j}{\rho_i\rho_j}\ \nabla_i W_{ij}+\prod_{ij}+\sum_{k=0}^{M}\frac{\vec{F}_{b_k}}{m_i}+g \tag{5.73}$$

式中，M 为 i 粒子周围固壁粒子数，$k=0,1,2,\cdots,M$。

对于低速不可压流体而言，该人工黏性可以等效替代真实物理黏性 $\nu\ \nabla^2\vec{u}$，ν 为运动黏性系数，常数 α 和运动黏性系数有如下关系：

$$\nu=\frac{\alpha hc_0}{4+2D} \tag{5.74}$$

式中，D 为模拟的空间维数。

在粒子间距较大的情况下，依据真实运动黏性系数得到的人工黏性力难以起到较好的缓解压力振荡的作用，一般情况下，人工黏性系数 α 都要比依据真实运动黏性系数得来的值大，但是人工黏性的引入同样会导致系统能量的衰减，较大的人工黏性会使结果失真。故系数 α 的取值较为重要，且单纯依赖人工黏性来减小压力振荡并不可取。

3. 数值造波方法

(1) 造波方法

在 SPH 中常用的造波方法就是仿物理造波法，通常采用摇板造波方法。根据造波理论，摇板做微幅简谐运动则可生成线性规则波，图 5.27 所示为摇板造波方法示意图，E 为摇板在

水面处的摇幅，l 为摇板浸入水面的深度，l_r 为摇板的长度，h 为水池的水深，则摇板上不同水深处的摇幅 $e(y)$ 为

$$e(y)=\begin{cases}0, & 0\leqslant y\leqslant (h-l)\\ \dfrac{E}{l}(y-h+l), & (h-l)<y\leqslant h\end{cases}\tag{5.75}$$

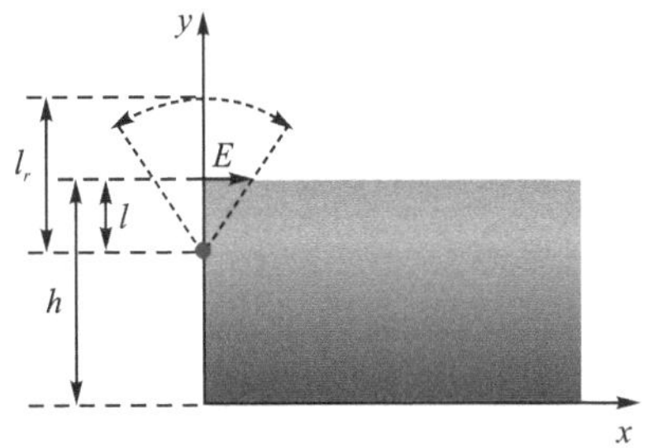

图 5.27　摇板造波示意图

设 ω 为摇板摇晃的角速度，t 为时间，则摇板的水平位移 x 和摇板的摇摆角度 $\theta(t)$ 为

$$x=e(y)\sin\omega t,\quad \theta(t)=\frac{E\sin\omega t}{t}\tag{5.76}$$

根据线性微幅波理论推导，摇板按照上述规律运动会在摇波板附近产生以下形式的波浪：

$$\eta(x,t)=D_0\sinh(k_0h)\cos(k_0x-\omega t)+\sum_{n=1}^{\infty}D_n\sin(k_0y)\mathrm{e}^{-k_0x}\sin\omega t\tag{5.77}$$

其中，$k_0=2\pi/\lambda$ 为波数，λ 为波长，都是规则波中的波浪参数；D_0 和 D_n 为与波浪参数有关的系数，其值为

$$D_0=\frac{2E}{k_0l}\frac{k_0l\sinh(k_0h)-\cosh(k_0h)+\cosh(k_0h-k_0l)}{k_0h+\sinh(k_0h)\cosh(k_0h)}\tag{5.78}$$

$$D_n=\frac{2E}{k_nl}\frac{k_nl\sinh(k_nh)-\cosh(k_nh)+\cosh(k_nh-k_nl)}{k_nh+\sinh(k_nh)\cosh(k_nh)}\tag{5.79}$$

波浪公式等号右边第一部分为行进波，即我们想要的规则波，第二部分为一系列驻波，该驻波只在造波板附近有影响，离开造波板一定距离后可以忽略。所以规则波的半波高（波幅）A，也就是余弦函数 $\cos(k_0x-\omega t)$ 前面的系数为

$$A=C_0\sinh(k_0h)=\frac{2E}{k_0l}\frac{k_0l\sinh(k_0h)-\cosh(k_0h)+\cosh(k_0h-k_0l)}{k_0h+\sinh(k_0h)\cosh(k_0h)}\sinh(k_0h)\tag{5.80}$$

已知规则波波幅 A 和波长 λ 的值，根据式(5.80)则可求出摇板水面处的摇幅 E，再根据以下弥散关系式又可求出摇板的频率 ω：

$$\omega^2=gk_0\tanh(k_0h)\tag{5.81}$$

(2) 消波方法

消波边界是为了消除数值水池末端的反射波而在末端设置的一段消波区域，长度大致为 1～2 波长，最常用的两种消波区如下：

1) 黏性消波区

人工黏性可以耗散掉波浪中的能量，所以设置一段黏性线性增长的消波区域可以有效消除来波，这与物理水池的消波层类似。所加人工黏性项表达式如下：

$$\prod_{ij}=\frac{x-x_0}{l_s}\alpha hc_0\rho_0\sum_{j=0}^{N}\frac{m_j}{\rho_i\rho_j}\pi_{ij}\nabla_iW_{ij},\quad x_0<x\leqslant x_0+l_s\tag{5.82}$$

式中，l_s 代表消波区的长度；x 为消波区中粒子的横坐标；x_0 为消波区起始位置的横坐标；α 是控制该人工黏性大小的常值，根据 $\nu=\dfrac{\alpha hc_0}{4+2D}$，可以转化为运动黏性系数 ν，这个值需要通

过模拟试验来调控，其对应的 ν 一般可取 0.5 左右。

但是该黏性消波区有个缺点，黏性耗散对 CFL 条件也有影响，Morris 等给出过一个考虑黏性扩散的时间步长计算公式：

$$\Delta t = 0.125\,\frac{h^2}{\nu} \tag{5.83}$$

式中，h 代表光滑长度；ν 代表动黏系数。比较之前的 CFL 条件 $\Delta t = \min(h/c_0)$，当 $h<\nu/(0.125c_0)$时，式(5.83)的值比 $\Delta t = \min(h/c_0)$小，Δt 取两者的较大值。黏性消波区 ν 的最大值是个常值，当粒子间距变小，光滑长度也相应减小，时间步长就可能需要依赖式(5.83)来确定时间步长，降低了计算效率。所以建议该人工黏性仅在粒子间距较大时使用。

2）速度消波区

所谓的速度消波区，其实质与人工黏性消波区类似，都是在动量方程中加入阻尼项，速度消波区加入的是 $-f(x)\vec{u}$ 的形式，因为带有速度项，所以称为速度消波区，其形式如下：

$$f(x) = c_a\,\frac{\exp\left[\left(\dfrac{x-x_0}{l_s}\right)^{n_c}\right]-1}{\exp(1)-1},\quad x_0 < x \leqslant x_0 + l_s \tag{5.84}$$

式中，l_s 代表消波区的长度；x 为消波区中粒子的横坐标；x_0 为消波区起始位置的横坐标；c_a 和 n_c 是控制消波区阻尼大小的参数，在这里分别取 200 和 10。

5.3 水面载荷仿真流程

5.3.1 基于 ALE 方法的水面载荷仿真分析

基于 ALE 方法进行水面飞行器水面载荷数值仿真，主要包括建立有限元模型、设置求解分析参数（包括边界条件、初始条件及基本参数等）、修改 K 文件、提交计算得到着滑水形态和水动力载荷等步骤。流程如图 5.28 所示。

1. 静水面着水载荷数值仿真

选取如图 5.29 所示的计算模型进行带水平速度的着水仿真，计算模型在着水过程中的过载和姿态变化。模型的有限元信息如表 5.2 所列，计算选取三个初始姿态角 4°、6°、8°，水平着水速度为 10.02 m/s，垂直着水速度为 1.67 m/s，其着水过程如图 5.30 所示。

表 5.2 有限元模型参数

参　数	机　身	水　域	空气域
单元	4 节点拉格朗日单元	8 节点欧拉单元	8 节点欧拉单元
材料模型	刚体材料	水	空气
单元数	3.98 万	468 万	239 万
对应 part 号	1	2	3
单元总计 710 万			

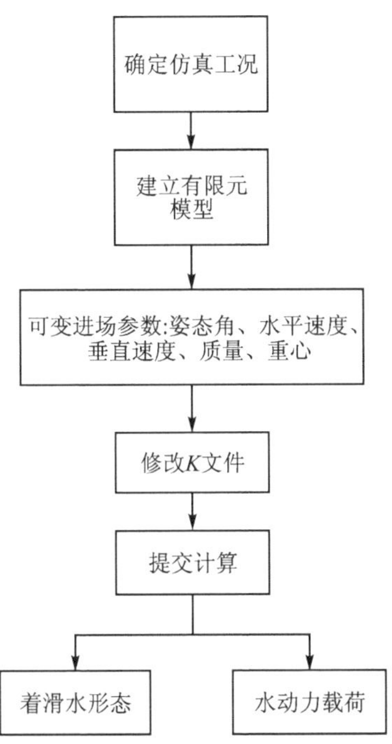

图 5.28　ALE 方法数值仿真流程

图 5.29　计算模型

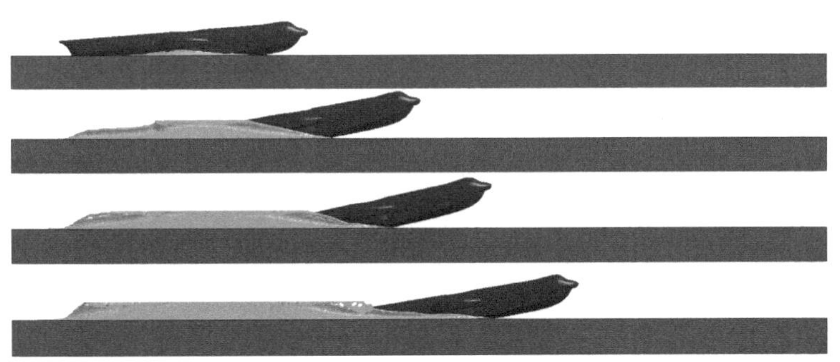

图 5.30　单机身着水过程

图 5.31 和图 5.32 分别为三个姿态下重心处过载和机身姿态随时间变化的曲线，可以看出仿真结果与试验结果吻合良好，通过表 5.3 和表 5.4 的峰值误差分析可知，4°初始姿态角工况过载峰值误差稍大，6°和 8°工况误差较小，姿态的峰值误差都在 7%以内，误差基本在工程需要的接受范围内。

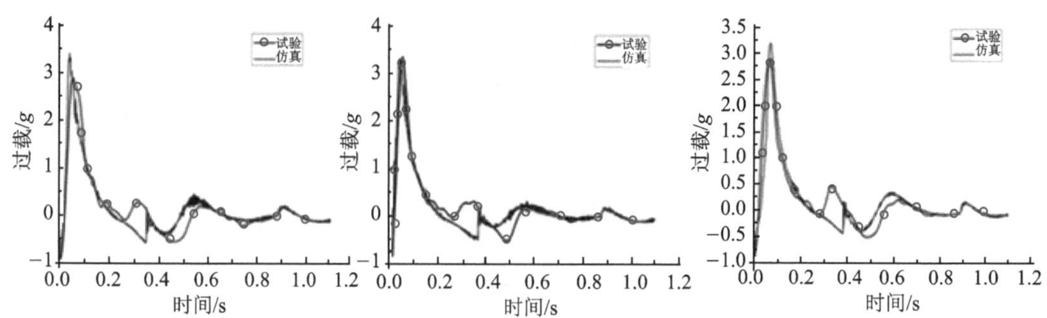

图 5.31　水面飞行器单船身模型着水过载

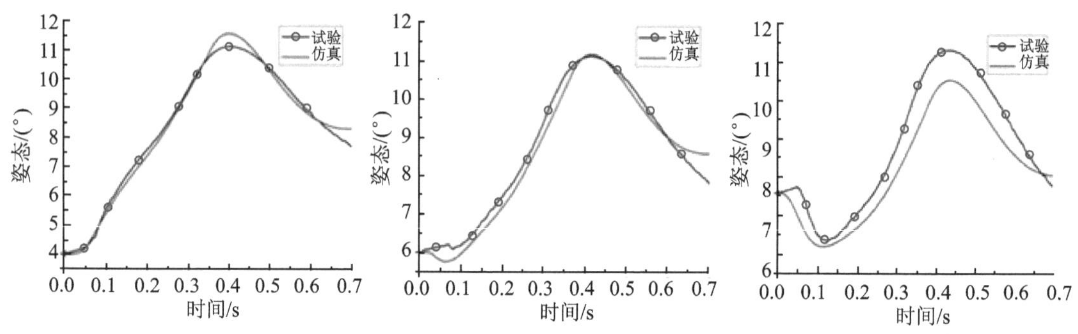

图 5.32　水面飞行器单船身模型着水姿态

表 5.3　过载峰值对比

参　数	单船身		
	4°	6°	8°
仿真过载峰值/g	3.41	3.32	3.19
试验过载峰值/g	2.89	3.37	2.89
误差/%	18.0	1.5	10.4

表 5.4　姿态峰值对比

参　数	单船身		
	4°	6°	8°
仿真过载峰值/g	11.58	11.16	10.79
试验过载峰值/g	11.14	11.11	11.52
误差/%	3.9	0.42	6.4

2. 规则波水面着水载荷数值仿真

计算中水域采用欧拉网格，并采用空物质来实现空间网格设定。水域的几何尺寸为长 60 m×宽 1 m×高 1.5 m，空物质则为长 60 m×宽 1 m×高 1.5 m，流体域的几何模型和有限元模型如图 5.33 所示，上半部分为空气域，下半部分为水域，有限元模型信息如表 5.5 所列，选取目标波长为 6.25 m，波高为 0.6 m，周期为 2 s。

图 5.33　流场几何模型

表 5.5　模型信息

参　数	水　域	空气域
单元	8 节点欧拉单元	8 节点欧拉单元
材料模型	* MAT_NULL	* MAT_NULL
单元数	90 000	90 000

边界条件对波浪生成有重要影响，对于未建立消波区的模型而言，除去运动边界和流场的上表面外，其余各边界处须施加法相约束。图 5.34 所示为不同时刻下的波形，图 5.35 所示为水面飞行器单船身模型波浪水面着水过程。

图 5.34　不同时刻波形

图 5.35　水面飞行器单船身模型波浪水面着水过程

3. 弹性体着水载荷数值仿真

采用刚体模型计算得到的结果并不足以反映真实飞机的着水特性，由于结构梁的刚硬，水面降落过程中水冲击产生的载荷主要传递到蒙皮上，如图 5.36 所示，而蒙皮属于柔性结构，入水过程中可能产生明显的变形，这种变形会影响流场变化。为了考虑机体结构弹性效应对水载荷预计分析结果的影响，可通过工程方法或有限元分析进行着滑水情况下的水动力载荷响应分析计算，进一步验证、表明机体结构对规定的各种水载荷环境的符合性，验证流程如图 5.37 所示。

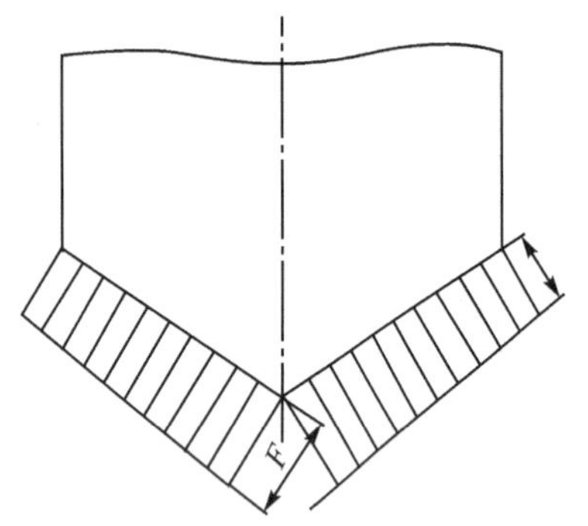

图 5.36　水载荷分布形式

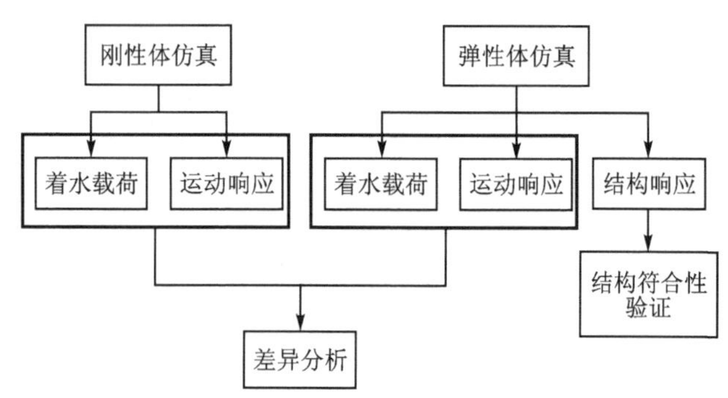

图 5.37　结构符合性验证流程

弹性体模型的建立不同于刚性体模型，为了能真实反映结构变形对流-固耦合界面载荷的影响，需使仿真模型的结构尽可能接近真实，同时采用反映真实材料力学特性的材料参数，这样可保证结构的响应与实际相近，同时对机身主要着水部位网格进行细化，如图 5.38 所示，图 5.39 所示为仿真入水过程，图 5.40 和图 5.41 分别为压力分布和应变分析结果。

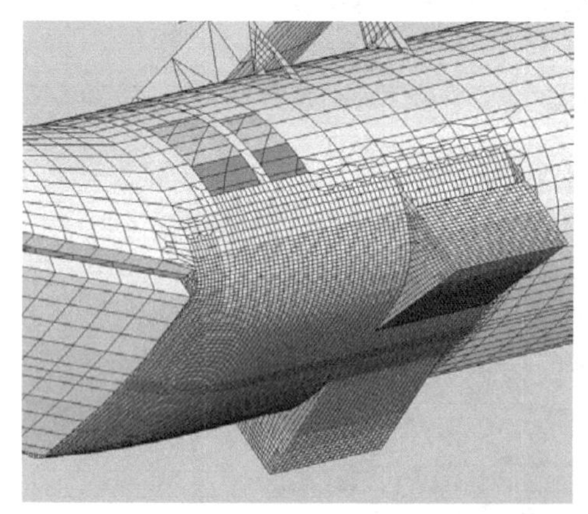

图 5.38　EADS - CASA CN235 - 300M 机身有限元模型

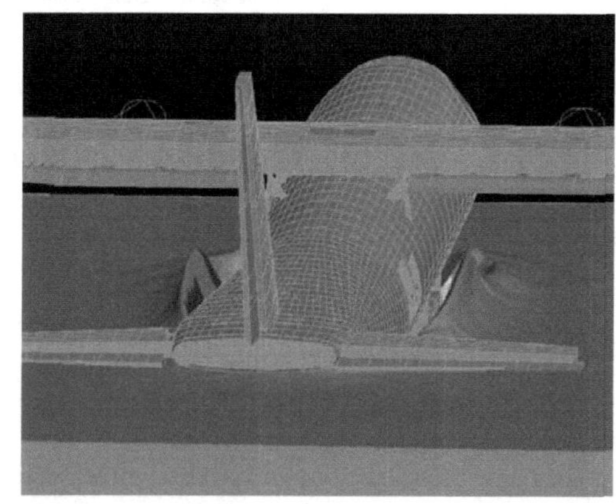

图 5.39　EADS - CASA CN235 - 300M 着水仿真

5.3.2　基于 FVM 方法的水面载荷仿真分析

1. 水面滑行载荷数值仿真

以图 5.42 所示的水面飞行器模型开展水面滑行载荷数值仿真研究，监测模型在水面滑行过程中的阻力、姿态、升沉、底部压力和流场变化。仿真流程如图 5.43 所示。

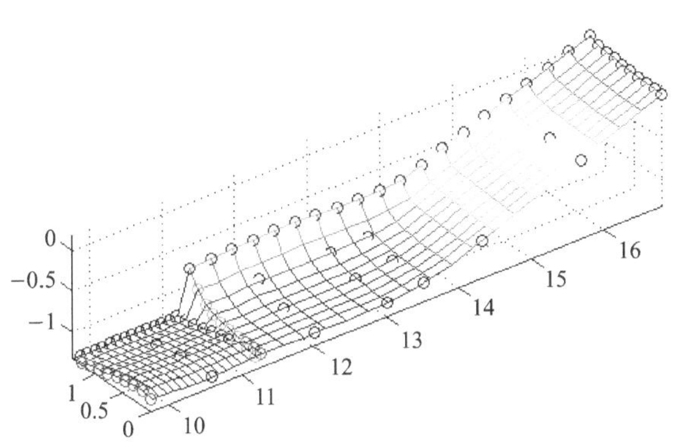

图 5.40 机身底部压力分布

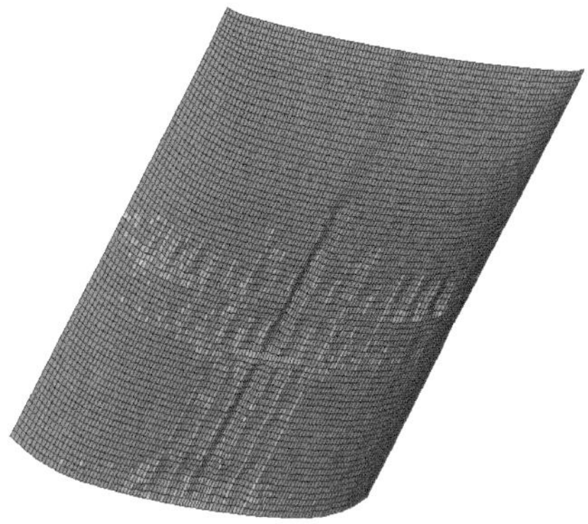

图 5.41 应变云图

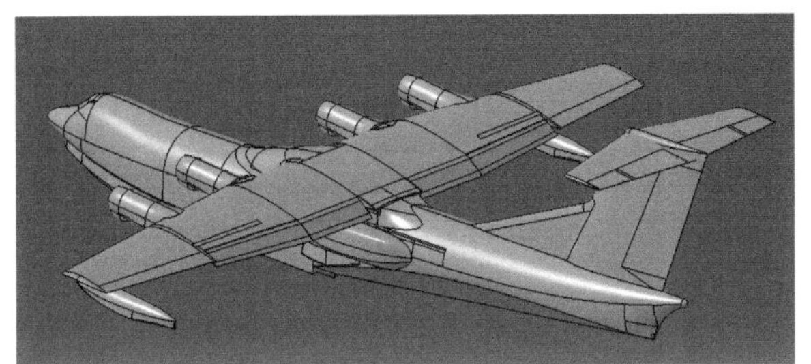

图 5.42 水面飞行器模型示意图

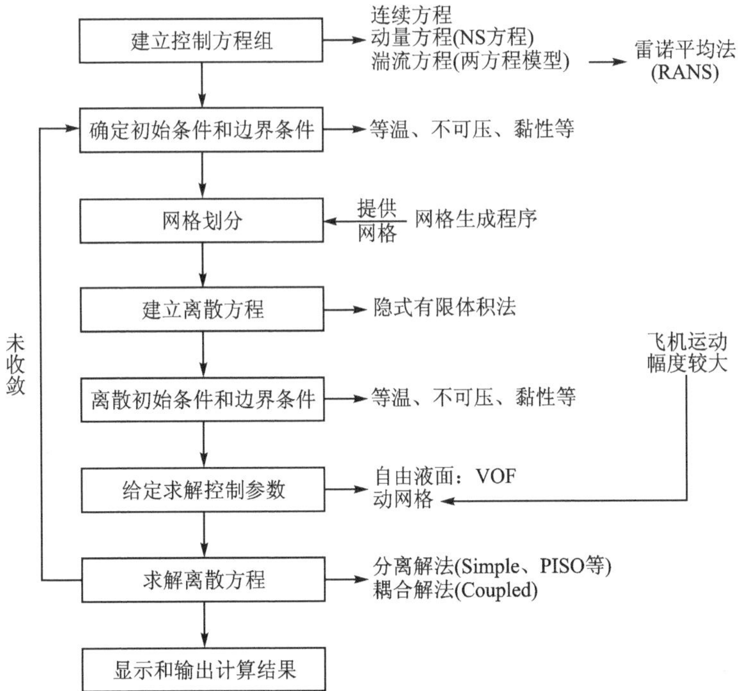

图 5.43 水面飞行器水面滑行载荷数值仿真流程

针对水面飞行器水面滑行载荷数值仿真，首先必须要划分网格，网格划分时必须选择合适并且足够大的计算域，足够大的计算域能避免因边界过小而造成的计算精度问题，计算域的大小如下（L 为模型长度）：

① 模型首部离前边界（Inlet）：$2L$；

② 模型尾部离后边界（Outlet）：$5L$；

③ 自由液面离上边界（Top）：$2L$；

④ 自由液面离下边界（Bottom）：$2L$；

⑤ 模型对称面离侧边界（Side）：$2L$。

另外在网格划分过程中，网格必须精确捕捉模型外形，同时，自由液面处的网格必须达到模拟自由液面变化的精度，一般情况下，自由液面网格在垂向方向上的大小要小于 $L/1\ 000$。划分边界层网格时，y^+ 取 30～60 即可。

网格划分流程如图 5.44 所示，网格示意图见图 5.45 和图 5.46 所示。

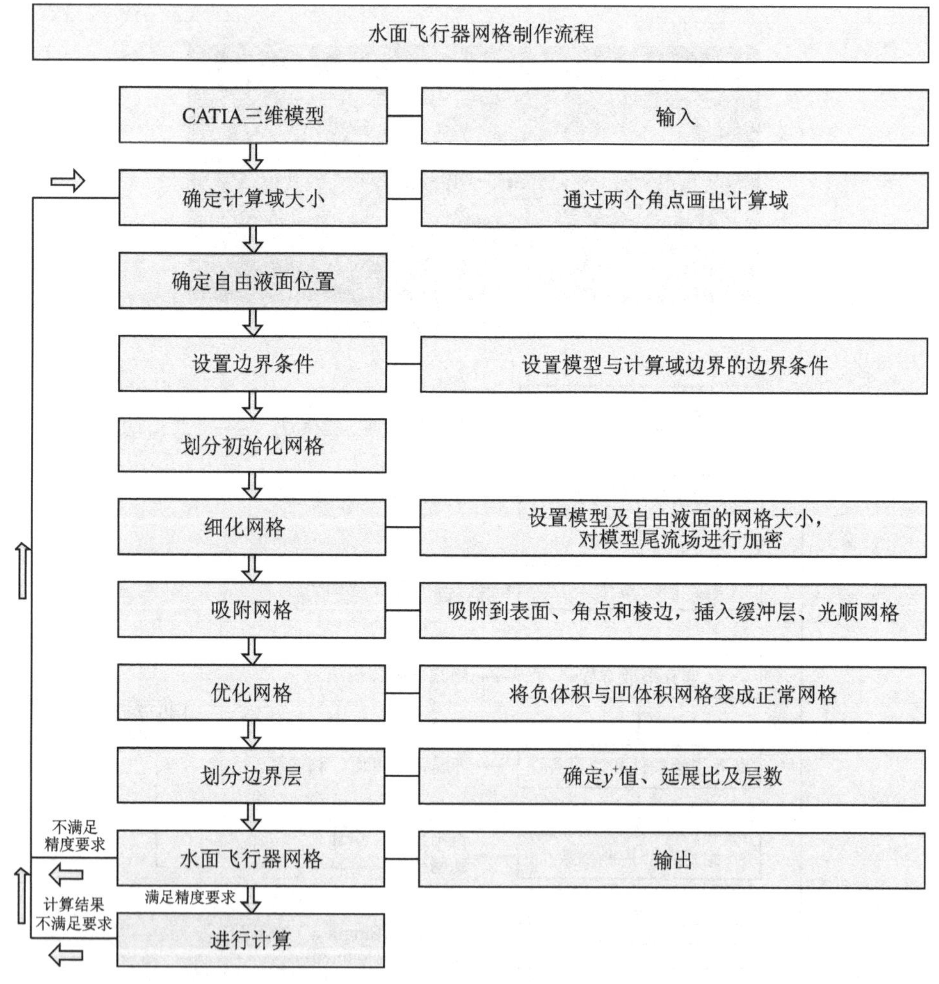

图 5.44　网格划分流程

网格划分完成后，对网格进行求解计算时，采用非定常的时间布局，动量方程离散采用

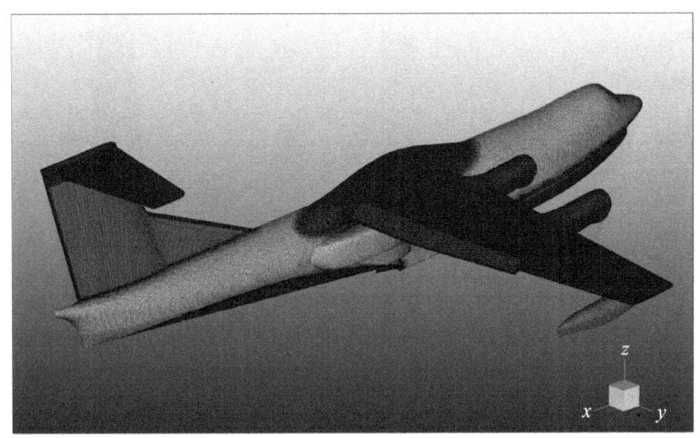

图 5.45　水面飞行器网格示意图

图 5.46　船体局部网格示意图

GDS 格式，自由液面捕捉采用 BRICS 离散格式，可压缩型离散格式 BRICS 可以减小自由液面附近构成函数的数值扩散。选用 $k-\omega$(SST - Menter)湍流模型结合壁函数法进行求解计算，为了保证数值计算的稳定性，给定模型一定的加速时间来加速到指定航速；最大非线性迭代次数为 20，时间步长 ΔT 取 $0.005L/V$。计算时，对船体底部部分区域进行压力监测。计算收敛后，得出水面飞行器在水面航行过程中的阻力、姿态、升沉、压力随时间的历程曲线和流场图，如图 5.47～图 5.51 所示。

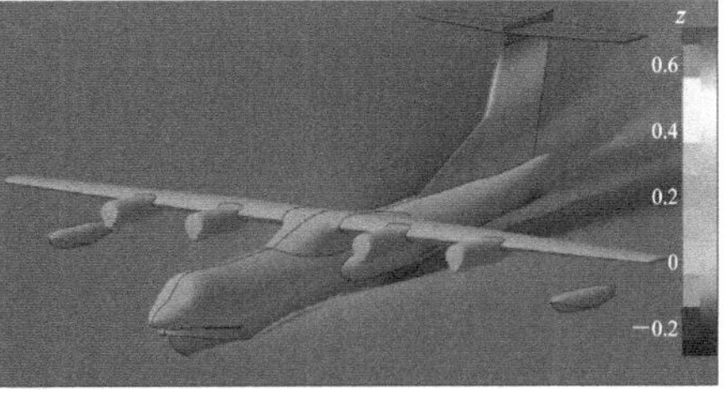

图 5.47　水面高度流场图

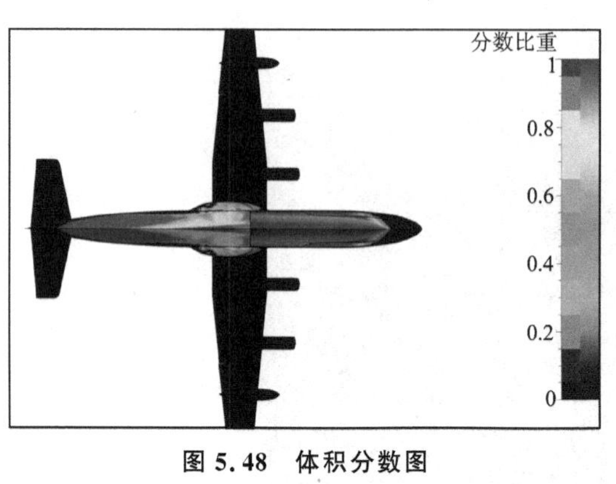

图 5.48　体积分数图

图 5.49　压力云图

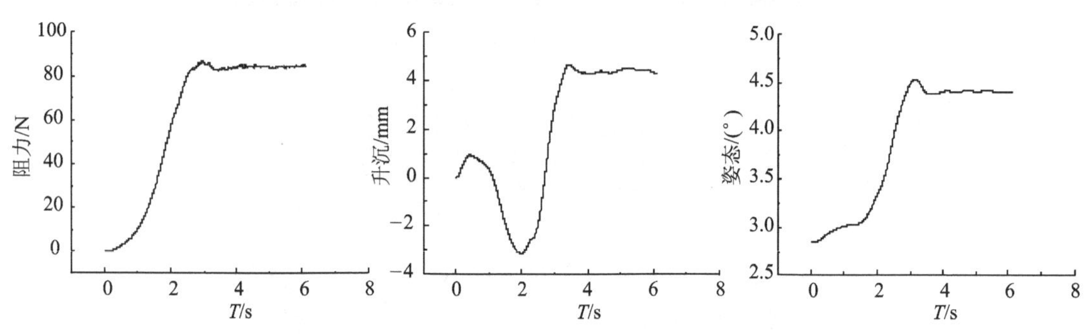

图 5.50　阻力、姿态和升沉变化曲线

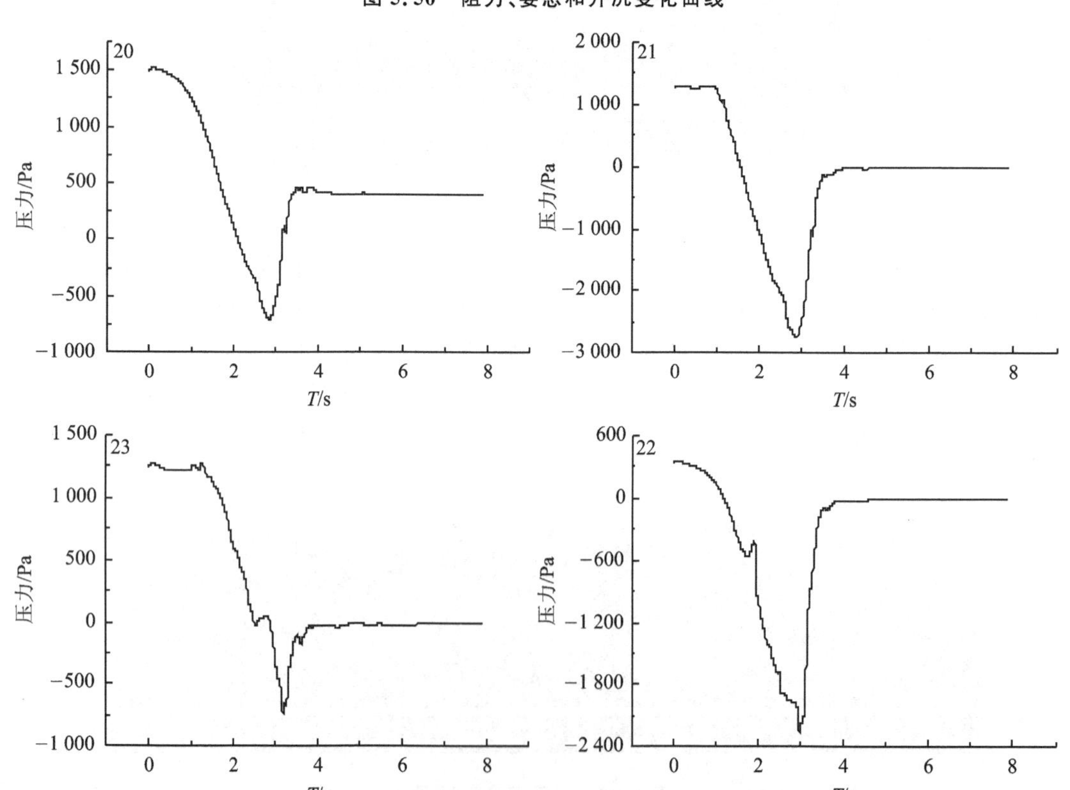

图 5.51　船体局部点的压力变化曲线

2. 水面着水载荷数值仿真

在仿真计算中，边界的位置非常重要，必须确保边界不会影响到黏性流场的求解。根据 ITTC(2011)推荐，上游入口距离模型首部约为 1～2 倍机身长度(L)，下游出口距离模型尾部约为 3～5 倍机身长度，防止波浪反射及回流，但考虑到本算例中飞机在迫降前后纵向位移较大，因此在纵向上边界尺寸有所不同，具体数值如表 5.6 所列。对于流的属性，本算例仅给定水面高度，不定义风速和流速。迫降计算采取放开 X(前进)方向平动、俯仰、Z(垂向)方向垂荡三个自由度，计算启动后重叠网格域以给定的初始下降和平飞速度在重力作用下进行自由运动，计算域边界设置如图 5.52 所示。

表 5.6　边界条件

边　界	边界条件	边界距模型尺寸
上游入口	速度入口	6.5L
下游出口	压力出口	2.0L
侧面	速度入口	2.0L
底部	速度入口	2.0L
顶部	速度入口	2.5L
对称面	对称面	0L
机身	壁面边界(无滑移)	—

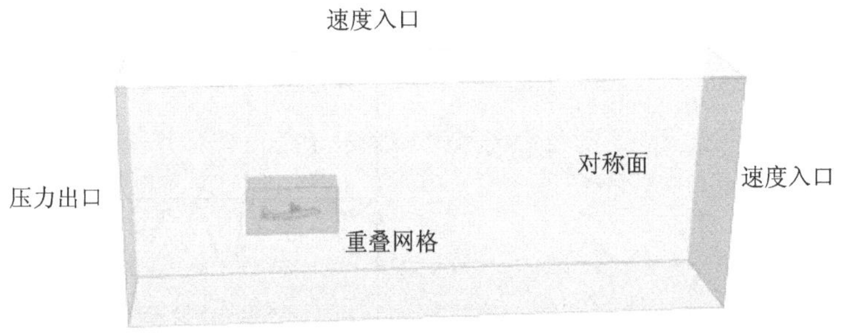

速度入口

压力出口　对称面　速度入口

重叠网格

速度入口

图 5.52　计算域边界示意图

本算例中的网格尺度设置规则如下：

① 机身长度方向布置 200 个网格；

② 对于襟翼、平尾和机翼等区域，通过体积控制的方式进行局部气动加密；

③ 机腹和机尾等几何曲度过大或流动分离严重的区域，按流动影响进行分块加密；

④ 为准确捕捉自由液面和机尾的卡尔文波，在水面高度设置加密块进行加密，加密块应在 X 和 Y 方向覆盖整个计算域，在 Z 方向上完全包含兴波的区域，同时最好保证网格能分层加密，平稳过渡到大的背景网格。

在进行静水面水上迫降数值仿真计算时，自由液面网格设置较为常规，网格尺寸通常按如下准则进行定义：垂向(Z 方向)为千分之一机身长度，纵向(X 方向)和横向(Y 方向)为百分之一机身长度。

对于波浪水面的飞行器水上迫降，根据 ITTC 关于耐波性数值计算的推荐，自由液面处，在一个波长范围内，网格数 80～120，一个波高范围内，网格数 20～40。考虑到重叠网格挖洞和插值过程中，网格尺寸要尽量保证一致，以及相应精度和计算成本，本算例采用的网格在自由液面处一个波长(纵向)内网格数量为 80，一个波高(垂向)内网格数量为 20，而横向上的网格尺寸与波长方向相同。流场网格示意图如图 5.53 所示。

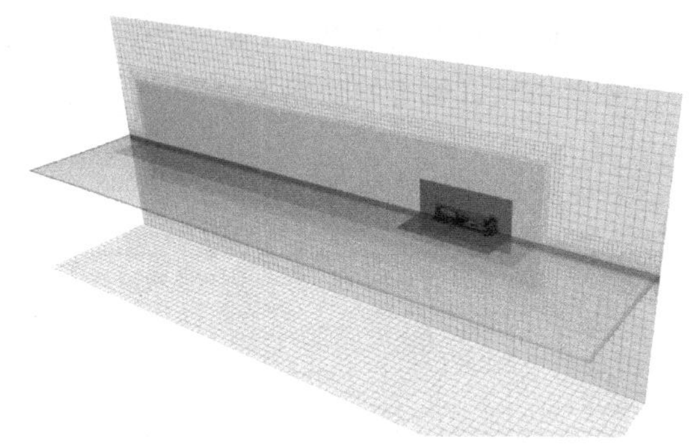

图 5.53　计算域网格示意图

图 5.54 表示的分别是 3 个不同重心状态下机身纵倾角、角速度、角加速度和垂向过载随时间变化曲线。可以看出，在给定的初始条件下，重心位置的变化对飞行器静水面迫降的姿态

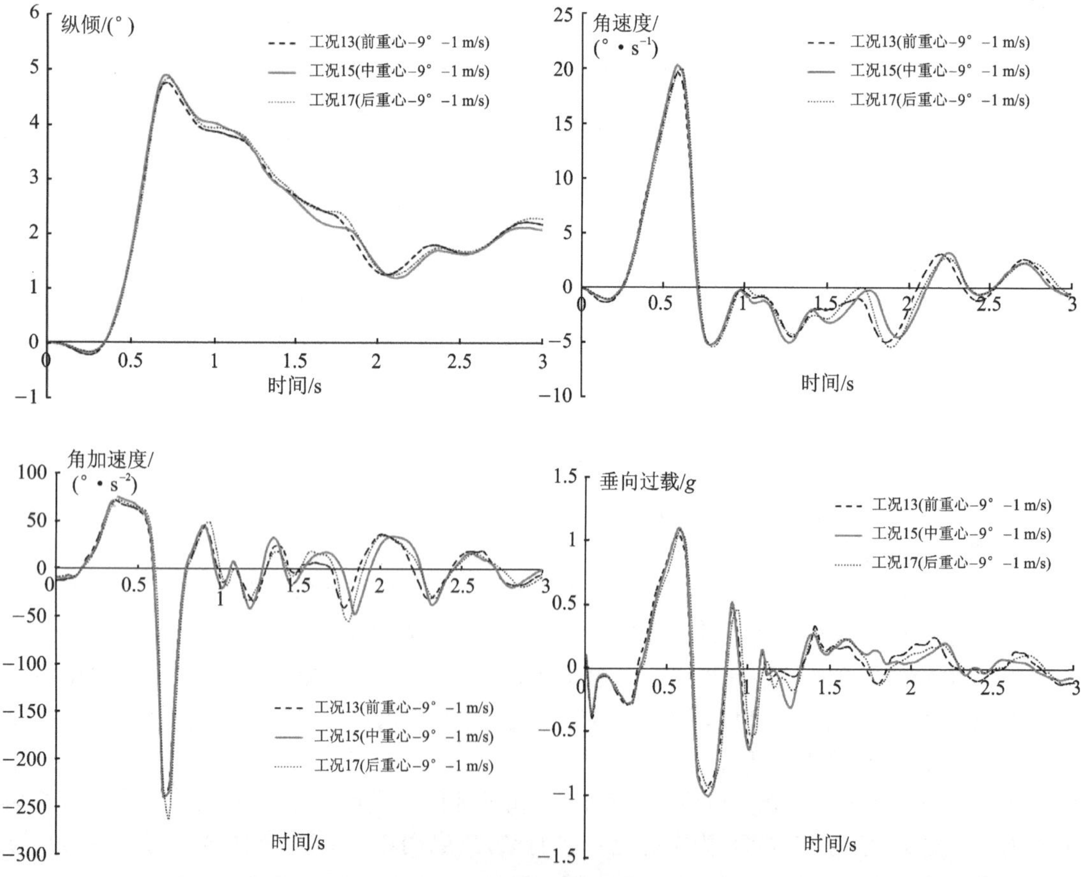

纵倾/(°)
角速度/(°·s^{-1})
角加速度/(°·s^{-2})
垂向过载/g
时间/s
工况13(前重心-9°　-1 m/s)
工况15(中重心-9°　-1 m/s)
工况17(后重心-9°　-1 m/s)

图 5.54　飞行器静水面迫降姿态变化曲线

和垂向过载不会造成较为明显的影响。

对于波浪的模拟，本算例采用一阶斯托克斯波。在物理模型中需要定义水深、波浪前进方向，并指定波高和波长。与静水面模拟相同，由于飞行器的水平速度并不是恒定值，在机身接水后会发生随机的变化，因此应区别于常规滑水计算时以给定流速来实现机身与流体间相对运动的模拟方式。本算例中仅对波浪参数进行定义，风速和流速为 0 m/s，当波浪模拟到一定程度时释放计算模型的自由度，在自由状态下进行追降模拟。

图 5.55 所示为自由波面与背景网格的对应示意图，网格的划分遵循本节前述的自由液面加密准则。图 5.56 所示为本算例中波高 0.5 m、波长 30 m 的数值波与理论波波形的对比曲线。可以看出，无论是幅值还是相位，计算值与理论值之间的误差均能控制在 5%以内，完全满足工程应用的需要。

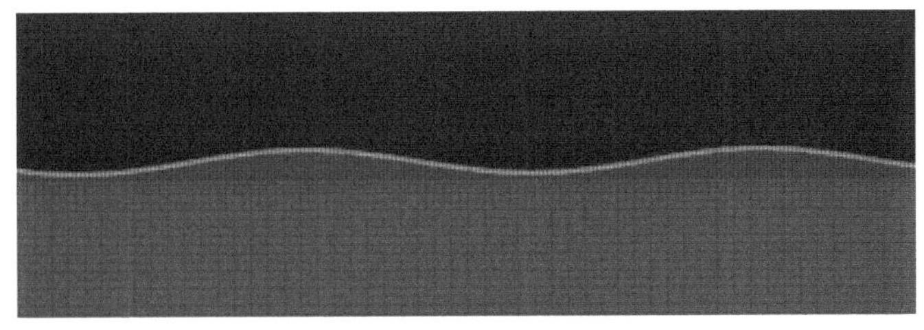

图 5.55　自由波面示意图

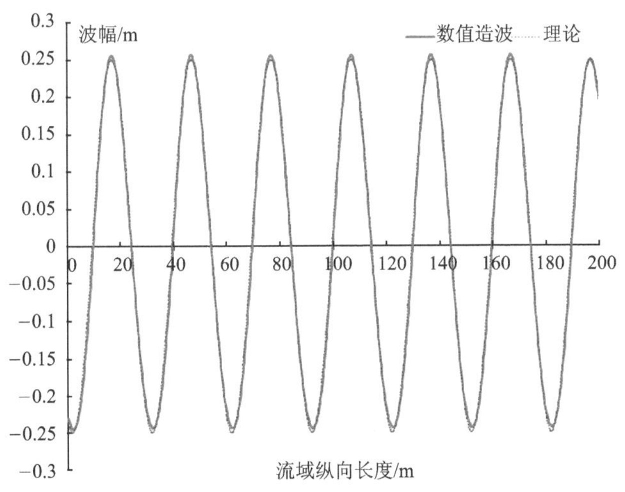

图 5.56　数值造波与理论波形对比

5.3.3　基于 SPH 方法的水面载荷仿真分析

水面飞行器水面高速起降过程中伴随着大量喷溅、自由液面破碎等现象，考虑到 SPH 方法在捕捉水花飞溅等现象方面有独特优势，可以基于 SPH 方法对水面飞行器水面喷溅载荷进行数值仿真，如喷溅冲击螺旋桨的压力计算等。

首先对水面飞行器水面滑行喷溅进行数值仿真：

① 依据模型细节结构建模技术对模型进行离散，得到粒子均匀分布且可准确描述结构细节的粒子模型；

② 对材料选取、初始条件、边界条件进行适当处理，得到初始时刻离散粒子的计算信息；

③ 求解 SPH 控制方程，并进行迭代计算，直至达到指定迭代步或指定终止时刻；

④ 提取并显示计算结果，进行科学分析。

详细流程如图 5.57 所示，计算结果如图 5.58～图 5.60 所示。

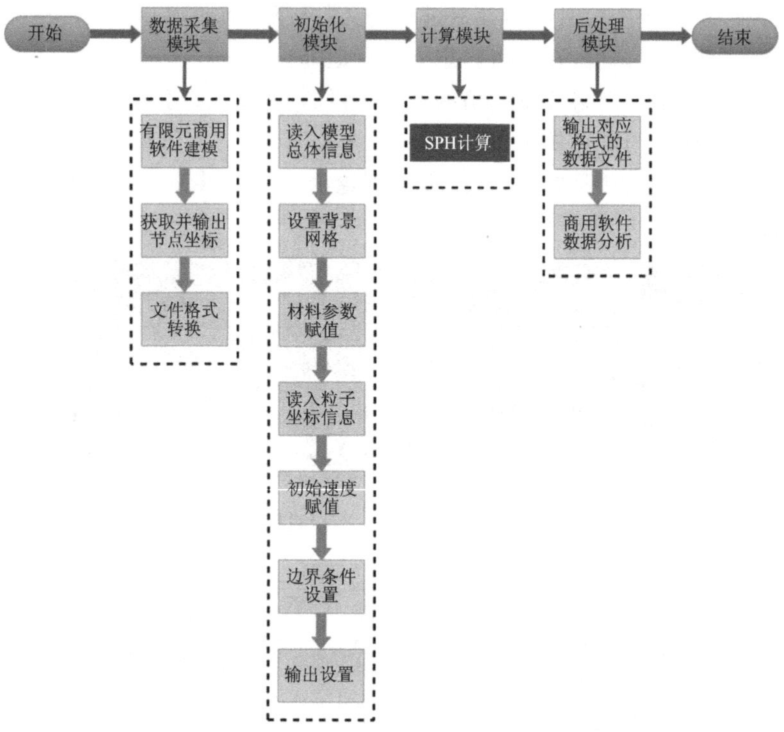

图 5.57　水面飞行器水面滑行喷溅仿真详细流程

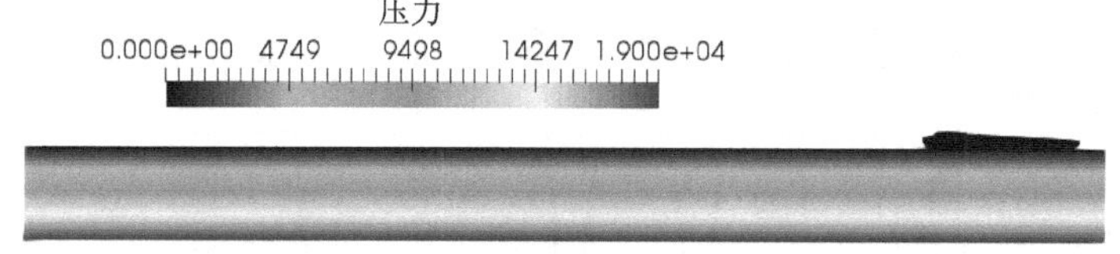

图 5.58　水面飞行器水面滑行压力云图

图 5.59　水面飞行器横截面粒子分布

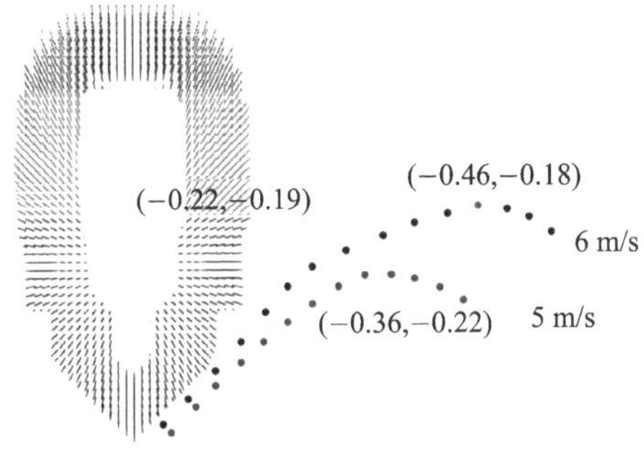

图 5.60　水面飞行器水面滑行喷溅包络线

水滴自离开水面后便进入自由飞行状态，其飞行过程仅受空气阻力和自身重力影响，直至水滴飞行至螺旋桨附近时，由于螺旋桨处于高速旋转状态，周围的空气流场会发生一定的变化，从而在一定程度上影响水滴的飞行轨迹，这一物理现象需要在仿真计算中予以考虑。水滴飞行轨迹的计算是一个典型的气液两相耦合问题。

飞行器以一定速度在水面滑行时，水的喷溅形态会在某一时刻后达到基本稳定，取该时刻后若干时间步的喷溅计算结果进行叠加，作为水在空中飞行的初始溅水形态，主要包含水滴粒子的速度和位置信息。水滴开始空中飞行后需要考虑空气阻力和重力的影响，计算公式如下：

$$C_d = \begin{cases} \dfrac{24}{Re}(1+0.15Re^{0.687}), & Re \leqslant 1\ 000 \\ 0.44, & Re > 1\ 000 \end{cases} \tag{5.85}$$

$$\rho_w \frac{\mathrm{d}v}{\mathrm{d}t} = \nabla \cdot p \tag{5.86}$$

$$F = \frac{1}{2}\rho v^2 A(l) C_d \tag{5.87}$$

$$\frac{\mathrm{d}^2 x}{\mathrm{d}t^2} = -\frac{3}{4}\frac{\rho_a}{\rho_w}\frac{C_d}{D} v \cdot v_x \tag{5.88}$$

$$\frac{\mathrm{d}^2 z}{\mathrm{d}t^2} = -\frac{3}{4}\frac{\rho_a}{\rho_w}\frac{C_d}{D} v \cdot v_z - g \tag{5.89}$$

式中，x 为水平方向位移分量；z 为垂直方向位移分量；D 为水滴直径；C_d 为空气阻力系数；ρ_a 为空气密度；ρ_w 为水密度；v 为水滴运动速度；$A(l)$为水滴截面积；p 为空气压力。

其次，当水滴飞行至螺旋桨附近时，由于螺旋桨的高速旋转影响周围流场，也必定会对水滴飞行轨迹造成一定的影响。此时，如图 5.61 所示，考虑螺旋桨所在位置的长方体范围流场内会对水滴飞行轨迹造成影响，而在此范围之外由于空气流速较慢对水滴的影响忽略不计。当水滴进入图中长方体区域后，需要考虑叠加流场信息，从而进一步确定水滴的飞行轨迹。每个时间步长计算后，均可给出完整溅水形态。

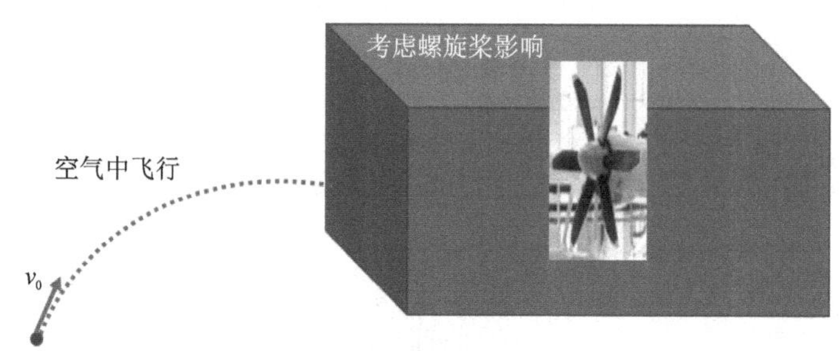

图 5.61 水滴空中飞行轨迹计算示意图

水面飞行器喷溅冲击螺旋桨压力计算流程如下：

① 确定时间步长，在每个时间步长中，根据粒子个数建立循环；

② 对于每个粒子，首先确定其在流场中的位置，获取对应的流场信息（速度、压力梯度、空气密度），然后确定粒子相对流场的相对速度，根据流体力学知识得到粒子的雷诺数和空气阻力系数，并得到粒子所受到的外力，外力包括空气阻力、压力梯度力和重力，进而得到粒子的加速度，更新粒子的速度和位置；

③ 每个步长完成后，根据速度更新流场信息，并将粒子位置信息保留；

④ 重复步骤②和③，按时间与位移关系将不同时刻的粒子位置信息叠加；

⑤ 预设时间步长结束后，绘制完整溅水形态；

⑥ 将计算后的溅水形态在 $\mathrm{d}t$ 时间内偏移，得到 $t+\mathrm{d}t$ 时刻的溅水形态，将前后两个溅水形态的粒子位置和粒子 id 分别导入两个矩阵中，两个矩阵的行数、列数和第一列的 id 完全相同，然后根据确定截面的空间位置方程和空间位置关系判断两个矩阵中同 id 下的粒子前后位置的连线是否穿越截面，统计穿越截面的粒子 id 和粒子数目，并计算粒子的冲击载荷。计算公式如下：

$$F=0.84\rho_w V_{\mathrm{imp}}^2 \phi_d^2 \tag{5.90}$$

$$I=0.56V_{\mathrm{imp}}^{0.95}\phi_d^{2.98} \tag{5.91}$$

式中，F 是计算单个粒子的最大冲击力；I 是计算单个粒子的冲量；V_{imp} 是粒子相对截面的法向速度；ϕ_d 是粒子直径；ρ_w 是水的密度。由于粒子冲击截面的时刻不同，所以采取冲量除以时间 $\mathrm{d}t$ 来计算粒子的平均冲击载荷，然后将每个粒子的平均载荷累加，得到溅水冲击载荷。

此时，如果螺旋桨位于同一个平面，可以将其看成一个圆盘，然后螺旋桨面积占据圆盘的比例就是溅水粒子击中螺旋桨的概率，溅水冲击圆盘的载荷乘以概率就是溅水对于螺旋桨的冲击载荷。还可以进一步将浆面进行区域划分，根据统计的进入任意区域的粒子数，基于概率计算各个区域的载荷，给出载荷分布云图。如果螺旋桨不位于同一个平面，将螺旋桨叶片的曲面几何方程导入，并输入曲面几何方程的边界范围，统计穿过叶片曲面方程的溅水粒子，并计算溅水粒子穿越曲面点处的法线和溅水粒子的法向速度分量，得到溅水对于螺旋桨叶片的冲击载荷，如图 5.62 和图 5.63 所示。

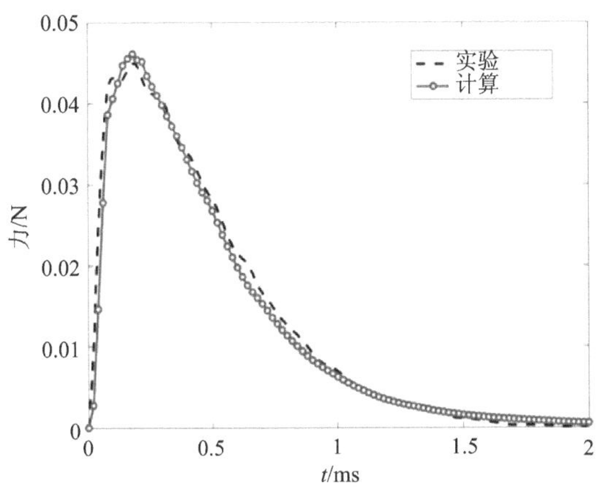

图5.62　载荷计算验证

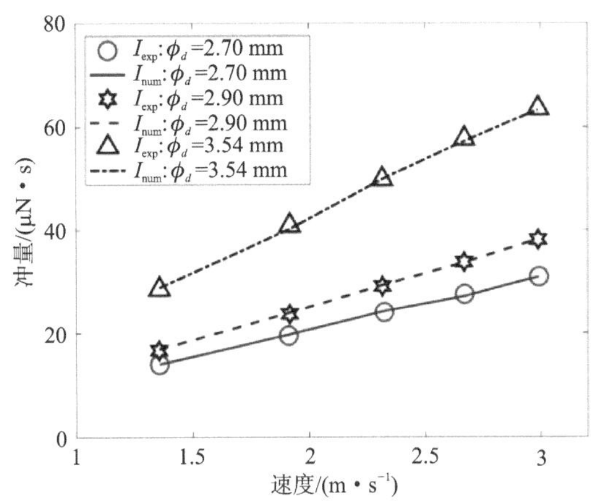

图5.63　载荷计算验证

第6章　水面载荷验证技术

与陆基飞机不同，水面飞行器需要在水面起飞和降落，需要通过大量的水面载荷验证试验获取相关试验数据和试验现象，为水面载荷理论分析、数值仿真计算以及适航条款符合性提供技术支撑。

水面飞行器的水面载荷验证试验通常可以分为两大类：一类是水面飞行器水面载荷模型试验，用于预计水面飞行器水面载荷，为水载荷设计提供支持；另一类是水面飞行器水面载荷实机试验，用于验证水面飞行器实机的水面载荷。

按照试验对象不同，可将水面飞行器水面载荷模型试验分为以下几类：水面飞行器楔形体模型水面载荷试验、水面飞行器单机身模型水面载荷试验、水面飞行器全机无动力模型水面载荷试验以及水面飞行器实机水面载荷试验。

按照试验目的和试验方法的不同，可将水面飞行器水面载荷模型试验分为以下几类：着水载荷试验、滑水载荷试验以及撞浪载荷试验。

水面飞行器模型都是按照特定的相似准则由实机缩比得到，各个相关参数需要满足惯性力与重力之比的相似，即傅汝德相似，用符号 F_r 表示。试验时要求模型与实机的傅汝德数相等，即

$$\frac{v_m}{\sqrt{gL_m}}=\frac{v_s}{\sqrt{gL_s}} \tag{6.1}$$

模型与实机各参数换算关系如表 6.1 所列。

表 6.1　全尺度与模型换算关系表

名　称	全尺寸值	比　例	模型值
长度	L	λ	λL
力	F	λ^3	$\lambda^3 F$
惯性矩	I	λ^5	$\lambda^5 I$
质量	m	λ^3	$\lambda^3 m$
时间	t	$\sqrt{\lambda}$	$\sqrt{\lambda}t$
速度	V	$\sqrt{\lambda}$	$\sqrt{\lambda}V$
线加速度	a	1	a
角加速度	α	λ^{-1}	$\lambda^{-1}\alpha$
压力	P	λ	λP

其中，楔形体模型只需要有与实机相似的剖面外形、质量和重心即可，惯量可不做考虑；单机身模型需要有与实机机身相似的外形、质量、重心以及绕俯仰方向的惯量；全机无动力模型需要有与实机相似的外形、质量、重心以及绕俯仰、横滚和偏航三个方向的惯量；自由飞模型除了要有与实机相似的外形、质量、重心以及绕俯仰、横滚和偏航三个方向的惯量等参数之外，还

应具有与实机相似的推(拉)力,以便更好地模拟真实飞机的运动情况。

在选择模型缩尺比时,除了根据傅汝德相似准则外,还必须考虑到试验设备的能力(例如拖车的速度、起吊能力、厂房空间、水域深度等)、试验仪器的量程(例如加速度传感器、压力传感器的量程等)以及其他相关规定。

水面飞行器模型水载荷试验对试验模型外形、质量和速度等要求高,在试验前应开展充分的试验设计,根据需要还应进行评审工作,以期达到试验目的。试验前,应按照要求编写试验任务书、试验大纲,并根据试验要求,编制试验质量检验报告和试验记录本。

① 试验任务书。

试验任务书是对试验目的和试验内容进行规定,其内容一般包括试验目的、试验项目、试验模型、试验状态、试验技术、试验数据及精度、试验完成形式。

② 试验大纲。

根据试验任务书要求编制试验大纲,一般包括试验任务来源、试验目的、试验项目、试验件、试验状态、试验设施及条件、试验方法、测试方案、试验数据处理原则及方法、试验成果形式、试验进度、应急情况处置及安全质量要求。

③ 试验质量检验报告。

试验质量检验报告应包括试验项目人员、设备、模型、方法、环境等,对试验开始至结束整个过程进行控制。

水面飞行器模型水载荷试验是水面飞行器水动力设计必不可少的环节。通过水面飞行器楔形体、单机身模型和全机模型等一系列模型的试验,可以获取水面飞行器水面降落的载荷大小和试验现象,为后续水面飞行器水动力设计提供参考。

6.1　楔形体着水试验

6.1.1　试验原理和目的

水面飞行器船底一般为 V 形,其在着水时,机体会迅速而不稳定地进入水中。在突然受到流体的冲击以后,机体和流体开始发生作用,作用于底部的压力实质上就是流体抵抗其向下运动的反作用力。机体与流体的撞击力与物体的质量、附连质量、物体着水速度等参数有关,为从机理上研究着水问题,可将水面飞行器重要着水部位简化成 V 形楔形体,通过开展楔形体模型与水的撞击试验,达到以下研究目的:

① 通过单参数变化研究斜升角、剖面宽度、垂直入水速度、楔形体质量、模型刚度等参数对浸水深度的影响,分析浸水深度对着水载荷的影响规律;

② 通过进行不同缩尺比楔形体入水撞击试验,研究缩尺比对模型试验的影响;

③ 为绘制三要素(飞行姿态、波高、浸水深度)条件下的浮沉曲线提供数据支持。

楔形体模型试验一般有两种形式,即采用电磁钩直接起吊模型至一定高度后投放入水(见图 6.1)或者使用带有垂直滑轨的垂直投放水池投放入水(见图 6.2)。

图 6.1　投放入水试验图

图 6.2　垂直投放水池试验图

6.1.2　试验模型设计与制作要求

1. 模型设计要求

在楔形体模型设计时需考虑以下方面内容：

① 模型缩尺比。

根据最大起吊质量与水池宽度、深度等方面因素合理选择楔形体模型缩尺比，一般要求水域宽度与模型长度之比不小于 2.0，水池深度与模型入水之比不小于 2.0。为了减少比尺效应，在保证试验结果可靠的前提下，缩尺比的选择应使模型尺寸尽可能大。

② 模型材料与结构形式。

刚性楔形体模型材料可选用红松或者复合材料，亦可选择其他质地较密、不易变形的材料。弹性楔形体模型应根据弹性参数的要求选择材料，材料需要易于加工成型且具有良好的稳定性。

③ 连接接口设计。

对于使用电磁钩直接起吊投放的模型，在四角设置挂环，用于起吊绳的连接；对于在垂直投放水池试验的模型，在模型上端设计与滑轨连接的装置。

2. 模型制作要求

模型制作应满足如下要求：

① 模型外形检验按照 GB/T 1804—2000 对试验件执行要求，若未达到上述要求，则应进行制造偏离分析；

② 试验件触水部分，包括试验时可能被水浸湿的部分应确保水密性(固定开口除外)；

③ 试验件表面光滑无裂纹、外形光顺，无明显扭曲及凹凸，并应按照要求在试验件相应位置标识出水位识别标识；

④ 试验件满足重量重心的要求：

a. 根据试验大纲要求安装试验测试系统，并对模型重量重心进行调试；

b. 模型质量公差不大于 $1\% m_m$(模型质量大于 100 kg 时，质量公差不大于 1 kg)，模型质心纵向公差不大于 $2‰L$，横向公差不大于 $2‰B$，垂向公差不大于 $2‰H$；

c. 调试完成后记录各状态对应的测试系统、配重位置。

6.1.3 试验设备及装置

1. 试验设备

楔形体模型着水试验主要测试着水过程中模型姿态角随时间变化、加速度随时间变化、底部压力随时间变化的曲线，并观测着水情况；对于弹性楔形体着水试验，还应测试底部结构的应变，观测着水过程中的模型变形、破裂情况。因此，楔形体模型着水试验设备一般包括数据采集系统、角度传感器、加速度传感器、压力传感器、应变片、照相机、高速摄像机等。

传感器的布置方案如下：

① 加速度传感器。

楔形体两侧和中部各安装一个加速度传感器，测量着水瞬间的加速度。

② 压力传感器。

楔形体底部布置压力传感器，用于测量底部压力大小及分布；

③ 角度传感器。

楔形体顶部安装角度传感器，测量模型姿态变化。

主要试验设备精度应满足表 6.2 的要求。

表 6.2　模型试验主要仪器要求

序　号	设备名称	相关参数	量　程	精度要求
1	加速度传感器	加速度	±10 g	不低于 0.5%FS 频响不低于 1 kHz
2	压力传感器	压力	500 kPa	不低于 1.0% 频响不低于 1 kHz
3	角度传感器	角度	−60°～60°	不低于 0.5%
4	数据采集器	电压	−10VDC～10VDC	不低于 0.5% 最高采样率不低于 3 kHz

续表 6.2

序　号	设备名称	相关参数	量　程	精度要求
5	应变片	应变	10 000 微应变	灵敏度系数不小于 2 频响不低于 1 kHz
6	高速摄像机	—	—	帧速度不小于 1 000 fps

试验前，还应完成试验用程序及通道表编写，并确认测试仪器仪表在校准周期并能正常使用。

2. 试验装置

试验装置主要为投放系统，主要用于试验中着水姿态角控制和速度控制，投放系统的着水姿态角控制精度不低于 0.5°，着水速度控制精度不低于 0.2 m/s。垂直投放水池的投放系统主要包括卷扬机、吊绳、安全绳、滑行装置、导向装置及快速释放装置等，如图 6.3 所示；直接投放入水试验的投放系统包括起吊装置、电磁钩及吊线，如图 6.4 所示。

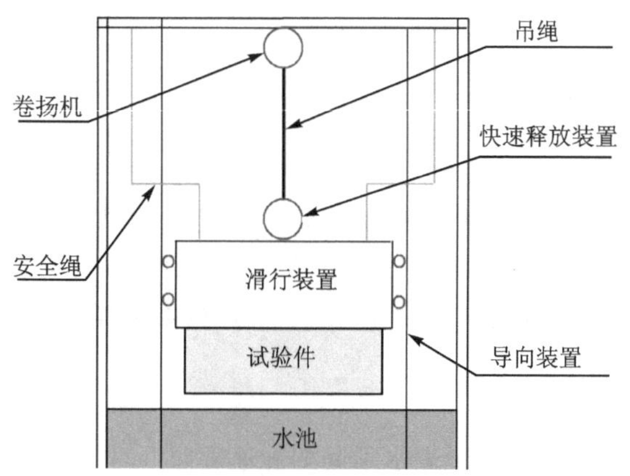

图 6.3　垂直投放水池试验装置图

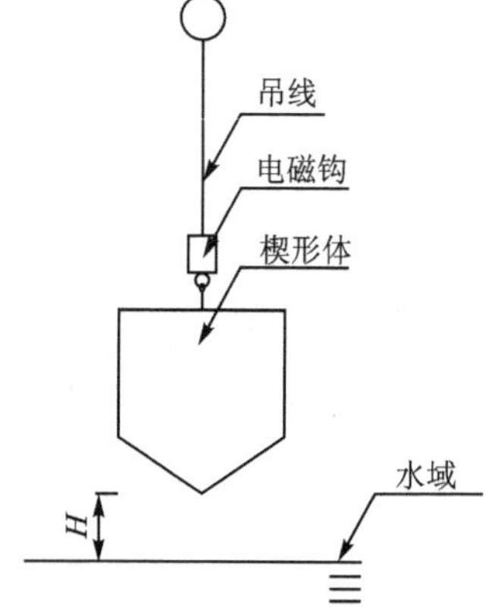

图 6.4　直接投放入水试验装置图

为保证试验的顺利进行，应完成试验装置调试：

① 在投放系统上安装试验件，并保证试验件能良好地安装在投放支架上；

② 对整个测试系统进行通电测试，确保测试系统工作正常；

③ 完成试验件保护装置安装，确保试验过程中该装置能正常使用。

6.1.4　试验场地及环境

(1) 试验水域

试验水域水深不小于试验件最大着水深度的 2 倍，水面长度和宽度不小于试验件长度与宽度的 2 倍。

(2) 水文条件

试验区域风速小于 0.5 m/s，试验水域水质良好，水面清洁、无漂浮物及风和流的影响。

6.1.5　模型试验

1. 模型试验程序

① 正式试验前，应将试验件以一个较为安全的姿态和投放高度固定于投放装置上进行投放，检查整个试验系统是否正常。

② 将试验件安装到投放系统上，按照试验大纲要求调整和测量试验件安装角度和距水面高度，角度误差不大于 0.3°，高度误差不大于 1 mm，并做记录；

③ 根据试验速度，设定好投放速度的控制参数。

④ 投放开始前 3～5 s，启动数据采集器，测试试验件静止、开始下沉直至试验件入水完成整个过程的数据，便于分析输入条件的有效性；

⑤ 试验前应在保证试验件安全的前提下，使用较小的下沉速度试投放 1～2 次，检查试验设备工作是否正常；

⑥ 两次投放试验之间间隔应不少于 30 min，以消除前次余波及残流的影响；

⑦ 单次试验完成后，分析试验件试验时的运动状态以及数据采集系统所采集到的数据，包括输入参数(初始姿态、下沉速度)和输出参数(姿态变化、加速度、压力，弹性楔形体入水试验还包括应变)的幅值和变化趋势，确认试验结果是否有效。

单次投放试验完成及再次试验前，应复查试验件重量，确认试验件外观是否有异样、检查测试系统是否正常。

2. 试验应急情况处理

在试验过程中出现以下现象，其处理如下：

① 试验件出现非预期的变形或损坏，应停止试验，检查出现变形或损坏的原因并对试验件进行修复后，方能继续试验；

② 照相机或录像机在试验过程中发生故障，应停止试验，待故障排除后方可继续试验；

③ 在试验过程中试验测试设备或投放控制系统发生故障，应停止试验，待故障排除后方可继续试验；

④ 试验件在试验过程中出现不稳定运动，应立即停止试验，检查模拟试验状态，若实际试验状态与试验要求状态不同，则重复此状态试验，若模拟试验状态无误，则记录此状态不稳定。

6.1.6　数据记录、处理及表达形式

1. 数据记录

试验测试人员应按试验大纲的要求，在试验负责人的指令下采集试验数据，数据的有效性应得到授权人员的确认。试验测试/记录的参数包括：模型质量 m_m(kg)、模型重心(mm)、垂直速度(m/s)、试验水温 t(℃)、压力(kPa)、加速度(g)、纵倾角 φ (°)。

试验时应对试验环境温度、试验水温、风速、风向等进行测试并做记录。试验数据原始记录如表 6.3 所列。

表 6.3　试验工况记录表

m_m/kg	质心/mm	X_{gm}	Y_{gm}	Z_{gm}	试验温度/℃	水温/℃	风速 风向	日期
试验负责人	数据采集	试验件投放	试验件 状态调整	录像	试验件打捞	试验数据 记录	数据 初步分析	其他
状态编号	V_v/(m · s^{-1})	h/mm	φ_0/(°)	存盘文件	时间	记录人		备注
1								
2								
3								
⋮								

2. 数据处理

采用快速傅里叶变换(FFT)法对试验数据进行滤波处理。滤波频率是将数据傅里叶变换后进行频域分析后得到的,滤波频率一般不低于信号特征频率,不小于信号采样频率的二分之一。对滤波后的各测试参数的试验曲线取初始值、峰值,通过式(6.2)～式(6.5)计算得到各参数幅值结果:

$$\Delta\varphi = \varphi_F - \varphi_0 \tag{6.2}$$

$$\Delta n = n_F - n_0 \tag{6.3}$$

$$\Delta P = P_F - P_0 \tag{6.4}$$

$$\Delta\varepsilon = \varepsilon_F - \varepsilon_0 \tag{6.5}$$

3. 试验结果的表达形式

表 6.4 所列为滤波处理后的结果数据记录表。

表 6.4　试验结果数据记录表

序　号	俯仰角		加速度			压　力			应　变		
	φ		n			P			ε		
	φ_0	$\Delta\varphi$	n_0	n_F	Δn	P_0	P_F	P_F	ε_0	ε_F	$\Delta\varepsilon$
1											
2											
3											
⋮											

图 6.5～图 6.8 是各参数随时间变化的曲线。

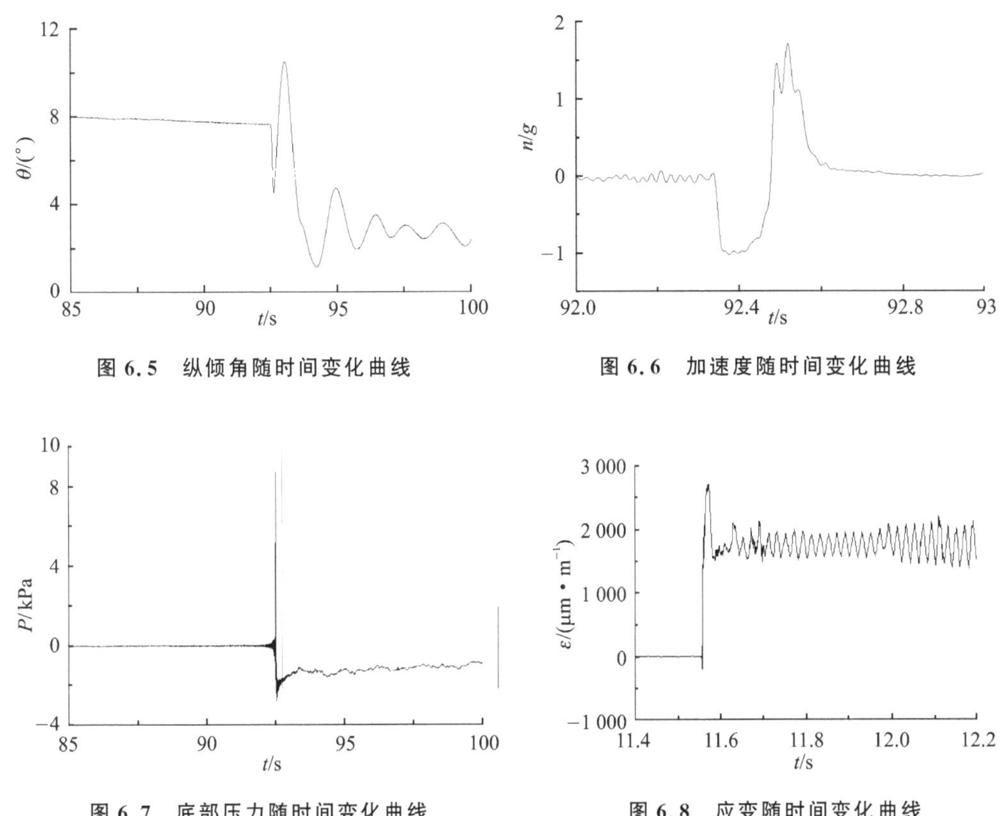

图 6.5　纵倾角随时间变化曲线

图 6.6　加速度随时间变化曲线

图 6.7　底部压力随时间变化曲线

图 6.8　应变随时间变化曲线

6.2　单机身模型着水试验

6.2.1　试验原理与目的

单机身模型着水载荷试验按照弗洛德数（F_r）相似准则组织模型制作及试验，主要用于获取水面飞行器船体在水面降落过程中受到的水动冲击载荷，定量分析水面飞行器不同姿态角、着水速度及波浪参数下的着水载荷特性，验证对条款的符合性，为水面飞行器船体结构强度设计提供参考。

6.2.2　试验模型设计与制作要求

1. 模型设计要求

在单机身模型设计时需考虑以下方面的内容：

① 模型缩尺比。

根据拖车最大稳定运行速度与水池宽度等方面因素合理选择单船身模型缩尺比。为了减少比尺效应，在保证试验结果可靠的前提下，缩尺比的选择应使模型尺寸尽可能大。

② 模型材料选择与结构设计。

单机身模型材料选用红松或者复合材料，亦可选择其他质地较密、不易变形的材料。根据试验需要，在设计模型时应在内部布置一定的结构，保证模型在着水时不变形或损坏。

③ 试验装置与试验仪器安装。

在单船身模型设计过程中，应考虑连接试验装置的接口和传感器安装空间及安装形式。

2. 模型制作要求

在单机身模型制作时需考虑以下方面的内容：

① 允许采用木质、金属、碳纤维或硬质塑料等材料制作模型，但必须有足够的刚度，并能控制其自身重量，以满足试验所需的重量、投放速度等要求；

② 模型应进行表面处理，一是要满足表面光洁的要求，二是要满足水密要求；

③ 模型应具有编号或有识别标识；

④ 单机身模型一侧安装摄像机，拍摄模型与水面的撞击过程，用于观察模型与水面的撞击位置；

⑤ 模型外形检验时，以纵向卡板为基准，在总长范围内水平基准线与水平面之间的允差不大于 0.3 mm，模型总长允长为 0.1%L，以横向卡板为基准，保证模型与卡板之间间隙小于 0.5 mm，模型其他参数的检验应满足相关要求；

⑥ 模型总重满足试验要求，重量允差应小于 0.1%。根据力矩平衡原理，调整某重量状态下的重心纵向位置，使重心位置偏差达到试验要求，尽量保证角度转接装置与重心位置重合。

6.2.3 试验设备及装置

1. 试验设备

单机身模型着水试验主要测试模型以一定前飞和下沉速度着水时，模型垂向加速度随时间变化、底部压力随时间变化的曲线，并观测着水情况；对于单机身模型在波浪面着水，还应观测机身与波浪的遭遇位置。因此，单机身模型着水试验设备一般包括数据采集系统、加速度传感器、压力传感器、高速摄像机等。

主要传感器的布置方案如下：

① 加速度传感器。

单机身模型中部安装一个加速度传感器，测量着水瞬间的加速度。

② 压力传感器。

模型底部布置压力传感器，用于测量底部压力大小及分布。

主要试验设备精度应满足表 6.5 的要求。

表 6.5 模型试验主要仪器要求

序号	设备名称	相关参数	精度要求
1	拖车系统	速度	不低于 5‰
2	加速度传感器	加速度	不低于 0.5%FS 频响不低于 1 kHz
3	压力传感器	压力	不低于 1.0% 频响不低于 1 kHz

续表 6.5

序　号	设备名称	相关参数	精度要求
4	数据采集器	电压	不低于 0.5% 最高采样率不低于 3 kHz
5	高速摄像机	—	帧速度不小于 1 000 fps
6	造波机	波高、波长、周期	波高横向误差：≤高横；波高稳定性误差：≤波高；波高重复性：≤高重；波周期的稳定性和重复性：≤波周

试验前，应完成试验用程序及通道表编写，并确认测试仪器仪表在校准周期并能正常使用。

2. 试验装置

如图 6.9 所示，单机身模型着水载荷试验安装要求：

① 传感器安装点应在模型重心或重心截面上端，简化数据的后期处理，减小工装安装误差与数据分析误差等的累积；

② 模型俯仰角定位紧固结构应具有良好的强度与刚性，采用角度测量仪检测模型的安装角度，校核模型俯仰角的安装精度；

③ 模型下水后，保证模型无明显横倾和偏航，同时检测模型艏艉吃水，确保试验测量值与理论值在安装误差要求范围之内；

④ 摄像机的安装高度与调节的焦距应能清楚地拍摄到模型自由投放后的接水点，同时应考虑摄影机防水要求。

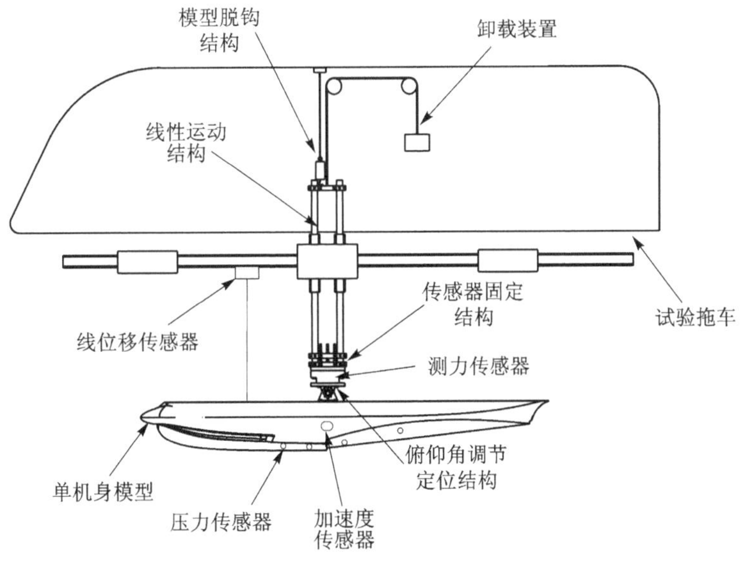

图 6.9　单机身模型着水试验装置图

6.2.4　试验场地及环境

试验场地的选择应满足以下要求：

① 试验场地应具有风、浪防护措施，场地内风速应不大于 0.5 m/s，避免试验系统以外的

风、浪对试验目标环境进行干扰；

② 试验场地具有一定的工作区域，满足试验模型安装、拆卸、状态调整以及数据采集等工作的要求；

③ 试验水池水深不小于试验件最大着水深度的 2 倍，水面宽度不小于试验件长度、宽度中较大值的 2 倍；

④ 单次试验结束后，试验环境可在较短时间恢复到初始状态。

6.2.5 模型试验

1. 试验程序

单船身模型静水面着水试验程序：

① 采用纵向姿态固定的形式进行垂向自由投放试验；

② 试验前后均应记录水温；

③ 进行试验前应先进行模型零航速静水面试投试验，检查测试设备的运行情况，消除影响因素，记录在此状态下的模型垂向运动情况；

④ 前后两次着水试验之间应有足够的时间间隔，分析试验数据和检查模型状态，提高试验数据的有效性和试验过程的安全性；

⑤ 通过卸载装置，给模型提供向上的拉力，模拟水面飞行器着水过程中机翼提供的气动升力；

⑥ 调整模型的初始高度，开启拖车，启动数据采集与试验摄像，待拖车速度达到试验要求水平速度并稳定后，释放电磁钩，模型着水，记录在此状态下模型的垂向加速度、垂向位移以及船底压力等数据，同时保存录像；

⑦ 试验结束后，应对模型状态进行复查，对设备仪器和工装进行检查，分析试验过程及试验数据的有效性，如出现异常，采取适宜的措施进行整改。如复查状态正常，应收集、整理和分析试验数据，同时还应记录对应速度下视频文件的文件名，做好试验报告编制准备。

单船身模型波浪面着水试验与静水面着水试验基本相同，不同内容包括：

① 选取一定的水平速度、初始高度、姿态角和不同的波长、波高进行试验，其中最大波高按实机抗浪性指标中海况等级进行确定，波长按 $\lambda/h=30\sim50$ 进行选取；

② 每次试验结束后，记录加速度峰值和接水前的垂向位移值。

2. 试验中断及故障处理

试验过程中出现异常时，应立即停止试验，采取适宜的措施，确保试验结果的正确性，一般包括：

① 当模型出现明显变形或损坏、摄像机发生故障、传感器发生故障和试验装置发生故障等情况时，应立即停止试验，采取相关的措施，待达到试验要求后，方可继续进行试验；

② 模型在试验过程中出现异常情况，应立即停止试验，检查模型试验状态，进一步检查试验装置，并进行相关记录。

6.2.6 试验数据记录、处理及表达形式

1. 数据记录

试验测试人员应按试验大纲的要求，在试验负责人的指令下采集试验数据，数据的有效性

应得到授权人员的确认。

静水试验测试/记录的参数包括：模型质量 M (kg)、模型重心 (mm)、水平速度 V (m/s)、垂向速度 V_h (m/s)、初始纵倾角 φ_0 (°)、试验水温 t (℃)、压力 P (kPa)、纵倾角 φ (°)、加速度 a_z (m/s^2)、卸载质量 Δm (kg)、模型初始高度 Δh (mm)。

波浪试验测试/记录的参数包括：模型质量 M (kg)、模型重心 (mm)、水平速度 V (m/s)、垂向速度 V_h (m/s)、初始纵倾角 φ_0 (°)、试验水温 t (℃)、波高 h (mm)、波长 λ (mm)、波浪周期 T (s)、加速度 a_z (m/s^2)、压力 P (kPa)、纵倾角 φ (°)、卸载质量 Δm (kg)、模型初始高度 Δh (mm)。

2. 数据处理

试验结束后，试验数据处理人员按所对应的试验状态把数据文件导入到数据处理程序里，然后根据采集器采样频率选取合适的滤波频率，对垂向加速度、底部压力进行低通滤波。

3. 试验结果的表达形式

试验数据记录形式如表 6.6 和表 6.7 所列。

表 6.6　单机身模型静水着水载荷水池试验记录表

<table>
<tr><td>项目名称</td><td></td><td>试验日期</td><td colspan="2"></td><td colspan="2">模型编号：</td></tr>
<tr><td colspan="3">M：</td><td colspan="2">V：</td><td colspan="2">模型缩尺比：</td></tr>
<tr><td colspan="2" rowspan="2">重心位置</td><td>$x=$</td><td colspan="2">Δm：</td><td colspan="2">位移传感器测量点：</td></tr>
<tr><td>$z=$</td><td colspan="4">水温：℃</td></tr>
<tr><td>序号</td><td>V_h</td><td>Δh</td><td>φ</td><td>a_z</td><td>P</td><td>Z_g</td></tr>
<tr><td>1</td><td></td><td></td><td></td><td></td><td></td><td></td></tr>
<tr><td>2</td><td></td><td></td><td></td><td></td><td></td><td></td></tr>
<tr><td>3</td><td></td><td></td><td></td><td></td><td></td><td></td></tr>
<tr><td>4</td><td></td><td></td><td></td><td></td><td></td><td></td></tr>
<tr><td>5</td><td></td><td></td><td></td><td></td><td></td><td></td></tr>
</table>

表 6.7　单机身模型波浪着水载荷水池试验记录表

<table>
<tr><td>项目名称</td><td></td><td>试验日期</td><td colspan="2"></td><td colspan="2">模型编号：</td></tr>
<tr><td colspan="2">M：</td><td>Δm：</td><td colspan="2">V：</td><td colspan="2">模型缩尺比：</td></tr>
<tr><td colspan="2" rowspan="2">重心位置</td><td>$x=$</td><td rowspan="2">波浪参数</td><td>h：</td><td colspan="2">位移传感器测量点：</td></tr>
<tr><td>$z=$</td><td>λ：</td><td colspan="2">水温：℃</td></tr>
<tr><td>序号</td><td>V_h</td><td>Δh</td><td>φ</td><td>a_z</td><td>P</td><td>Z_g</td></tr>
<tr><td>1</td><td></td><td></td><td></td><td></td><td></td><td></td></tr>
<tr><td>2</td><td></td><td></td><td></td><td></td><td></td><td></td></tr>
<tr><td>3</td><td></td><td></td><td></td><td></td><td></td><td></td></tr>
<tr><td>4</td><td></td><td></td><td></td><td></td><td></td><td></td></tr>
<tr><td>5</td><td></td><td></td><td></td><td></td><td></td><td></td></tr>
</table>

试验加速度、压力等滤波处理后的结果如图 6.10 和图 6.11 所示。

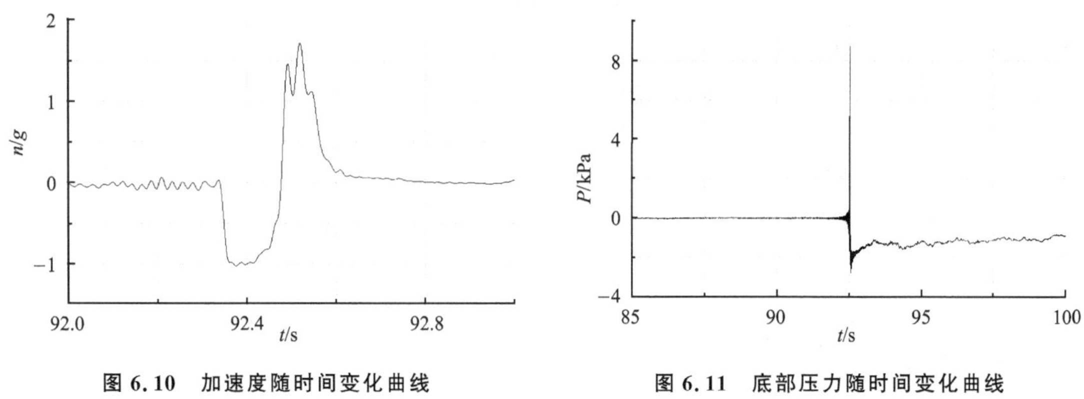

图 6.10　加速度随时间变化曲线　　　图 6.11　底部压力随时间变化曲线

6.3　全机模型着水试验

6.3.1　试验目的

全机模型水载荷试验一般使用全机无动力模型开展,根据需要,一般选取典型的状态进行试验,试验状态的参数包括模型质量、重心位置、水平速度、着水速度、着水姿态角、襟翼/方向舵/升降舵偏转角度,在波浪上的投放试验还包括波高及波长。模型是以一定水平速度、在离水面一定高度的地方投放下去的,投放高度要根据着水速度的大小确定。在进行静水投放试验时,一般一个试验速度只需要投放一次,而在进行波浪试验时,由于模型着水时与波浪的相对位置是随机的,因此一个试验速度一般进行 3～5 次投放。

水面飞行器水载荷试验为全脱开方式,测试仪器及设备均安装在模型内部,主要用于测量水面飞行器在起飞滑行、降落着水过程中船体及附件(如浮筒、端板等)所受到的载荷,测量的载荷用于飞行器结构件的强度校核。

6.3.2　试验方法

在开展全机模型着水载荷试验前应先开展全机模型气动力试验,通过气动力试验结果确定着水载荷试验的速度参数。具体试验方法如下:

① 全机模型气动力试验方法:试验采用前后两个测量点进行测量,两测量点通过铰接方式进行连接。前测量点安装六分力天平,用于测量前测量点处产生的空气阻力和气动升力;后测量点安装单分力测力传感器,用于测量后测量点处产生的气动升力;模型上安装角度传感器,用于测量模型的实际姿态角。模型试验姿态角通过调整后测量点的高度进行调整,调整后模型的实际姿态角通过角度传感器获得。

② 全机模型着水载荷试验方法:全机模型着水载荷试验为全脱开方式,将预先调好重心、质量和惯量的全机模型安装在模型试验支架上,并调整好模型的初始姿态角,然后由发射车带动全机模型加速运动至试验所需的水平速度(水平速度由气动力试验结果确定)后投放模型,模型投放后自由着水、滑行。

6.3.3 试验模型

1. 模型设计要求

在全机模型设计时需考虑以下方面的内容：

① 模型缩尺比。

根据拖车最大稳定运行速度、水池宽度、造波机能力、模型内部空间要求、重量重心及惯量相似要求等多个方面因素合理选择全机模型缩尺比，一般水池宽度与模型长度之比不小于 1.8，水池深度与模型长度之比不小于 1.0。为了减少比尺效应，在保证试验结果可靠的前提下，缩尺比的选择应使模型尺寸尽可能大。

② 模型材料选择与结构设计。

全机模型材料一般选用复合材料，亦可选择其他质地较轻、不易变形的材料。

在进行全机模型结构设计时，应考虑模型试验过程中的受力及冲击载荷情况，保证模型具有一定的硬度和刚度，防止试验过程中模型变形或破损。

③ 试验装置与试验仪器安装。

模型设计时，还应考虑模型与投放装置连接接口的设计与预埋、机载传感器和数据采集器安装平台的设计与预留。

2. 模型制作要求

① 全机模型精度一般要求部件加工长度允差为 3 mm(3～6 m 长的模型)，舭线宽度允差为 0.5 mm，舭线高度允差为 0.3 mm。若未达到上述要求，则应对模型超差部位进行处理以达到模型精度要求；

② 模型需进行一定的表面处理，符合表面光洁要求；

③ 模型应具有编号或有识别标识；

④ 模型重量大小及分布应满足重量重心及惯量调试要求；

⑤ 模型验收时，以纵向卡板为基准，在总长范围内水平基准线与水平面之间的允差不大于 0.3 mm，模型总长允差为 0.1%L。以横向卡板为基准，舭线宽度允差为 0.5 mm，舭线高度允差为 0.3 mm；

⑥ 全机模型可根据试验要求选择是否装配螺旋桨模型。

6.3.4 试验设备与装置

1. 试验设备

全机模型着水载荷试验前期的气动力试验主要测量全机模型不同构型、不同姿态角、不同速度下的升力随时间变化的曲线，后期着水载荷试验主要测量模型着水过程中姿态角随时间变化、加速度随时间变化、底部压力随时间变化的曲线，并观测着水运动、砰击状况。因此，全机模型着水载荷试验设备一般包括高速拖车、发射车、数据采集系统、六分力天平、单分力测力传感器、角度传感器、加速度传感器、压力传感器、照相机、高速摄像机等。

各传感器的布置方案如下：

① 六分力天平。

气动力试验时安装在模型重心位置处，用于测量重心处产生的空气阻力和气动升力。

② 单分力测力传感器。

气动力试验时安装在模型平尾上端，用于测量平尾处模型气动升力。

③ 加速度传感器。

着水载荷试验时，模型机身艏艉各安装一个单向加速度传感器，测量着水瞬间的垂向加速度；模型重心处安装一个三轴加速度传感器，测量着水瞬间重心处三个方向的加速度。

④ 压力传感器。

着水载荷试验模型底部布置若干压力传感器，用于测量模型底部着水、滑水压力大小及分布。

⑤ 角度传感器。

着水载荷试验模型重心处安装角度传感器，用于测量模型运动过程中的姿态角变化。

⑥ 高速摄像机、照相机。

将高速摄像机、照相机固定在模型试验区附近，用于捕捉模型着水、滑行过程中的模型运动状态。

主要试验设备精度应满足表 6.8 的要求。

表 6.8 模型试验主要仪器设备

序 号	设备名称	相关参数	量 程	精度要求
1	高速拖车	速度	0～22 m/s	不低于 0.3%
2	发射车	速度	0～30 m/s	不低于 1%
3	六分力天平	气动阻力、升力	100 kg	不低于 1%
4	单分力测力传感器	气动升力	50 kg	不低于 0.3%
5	加速度传感器	加速度	±10 g	不低于 0.5%FS 频响不低于 1 kHz
6	压力传感器	压力	500 kPa	不低于 1.0% 频响不低于 1 kHz
7	角度传感器	角度	−60°～60°	不低于 0.5%
8	数据采集器	电压	−10VDC～10VDC	不低于 0.5% 最高采样率不低于 3 kHz
9	高速摄像机	—	—	帧速度不小于 1 000 fps

试验前，还应完成试验用程序及通道表编写，并确认测试仪器仪表在校准周期并能正常使用。

2. 试验装置

全机模型气动力试验装置如图 6.12 所示。

气动力试验装置主要包括前导航杆、中间升沉杆、艉部支撑杆。其中前导航杆主要用于保持模型航向，中间升沉杆通过天平、模型铰链装置与全机模型固接，主要用于固定模型和调节模型距离水面的高度。艉部支撑杆通过单分力测力传感器、铰链装置与模型平尾固接，主要用于调整模型试验姿态角。

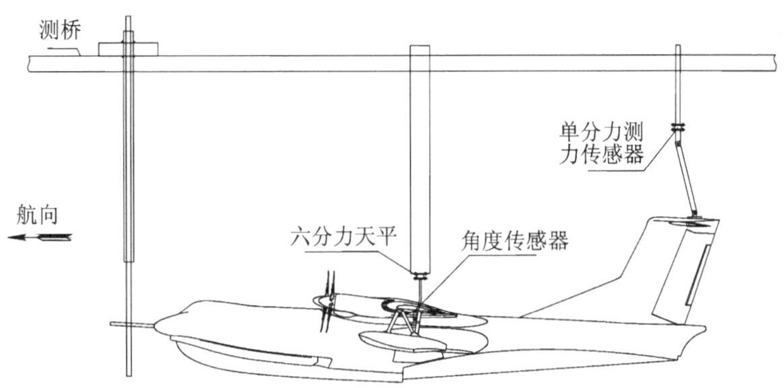

图 6.12　全机模型气动力试验装置图

全机模型着水载荷试验装置如图 6.13 所示。全机模型着水载荷试验支架主要包括电动升降系统、导向机构、模型挂载机构和电磁投放器等。其中电动升降系统主要用于控制模型投放高度，导向机构主要用于保持模型上升下降过程中的方向，模型挂载机构主要用于挂载模型和调节、保持模型试验姿态角，电磁投放器主要用于实现模型从试验装置上分离，进入自由着水、滑水状态。

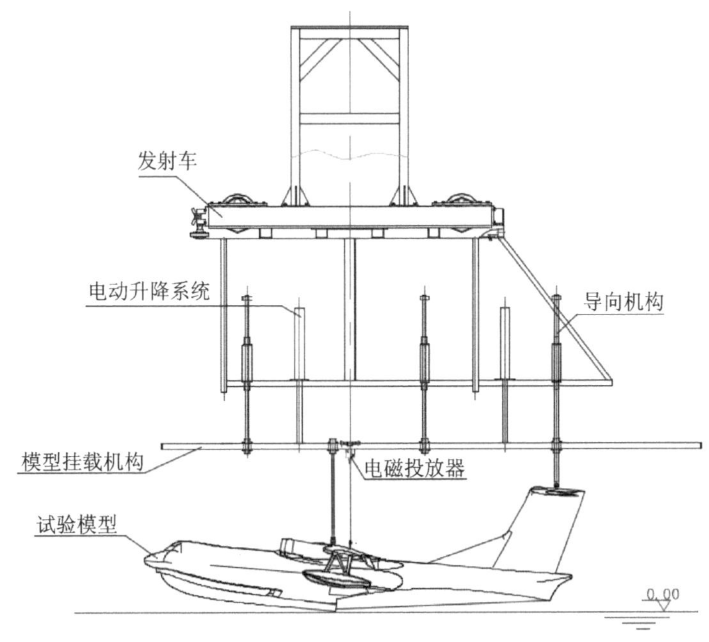

图 6.13　全机模型着水载荷试验装置图

6.3.5　试验场地及环境

(1) 全机模型气动力试验场地及环境

全机模型气动力试验主要在高速拖曳水池开展，场地及环境技术指标具体如下：

① 水池主尺度：池长 510 m，池宽 6.5 m，池深 6.8 m，水深 5.0 m；

② 拖车(2#)性能：正向运行速度范围 0.1～25 m/s，反向运行速度范围 0.1～10 m/s，车速稳定精度 0.2%(2～25 m/s)。

③ 造波机性能：规则波波长 0.5～15 m，波高 0.03～0.50 m，浪向 90°各类长峰不规则波。

(2) 全机模型着水载荷试验场地及环境

全机模型着水载荷试验主要在水上迫降水池开展，场地及环境技术指标具体如下：

① 水池主尺度：池长 60 m，池宽 60 m，池深 6.0 m，水深 5.0 m，水道长 98 m，水道宽8 m，水道为模型加速区域，水池为模型着水及滑行区域；

② 发射车：发射车为模型加速和投放装置，最大运行速度可达 30 m/s。

③ 造波机性能：规则波波长 0.5～15 m，波高 0.03～0.50 m，浪向 45°～135°各类长峰不规则波。

6.3.6 模型试验

1. 试验程序

(1) 全机模型气动力试验程序

① 安装试验支架：首先将试验用前导航杆、中间升沉杆、艉部支撑杆安装到高速拖车上，并调试正常。

② 安装试验件：将调整好状态的全机安装到投放架上，如图 6.12 所示。

③ 调整模型姿态：通过调整中间升沉杆、艉部支撑杆长度来调整模型的初始姿态，让其满足试验所需要的入水俯仰姿态。

④ 调整投放高度：通过高速拖车上侧桥装置整体升降模型高度至试验所需高度。

⑤ 开启采集系统：待模型试验状态调整完成后，各传感器通电，同时打开采集系统电源，使采集系统处于待机状态，等待采集触发指令。

⑥ 试验前状态检查：

a. 检查襟翼、升降舵位置；

b. 检查模型初始俯仰、横滚姿态角度；

c. 检查模型距离水面高度；

d. 检查摄像系统是否正常；

e. 相应的安全检查。

⑦ 视频数据采集：启动摄像系统，对模型运动状态进行摄像，直至拖车停止后停止摄像系统。

⑧ 启动拖车：待水面平静后启动拖车。

⑨ 数据采集：拖车启动后开始数据采集至一个试验车次结束。

⑩ 停车返回船坞：一个试验车次完成后，拖车停车然后倒车返回船坞。

⑪ 状态分析：通过分析采集到的试验数据，确定下一试验状态，并重复步骤③～⑩进行试验。

(2) 全机模型着水载荷试验程序

1)试验支架安装

① 在滑车连接机构的固定位置上安装电动升降系统，并与模型挂载机构连接；

② 安装导向机构，在滑车连接机构上安装多组导向滑轨，保证其垂直运动的顺畅，并在导向滑轨上、下各安装限位轴承，进行垂直运动高度方向的限位；

③ 安装模型挂载机构，将模型挂载机构安装到电动升降系统和导向机构上，挂载机构在机翼左、右两侧和尾部各有一可调节高度的模型连接杆伸出；

④ 将电磁投放器及其投放控制系统安装在模型挂载机构上，并将其通电调试、检验其可靠性，安装完成后检查电磁投放器工作情况及其可靠性。

2)试验模型安装及状态调整

① 将电磁钩与模型上预留连接环连接，调整试验支架上后支杆位置，保证后支杆垂直顶住模型上后支点；

② 通过调整试验支架上后支杆的长度，调整试验模型的俯仰姿态角达到试验要求的初始俯仰姿态角，并用数显水平仪测量试验件初始俯仰姿态角度，达到±0.2°精度要求后固定后支杆；

③ 调整挂载机构上的横滚调节杆，保证模型的横滚角度在 0°±0.2°范围后固定横滚调节杆。

④ 待俯仰姿态角调整完成后，通过运动控制机构将试验件提升至能够顺利离开船坞的高度，然后启动发射车驶出船坞，利用运动控制机构将试验件下放至最低点触水的位置(目测)，随后再将试验件提升到离水高度，并固定该高度。试验模型安装如图 6.14 所示。

图 6.14　全机模型着水载荷试验模型安装图

3) 开启采集系统

待模型试验状态调整完成后，传感器供电，同时打开采集系统电源，使采集系统处于待机状态，等待采集触发指令。

4) 试验前状态检查

检查模型试验状态、姿态角、投放高度是否满足试验要求。

5) 视频数据采集

启动摄像系统，对模型运动状态进行摄像，直至拖车停止后关闭摄像系统。

6) 数据采集

在投放器打开的同时，触动采集系统触发开关，微型采集器开始工作，加速度传感器输出整个试验过程中模型前、中、后三个位置的垂向过载、纵向过载和侧向过载，压力传感器输出整个试验过程中各个测量点的压力值，所有的数据都将保存在微型采集器存储器当中，直到人为清除。

7）启动发射车

发射车带动模型加速运动至模型所需的着水速度。

8）投放

当发射车速度达到投放速度后，电磁投放器打开，试验件自由脱离试验装置入水、滑行，拖车开始减速并直至停止。

9）回收试验件及返回船坞

投放完成，模型静止于水面后，试验人员将通过皮划艇将模型拖回船坞。

10）数据传输

待模型回到船坞之后，关闭微型数据采集系统，并通过数据传输系统将模型内部的微型数据采集系统所采集到的数据传输到地面设备，供试验分析使用。

11）状态分析

通过分析模型试验时的运动状态以及数据采集系统所采集到的数据，确定下一试验状态，并重复步骤 2）～10）进行试验。

全机模型着水载荷试验如图 6.15 和图 6.16 所示。

图 6.15　全机模型着水载荷试验模型着水图

图 6.16　全机模型着水载荷试验模型滑水图

2. 试验应急情况处理

试验过程中出现异常时，应立即停止试验，采取适宜的措施，确保试验结果的正确性，一般包括（不限于）：

① 当模型出现明显变形或损坏、摄像机发生故障、传感器发生故障和试验装置发生故障等情况时，应立即停止试验，采取相关的措施，待达到试验要求后，方可继续进行试验；

② 模型在试验过程中出现异常情况，应立即停止试验，检查模型试验状态，进一步检查试验装置，并进行相关记录。

6.3.7　试验数据记录、处理及表达形式

1. 数据记录

试验测试人员应按试验大纲的要求，在试验负责人的指令下采集试验数据，数据的有效性应得到授权人员的确认。试验测试/记录的参数包括：模型质量 M（kg）、模型重心（mm）、模型惯量 I_X、I_Y、I_Z（kg · m²）、模型空气阻力（N）、模型空气升力（N）、水平速度（m/s）、垂直速度（m/s）、试验水温 t（℃）、压力（kPa）、加速度（g）、俯仰角 φ（°）、横滚角 θ(°）、偏航角 ψ(°）。

试验时应对试验环境温度、试验水温、风速、风向等进行测试并做记录。试验数据原始记

录如表 6.9 所列。

表 6.9　试验工况记录表

m_m/kg	质心/mm	X_{gm}	Y_{gm}	Z_{gm}	试验温度/℃	水温/℃	风速 风向	日　期
试验负责人	数据采集	试验件投放	试验件状态调整	录　像	试验件打捞	试验数据记录	数据初步分析	其　他
状态编号	V_v/(m·s^{-1})	h/mm	φ_0/(°)	存盘文件	时　间	记录人		备　注
1								
2								
…								

2. 数据处理

采用快速傅里叶变换(FFT)法对试验数据进行滤波处理,滤波频率是将数据傅里叶变换后进行频域分析得到的,滤波频率范围一般不低于信号特征频率,不小于信号采样频率的二分之一。对滤波后的各测试参数的试验曲线取初始值、峰值,通过式(6.6)～式(6.10)计算得到各参数幅值结果:

$$\Delta\varphi = \varphi_F - \varphi_0 \tag{6.6}$$

$$\Delta\theta = \theta_F - \theta_0 \tag{6.7}$$

$$\Delta\psi = \psi_F - \psi_0 \tag{6.8}$$

$$\Delta n = n_F - n_0 \tag{6.9}$$

$$\Delta P = P_F - P_0 \tag{6.10}$$

3. 试验结果的表达形式

表 6.10 所列为滤波处理后的结果数据记录表。

表 6.10　试验结果数据记录表

序号	姿态角/(°)			加速度/g			压力/kPa		
	φ_0	φ_F	$\Delta\varphi$	n_0	n_F	Δn	P_0	P_F	ΔP
1									
2									
⋮									

图 6.17～图 6.21 所示为各参数随时间变化的曲线。

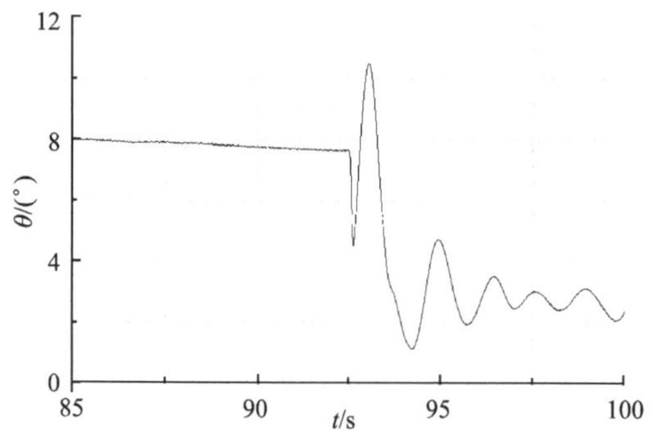

图 6.17　俯仰角随时间变化曲线

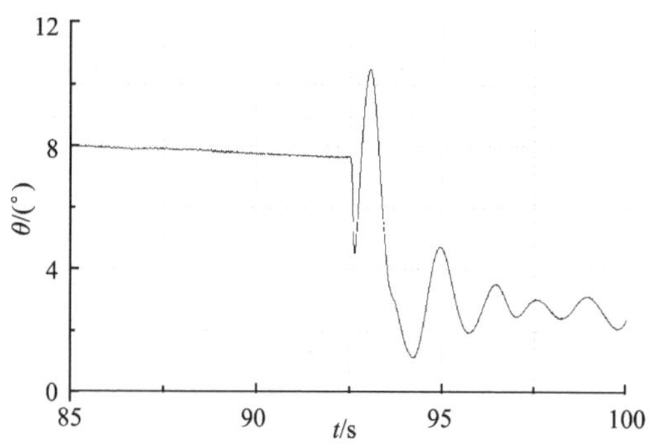

图 6.18　滚转角随时间变化曲线

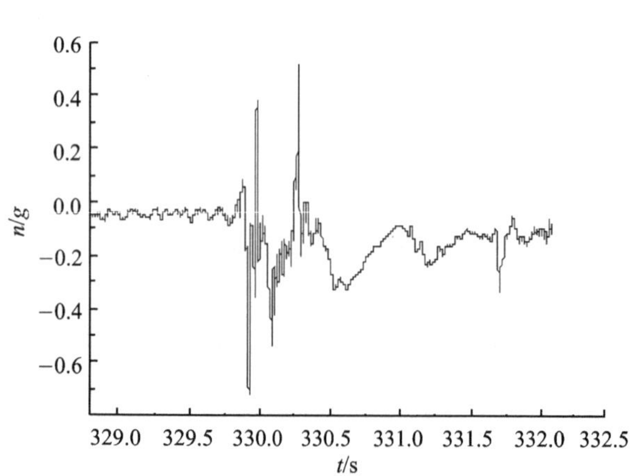

图 6.19　纵向加速度随时间变化曲线

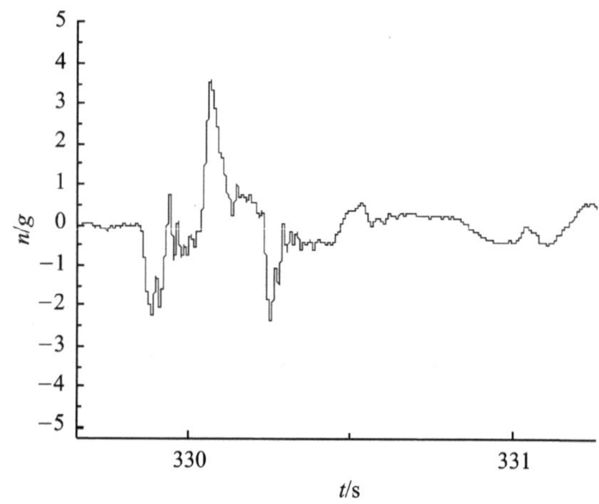

图 6.20　加速度随时间变化曲线

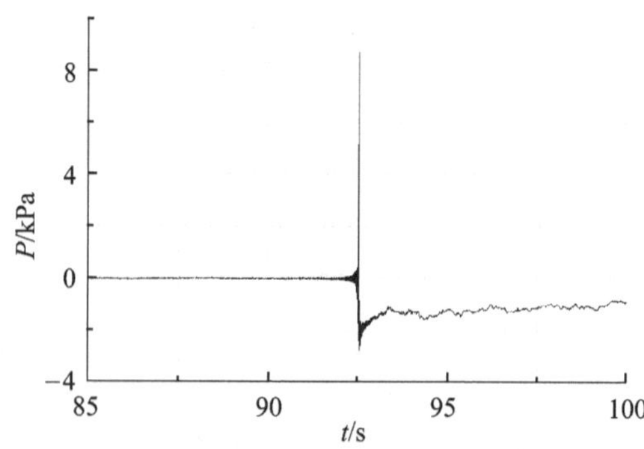

图 6.21　底部压力随时间变化曲线

6.3.8　试验数据分析

对试验数据进行处理，首先将初始数据归零，然后采用快速傅里叶变换法对数据进行滤波，采样频率为 2 500 Hz，滤波频率为 50 Hz。

典型工况下的不同参数时历曲线如图 6.22～图 6.25 所示，分析可知：

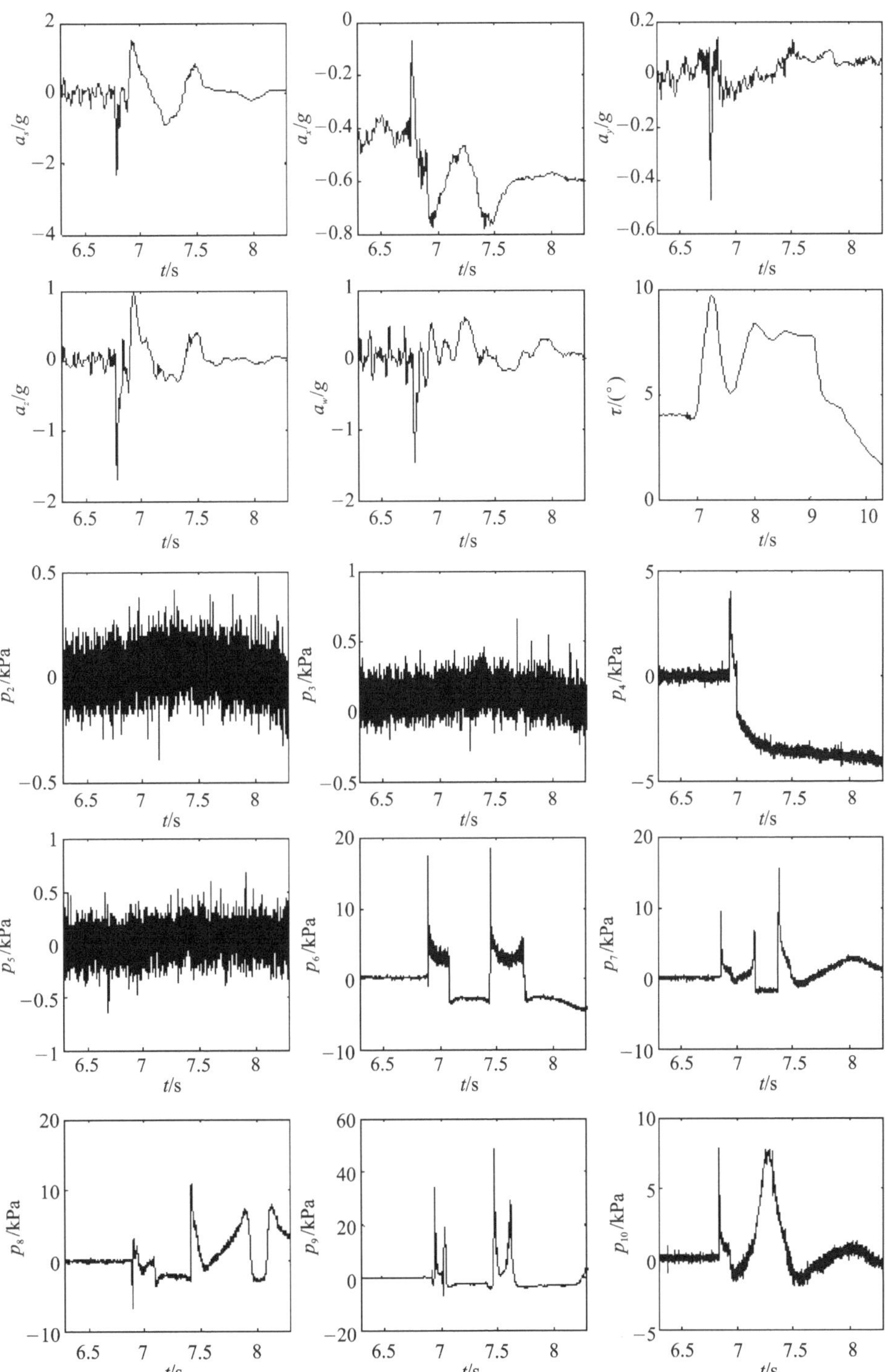

图 6.22　全机模型着水载荷试验各参数随时间变化曲线

① 对比不同部位的垂向加速度可知，首部垂向加速度最大，中部垂向加速度其次，尾部垂向加速度最小。

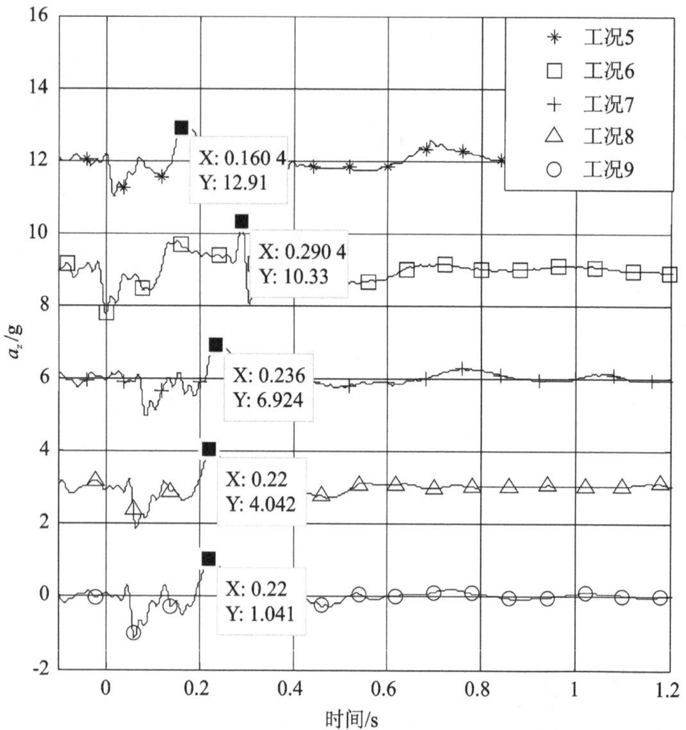

图 6.23　全机模型着水载荷试验典型工况加速度对比曲线

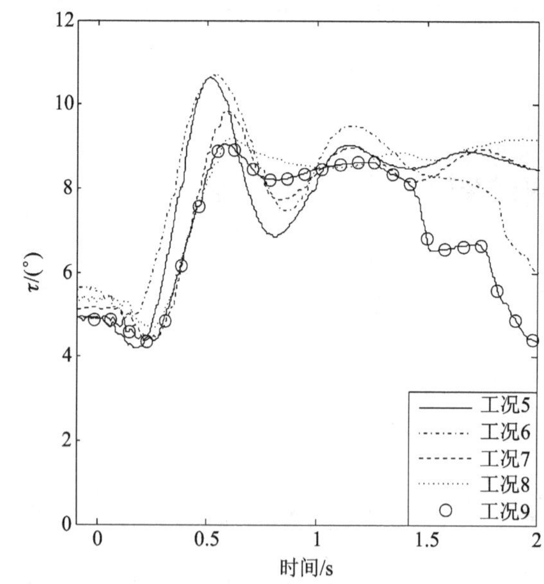

图 6.24　全机模型着水载荷试验典型工况俯仰角对比曲线

② 从中部加速度、姿态角及模型最低处压力点时历曲线(见图 6.22)得出,模型达到一定水平速度后,电磁钩脱开,经自由运动后接触水面,模型底部受到水面的撞击,压力瞬间增大。模型脱开后,在重力、气动力的作用下,升降舵偏角较小,模型出现轻微低头的现象,当模型与

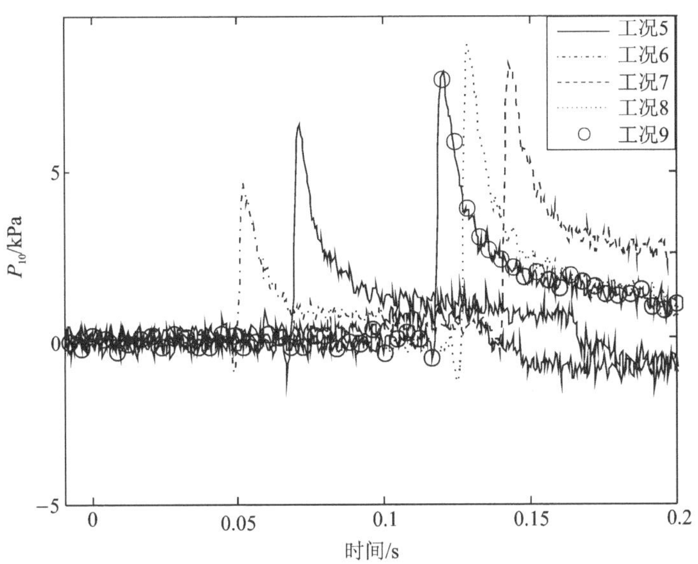

图 6.25　全机模型着水载荷试验典型工况压力对比曲线

水进一步撞击后，船底受到较大的撞击力，模型在撞击力、重力、升力的作用下，姿态角逐渐增大。

③ 由于模型水平速度较大，一般情况下，存在第二次撞击，且产生的垂向加速度一般比第一次小。模型在第一次撞击后，由于撞击力较大，模型出现轻微跳跃，跳跃过程中，模型姿态角减小，随后模型第二次撞击水面，姿态角迅速增大，水平速度逐渐减小，随后进入滑行状态，滑行过程中，模型轻微纵摇，随后滑行速度趋于 0，姿态角逐渐较小，模型最终达到水面漂浮状态。

④ 相同质量、姿态角及下沉速度，不同水平速度下，试验曲线表明：水平速度对着水载荷的影响是不确定的。当水平速度较小时，升力比较小，模型与水面接触时，撞击加速度较大，产生的载荷不一定小，而当水平速度较大时，升力比较大，虽然撞击加速度较小，但瞬时撞击速度较大，产生的载荷也比较大。

⑤ 相同质量、水平速度及姿态角，不同下沉速度下，试验曲线表明：下沉速度越大，垂向加速度越大、姿态变化越大、船底压力越大，下沉速度是着水载荷大小的最直接影响因素之一。

⑥ 不同质量，相同水平速度、下沉速度下，质量越大，着水载荷越大。因为着水载荷合力是加速度与飞机质量的乘积，在加速度比较接近的情况下，质量越大，着水载荷合力越大。

⑦ 相同质量、水平速度及下沉速度下，姿态角越小，着水载荷越大。

6.4　全机模型撞浪载荷试验

6.4.1　试验原理与目的

水面飞行器在起降或者近水面飞行时，船体底部会与波浪发生剧烈的冲击，一方面船体受到波浪撞击载荷的作用，其机身在气动力、水动力和惯性力的作用下产生较大的纵摇和垂荡，严重影响水面飞行器水面操纵稳定性；另一方面波浪撞击载荷会给船底造成较大的冲击压力，严重时会给底部蒙皮及桁架、舱壁带来一定的变形或损伤。

水面飞行器撞浪载荷试验是按照傅汝德数相似准则模拟实机近水面飞行撞浪过程的，其目的是获取水面飞行器以不同速度、飞行高度和姿态角撞浪时的力和力矩以及底部压力峰值，作为飞行器操纵稳定性设计、结构设计和强度校核的关键输入。

6.4.2 试验模型设计与制作要求

模型设计基本可参照6.3.2节全机模型设计与制作要求执行。由于水面飞行器撞浪状态的特殊性，比如船底撞击压力大、撞击压力对于重心的力矩大等。为了较为精确地测试这些撞击载荷，首先要保证撞击压力作用于船底蒙皮的强度较好，蒙皮不能因撞击压力的作用而发生较大的变形，因此需在模型设计及制作中，充分考虑蒙皮的厚度及模型内部结构的强度。其次压力传感器的表面尽量与船底表面保持贴合，测压面与周围船底表面过渡光顺，不能出现凹凸现象，保证测压面最真实的流动情况，避免不平整表面对流体运动产生影响。最后，由于撞击压力对重心产生较高的力矩，因此必须在模型制作时考虑力矩测试对模型结构的要求，提前设计船体内部加强结构，保证在力矩测试中不会力矩过大，从而使船体内部结构产生破坏或变形。

模型应尽量采取高强度低密度的碳纤维布制作，船底蒙皮厚度最好大于1.5 mm，船体框架尽量采用3～5 mm航空层板，横向隔框间距一般为200～300 mm，为了加强蒙皮强度，船底内部可采用纵向或横向桁条或者布置蜂窝结构，以承受波浪的撞击力。

模型重心处与天平连接的部位，结构设计时应尽可能地加强，但必须注意传力形式，避免传力的集中化，导致局部承力件的破坏或变形，尽量将船底纵向的撞击载荷以分布的形式传递到船底六分力天平处，不允许重心处局部受力导致撞浪时力矩过大，引起船体结构破坏，导致试验失败。

应提前在船底蒙皮内部安装压力传感器安装底座，由于撞浪压力较大，其底座应具有足够大的抗拉力，不会在巨大的冲击压力下发生脱落的现象。

6.4.3 试验设备与装置

1. 试验设备

撞浪载荷试验测试水面飞行器撞击波浪时机身受到的力和力矩以及机身底部压力分布。测试系统一般由数据采集系统、六分力天平、压力传感器、浪高仪、照相机、摄像机等组成。所使用的仪器设备应满足试验测试要求，并经相关部门检验合格方可使用，电源及环境条件应满足试验要求。

传感器的布置方案如下：

(1) 六分力天平

安装在船体重心处，用于测量模型受到波浪撞击时的力和力矩，理论上是船底撞击压力分布积分的结果，因此，可为压力分布理论分析提供依据和参考，压力传感器的量程可根据楔形体或平板经验公式选择，相应试验状态下的冲击载荷、力或力矩都需进行预估后确定，这一块尤为重要，主要还是因为撞浪力、力矩比较大。

(2) 压力传感器

模型底部布置压力传感器，用于测量底部压力大小及分布，船底的压力传感器应尽可能布置得多,其分布结果能反映撞浪时船底的压力分布情况,压力传感器的量程可根据楔形体无量纲冲击压力系数经验公式预估,一般正常条件下,量程应不小于 2 bar。

(3) 角度传感器

模型内部水平面合适位置可布置角度传感器,要求角度传感器精度较高,具体应小于 0.2°。

主要试验设备精度应满足表 6.11 的要求。

表 6.11　主要设备要求

序　号	设备名称	相关参数	精度要求
1	拖车	速度	≤0.2%
2	造波机	波高、波长、波周期	波高横向误差:≤5%;波高稳定性误差:≤4%; 波高重复性:≤2%;波周期的稳定性和重复性:≤2%
3	浪高仪	波高、波向、波高随时间历程	≤2%
4	六分力天平	力、力矩	≤0.2%
5	压力传感器	压力	≤1%
6	角度传感器	角度	≤0.2°
7	数据采集器	电压	≤0.5%

所有试验中使用到的测试仪器、量具及数据测试系统,都应经计量检定合格,并有校准/鉴定证书。

2. 试验装置

如图 6.26 所示,撞浪载荷模型试验装置包括高度调整装置、角度调整装置、固接装置和试验保护装置等,高度调整装置用于调整模型最低点离水面的撞浪高度,角度调整装置用于调整

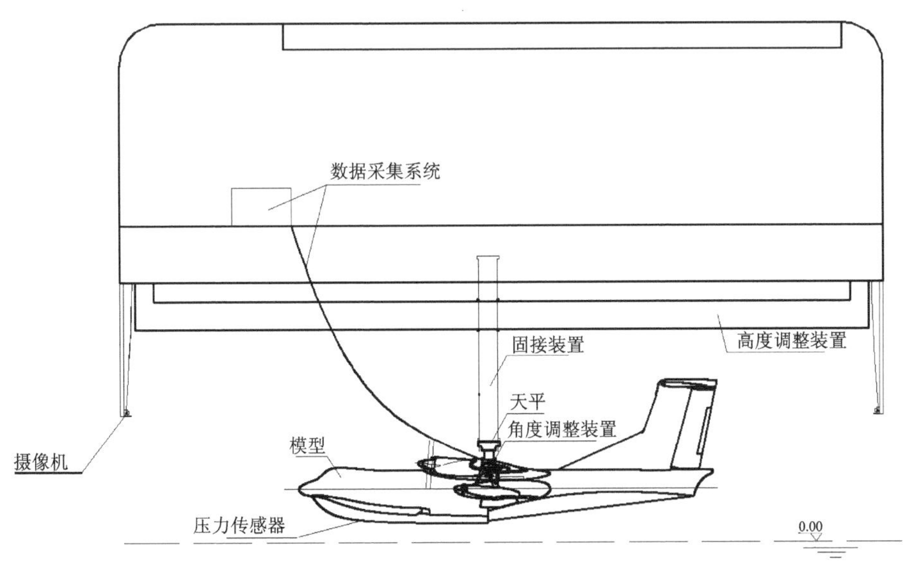

图 6.26　撞浪载荷试验装置图

模型俯仰角、横滚角和偏航角，固接装置用于连接拖车与六分力天平、六分力天平与模型。利用角度调整装置调整好角度进行安装后，模型不能转动及平动。整套装置应具有良好的刚度和强度，保证模型撞浪时模型不来回颤动导致测试精度降低。

高度调节装置与试验拖车固联，可调节模型离水面的高度，作为影响试验结果的关键部分，高度调节装置应具有标尺，必须可以按照一定的指令调节高度，保证试验过程中高度可控、可调。

角度调节装置上端与天平固定连接，下端与船体内部结构固定连接，角度调节时，应具有一定的定位孔，当调节好船体的角度后，采用销杆进行固定，保持船体姿态固定。角度调节可调范围应为 0～8°，角度间隔至少 1°，精度控制误差小于 0.2°。

6.4.4 试验场地及环境

参照 6.2.4 节执行。试验场地中应有对试验件进行摄像的摄像设备，实时对模型撞浪状态进行视频记录，拍摄位置一般在模型四周 4 个视角，拍摄全机模型在撞浪过程中的状态、波浪水面喷溅情况、船身在撞浪过程中的相对位置，为试验数据分析提供有力的依据。

6.4.5 模型试验

1. 试验程序

① 填写试验状态、试验操作人员及分工；

② 检查试验模型结构完整性、水密性；

③ 按试验装置及设计要求对模型进行安装调试；

④ 将试验模型安装到模型安装支架上，按照试验大纲要求调整和测量模型安装角度及离水面高度，并做记录；

⑤ 进行测试设备预热与检查，联调联试，确保试验结果的有效性和准确性；

⑥ 当试验系统及装置准备好之后，通知操作人员开启造波程序；

⑦ 等待波浪的传递，当波浪传递到适当位置后，开启拖车运行；

⑧ 拖车运行前，启动采集系统，测试拖车开始启动直至模型与波浪遭遇期间的数据，便于分析输入条件的有效性；

⑨ 拖车及采集器开启后，随后开启录像设备；

⑩ 拖车加速至试验速度；

⑪ 模型与波浪发生撞击，每个规则波试验状态模型撞浪个数应不少于 10 个，不规则波试验状态模型撞浪次数应不少于 10 次；

⑫ 单次试验完成后，分析模型试验时数据采集系统所采集到的数据，包括输入参数（姿态角、距水面高度和波浪参数）和输出参数（力、力矩和底部压力）的幅值和变化趋势，确认试验结果是否有效；

⑬ 单次试验完成及再次试验前，应确认模型外观及模型安装支架无异样，方能继续试验。

⑭ 保存和填写试验数据，清理现场，试验结束。

2. 试验中断及故障处理

试验过程中发生下列情况时，应立即中断试验：

① 试验模型变形或损坏；

② 试验模型初始状态、试验环境与试验大纲存在偏差；

③ 试验设备故障；

④ 其他可能危及试验安全的现象。

试验故障处理应按如下要求进行：

① 试验模型变形或损坏时，应对试验模型进行检修，直至试验模型满足要求后才可恢复试验，并对受影响的内容进行复试；

② 试验模型初始状态、试验环境与试验大纲存在偏差时，应查明偏差原因并排除偏差，满足试验大纲要求后方能进行试验；

③ 试验中出现试验设备故障及其他危险中断试验后，应查明原因，排除故障和危险，并判断已试内容的有效性，决定补试或重试；

④ 试验中出现试验模型初始状态偏差，试验过程、试验模型状态超出预期等原因中断试验后，应查明原因，根据现场实际情况，确定是否对中断时的试验工况进行重试。如不需要，则应尽快调整试验模型状态，恢复试验。

6.4.6　试验数据记录、处理及表达形式

1. 数据记录

撞浪载荷试验需要测试/记录的参数如下：水平速度 V (m/s)、俯仰角 φ(°)、横滚角 θ(°)、偏航角 ψ(°)、压力 P(kPa)、力矩 M(N·m)、力 F(N)、试验水温 t(℃)、波高 h(mm)、波长 λ(m)。

若试验状态为不规则波，则波长换为特征周期 T_z(s)。

由于撞浪属于高瞬态过程，为了测到高瞬态过程的冲击力，因此对于力、力矩和压力的测试频率应尽量大，至少不小于 1 000 Hz。浪高仪测试波高的采样频率不小于 25 Hz。

试验时应对试验相关参与人员进行记录，试验后对模型状态、试验状态及试验环境空气温度、试验水温等进行测试并做记录，确保试验过程的真实性与完整性。试验数据原始记录如表 6.12 所列。

表 6.12　试验工况记录表

试验名称	负责人	空气温度/℃	水温/℃	日　期	其　他

拖车运行	数据采集	模型状态调整	录　像	造　波	模型打捞	试验数据记录	数据初步分析

序　号	V/(m·s^{-1})	h/mm	λ/m	φ/(°)	θ/(°)	ψ/(°)	存盘文件	时　间	记录人	备　注
1										
2										
⋮										

2. 数据处理

对试验数据进行低通滤波处理，滤波后的典型试验曲线如图 6.19～图 6.21 所示。滤波频率是将数据傅里叶变换后进行频域分析后得到的，滤波频率范围一般不低于信号特征频率，不大于信号采样频率的二分之一。对滤波后的各测试参数的试验曲线取初始值、峰值，通过式(6.11)～式(6.13)计算得到各参数幅值结果：

$$\Delta F = F_F - F_0 \tag{6.11}$$

$$\Delta M = M_F - M_0 \tag{6.12}$$

$$\Delta P = P_F - P_0 \tag{6.13}$$

3. 数据表达形式

表 6.13 所列为滤波处理后的结果数据记录表。

表 6.13 试验结果数据记录表

序 号	力/kg			力矩/(kg·m)			压力/kPa		
	F_0	F_F	ΔF	M_0	M_F	ΔM	P_0	P_F	ΔP
1									
2									
⋮									

图 6.27～图 6.29 所示为各参数滤波处理后的典型时历曲线。

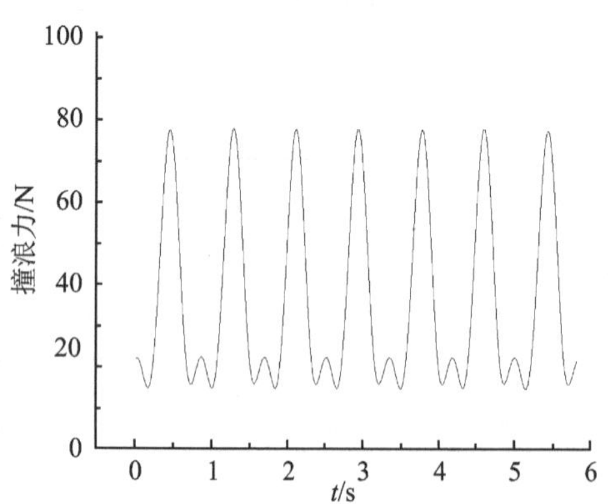

图 6.27 力随时间变化历程

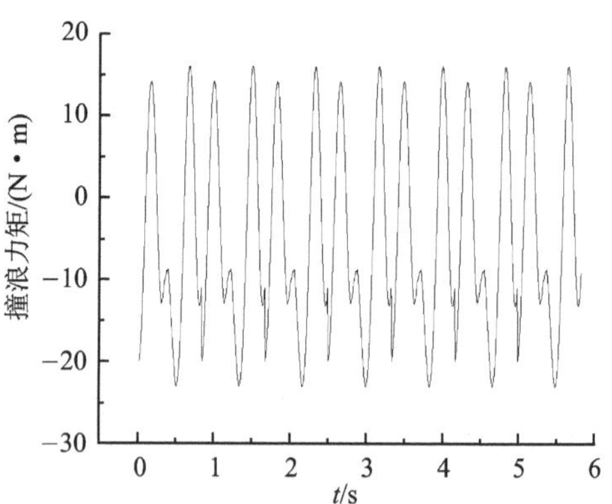

图 6.28 力矩随时间变化历程

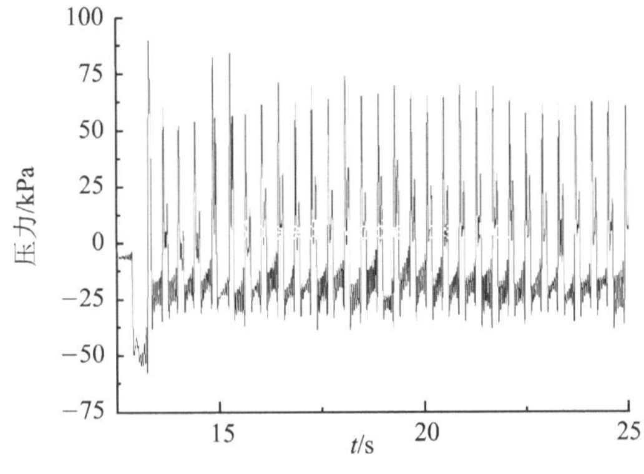

图 6.29　底部压力随时间变化历程

6.5　自由飞模型着水载荷试验

6.5.1　试验原理与目的

受水池的池壁效应、阻塞效应及水池气水流场的干扰以及水池试验空间、设备等诸多限制，在水池开展无动力模型着水冲击试验，可能难以得到理想的试验结果。随着试验要求的提高以及电子技术的发展，可通过在全机模型上安装电机和螺旋桨动力设备，在开阔水域进行起降、滑水试验，模拟水面飞行器实机的水面载荷工况。

通过开展水陆两栖飞机自由飞模型在开阔水域的着水冲击试验，测试着水瞬间的角度变化、加速度变化和底部压力随时间的历程，研究水陆两栖飞机自由飞模型的着水冲击试验技术及可靠性，为水面飞行器着水载荷设计和验证提供支持。

6.5.2　试验条件

1. 试验模型设计与制作要求

自由飞模型设计与试验参考 CCAR 25 中对相关条款要求设计，模型原型为 AG600 大型水陆两栖飞机。模型的设计与制作参照 6.3.2 节全机模型设计与制作要求执行。

对于着水载荷试验的自由飞模型，试验时模型将承受一定的振动、冲击和过载。因此要求模型结构强度要高，但同时结构重量又要较轻。与全机模型不同的是，自由飞模型需要模拟实机动力系统、操纵系统，在模型设计时需要考虑动力装置、操纵装置的安装空间，对于升降舵、襟翼等需要实时操纵的部件也应在设计时考虑。

通过自由飞模型试验研究水动力性能时，主要研究飞机在水中运动所引起的流场性质，因此模型的几何、运动及动力均遵照傅汝德相似准则，各参数比例关系如表 6.14 所列。

表 6.14　比例关系(λ 为缩尺比)

名　称	实机值	比　例	模型值
长度	L	λ	λL
力	F	λ^3	$\lambda^3 F$
惯性矩	I	λ^5	$\lambda^5 I$
质量	m	λ^3	$\lambda^3 m$
时间	t	$\sqrt{\lambda}$	$\sqrt{\lambda}t$
速度	V	$\sqrt{\lambda}$	$\sqrt{\lambda}V$
线加速度	a	1	a
角加速度	α	λ^{-1}	$\lambda^{-1}\alpha$

(1) 模型比例选择

由于缩尺效应的影响,模型尺寸过小会直接影响试验测量精度、模型制作精度以及增加模型重量和惯量的控制难度,而模型尺寸过大,需要的动力以三次方关系增大,各种耗材的使用也会增多,因此在设计模型时应选择合适的模型比例。本次模型缩尺比例为 1∶10,设计时考虑了设备后留有 30%左右的可调重量。

(2) 基于 CAD 的模型设计

运用 CAD 软件对飞机模型的结构、重量分布情况进行了设计和优化,如图 6.30 所示。

自由飞试验时所有的测试采集设备都需要安装在模型内,为了保证安装设备后模型的三向惯性矩满足试验要求,模型必须具备比水池试验模型更轻的重量。

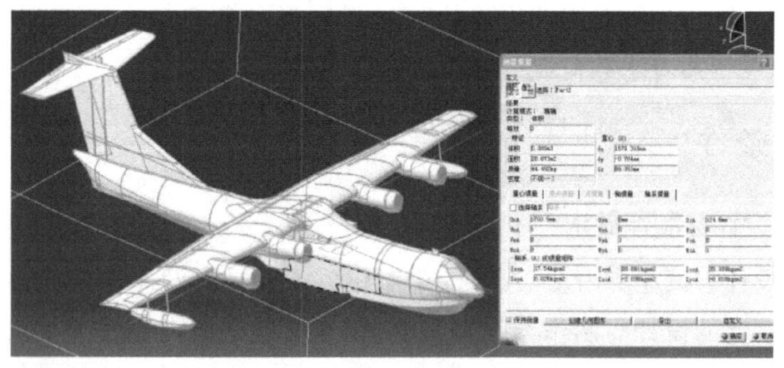

图 6.30　CAD 模拟模型重量分布

在模型制作前,首先了解飞机重量、重心、惯量和试验设备的重量指标,然后应用三维软件对整个模型建模模拟重量分布,并根据理论惯量的要求,通过不断的优化得到各个部件最佳重量和仪器安装的最佳位置。

在保证模型重量、重心、惯性矩(误差小于 10%)要求的前提下,尽可能地提高模型的结构强度。自由飞试验模型采用航空层板、椴木板、碳纤维板框架,以及外蒙泡沫和玻璃纤维布组成的复材蒙皮;装配机翼、尾翼时,采用了在机身预埋碳纤维管来对接的方式。模型在起飞和降落时,机身、机翼遭受较大的水动载荷作用,特别是降落瞬间机身断阶处撞击力很大,因此在模型局部额外增加了加强筋,同时对模型做了密封防水处理,确保试验过程中机身和试验设备不损坏。

(3) 调试模型惯量

在模型加工完成后，用“双摆法”对配重后模型的周期进行了测试，如图 6.31 所示。

图 6.31　自由飞模型三向惯量调试图

利用如下公式计算得到模型的惯量，不断优化确定配重块的位置：

$$J=\frac{g}{4\pi^2}\cdot\frac{K^2}{L^2}\cdot(m_1+m_2)\cdot\left(\frac{T}{N}\right)^2-J_1 \tag{6.14}$$

其中，J 是模型惯量($\mathrm{kg\cdot m^2}$)；K 是摆线摇摆半径(m)；L 是摆线摇摆长度(m)；m_1 是模型重量(kg)；m_2 是夹具重量(kg)；T 是模型摇摆 N 次的时间(s)；J_1 是夹具的惯量($\mathrm{kg\cdot m^2}$)。

2. 试验设备与装置

自由飞模型的无人机系统由无人机平台、飞控系统、动力系统、链路系统、地面指控系统和测试系统组成，具体组成如图 6.32 所示。

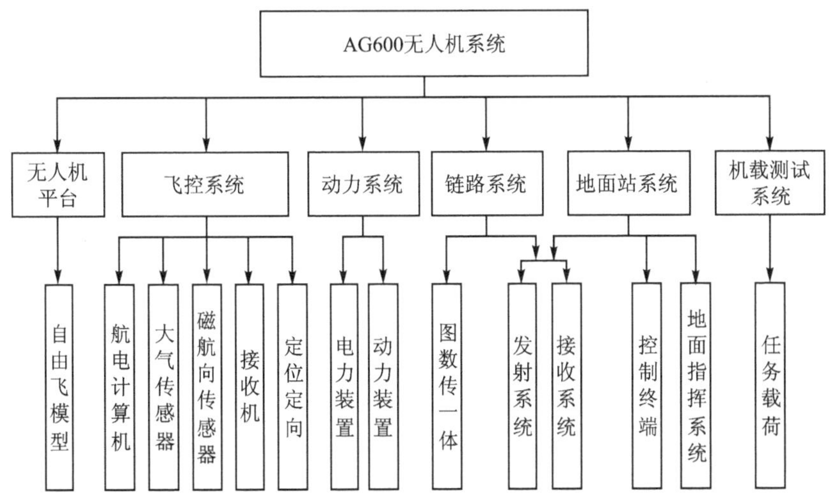

图 6.32　AG600 无人机系统组成

(1) 飞行控制系统

飞行控制系统需要对模型运动响应进行实时测试,结合传感器数据对模型进行适应性控制,进而实现自主起飞和降落功能。水面波浪具有一定的周期性,因此水上无人机在水面滑行的过程中,其运动姿态和加速度也会表现出一定的周期性特征。飞控系统通过雷达高度计获得无人机不同位置的实时水面高度,结合 IMU 给出的无人机实时姿态角和加速度,GPS 传感器给出的速度和位置信息以及空速传感器给出的空速信息等,通过相应的融合滤波算法分析波浪特征,获取波浪的相关参数,进而实现对无人机前方波浪的预测,最后将通过处理后得到的波浪信息传送至自动控制线程中,实现对无人机的水上自主起降适应性控制。

1) 导航模块

飞控与导航系统采用主、备导航方式,主导航采用 GPS,主 GNSS 失锁,备份导航能保证飞行安全。

纯粹 MEMS 惯性导航在短时间内工作精度高,但是容易受到温度和累积误差的影响,惯性元件误差是惯性系统的主要误差源,惯性系统误差随时间的推移迅速积累,于是单个 MEMS 惯导不能满足载体长期导航和定位的需要,而 GNSS 作为卫星导航系统的一种,是一种普遍应用的绝对定位系统,具有良好的低频特性,能够全天候提供绝对位置信息,GNSS/INS 组合导航系统可以有效地利用各自优点,进行系统间的取长补短以减小系统误差,提高系统的性能,如图 6.33 所示。

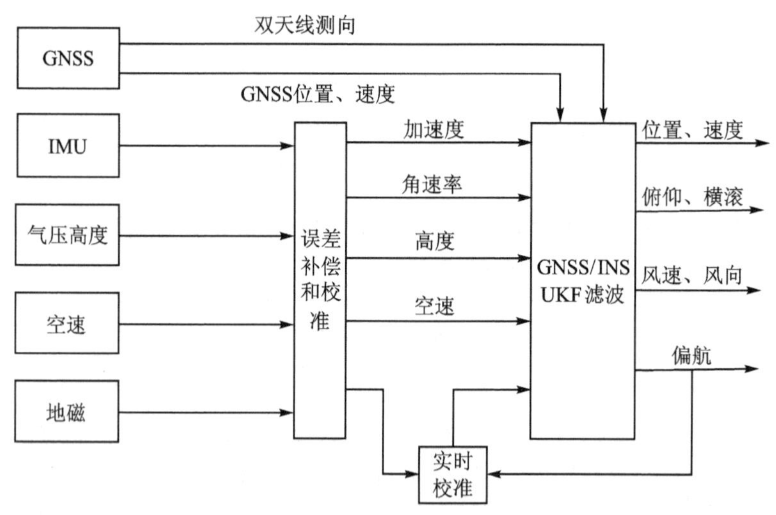

图 6.33 GNSS/INS 组合导航示意图

由于导航的实时性要求较高,为了保证导航系统的备份切换过渡稳定、及时,因此导航模块采用热备份方式,主、备导航模块同时工作。系统采用异构模式,通过 GNSS 主备切换模块来进行切换,避免共模故障,提高导航系统的可靠性。主备切换模块主要功能为 GNSS 信号质量检测功能和切换执行功能。其中主、备模块的 GNSS 信号检测功能,该功能通过对 GNSS 信号失锁、PDOP、锁定星数、信号接收超时以及历史位置和速度进行检测,结合气压和空速来计算当前位置和速度的预测误差。由于两个 GNSS 的输出有精度误差,测量值不可能完全一致，因此当主、备 GNSS 皆正常时，备份 GNSS 根据组合导航输出结果计算备份导航与主惯导的系统偏差，如图 6.34 所示。

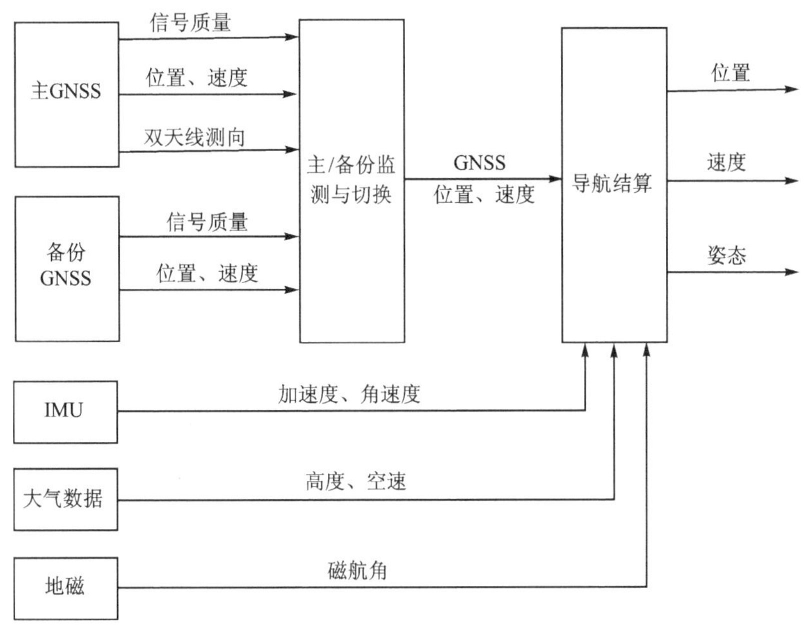

图 6.34　主备份导航逻辑

当检测结果为主 GNSS 异常，备份 GNSS 正常时，则切换到备份 GNSS 上，并加入系统偏差，进行一阶平滑过渡，从而避免位置和速度的阶跃，导致系统不稳定。当检测结果为主 GNSS 异常，并且备份 GNSS 也异常时，系统从 GNSS/INS 组合导航切换成大气数据/地磁/AHRS 位置和速度推算导航。切换到备份 GNSS 后，若主 GNSS 信号恢复到正常状态并达到持续一段时间的阈值，则备份 GNSS 切换回主 GNSS 模块。

2）飞行管理模块

① 飞行管理模块框架。

飞行管理单元主要对系统模式进行管理，包括自驾状态、导航状态、飞行模式以及应急处理，如图 6.35 所示。

② 自驾状态管理。

自驾状态包括纯手动模式、半自主模式和全自主模式，如图 6.36 所示。

③ 飞行模式管理设计。

飞行管理设计是对各飞行模式进行切换管理，飞行模式包括待飞、起飞滑跑、离地、爬升、飞行、降落、进近、短距进近、接地、降落滑跑。

④ 应急处理管理设计。

应急保护说明如表 6.15 所列。

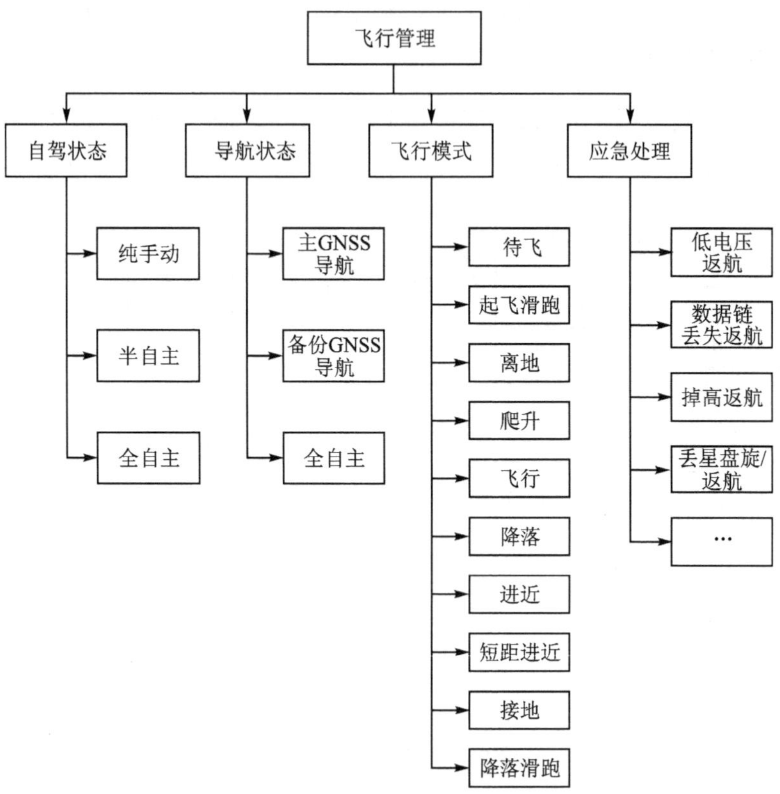

图 6.35　飞控管理模块框架图

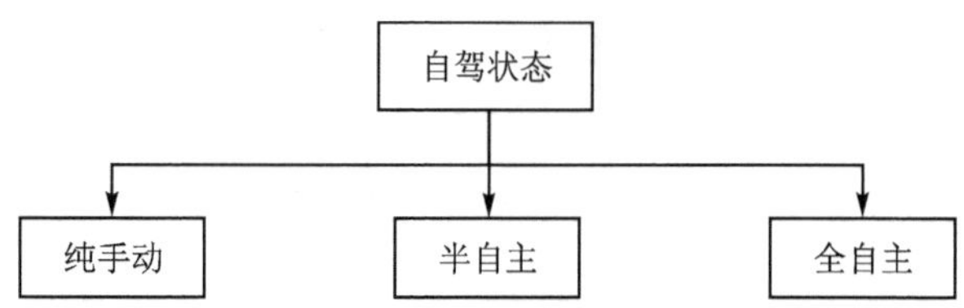

图 6.36　自驾状态框架图

表 6.15　应急保护说明

序　号	应急保护
1	数据链路丢失超过预设时间,自动返航
2	持续掉高超过预设值,自动返航
3	电压超过预设值,自动返航
4	飞行过程中,限制最小、最大海拔高度
5	GPS 信号丢失,可选择就地盘旋或者返航
6	电子围栏保护
7	遥控器信号丢失超过预设时间,自动切为自驾飞行

(2) 动力系统

动力系统采用电动驱动，起降和飞行所需推进力由电机驱动螺旋桨来提供，螺旋桨根据 AG600 实机螺旋桨缩比得到，同时需开展螺旋桨试验，保证自由飞模型与实机推力相似。动力系统可保证模型 0.5 h 飞行时间，电池组包含电压电流监测系统和固态继电器开关。其具体性能要求如下：

1）电气装置

① 系统具备配电能力，小功率系统通过开关或继电器上电，大功率动力系统采用直接供电，与飞行安全无关的系统需具有断路器保护功能以防止短路；

② 动力电源采用双余度供电，全机分两组电池组供电，每组电池向两个电动机供电，单电源故障情况不影响飞行安全，如图 6.37 所示；

③ 插接件具有防错结构设计和标识；

④ 电源插头为防打火设计；

⑤ 动力电池满足 100 次以上充放电寿命；

⑥ 0 ℃情况下，无人机可实现安全水平起降；

⑦ 舵机等执行机构要求独立供电；

⑧ 具有航行灯(左红右绿)。

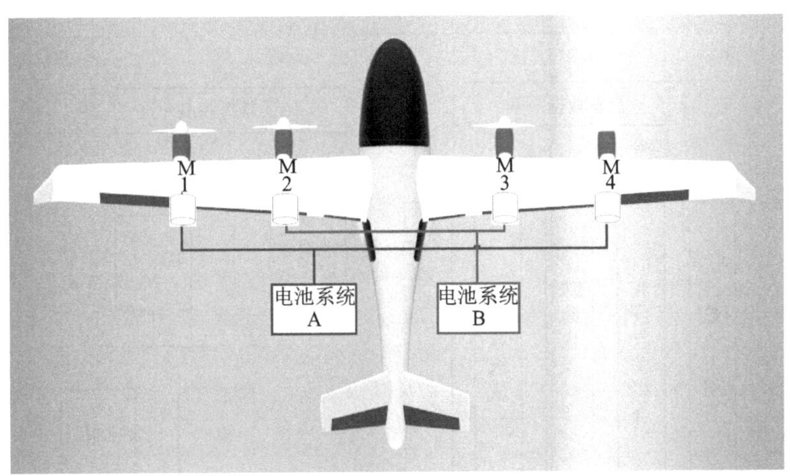

图 6.37 电气供电原理图

2）动力装置

① 巡航电动机采用无刷外转子电动机，如图 6.38 所示；

② 电动机与控制器采用一体化设计，电子调速器具有转速、电流监测能力；

③ 满足最大起飞重量下海平面 5 m/s 以上爬升率；

④ 电机功率密度不小于 3.5 kW/kg；

⑤ 巡航状态电机效率不小于 90%；

⑥ 螺旋桨安装具有防松设计。

(3) 视距链路系统

视距链路与指控设备可应用于自由飞模型的飞控、载荷与地面指控之间的核心通信接口，

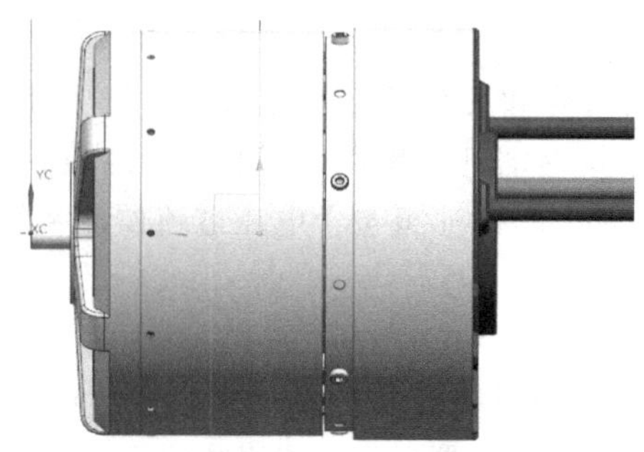

图 6.38　无刷电动机

主要实现自由飞模型与地面指控站之间数据交互与信息分发，满足作用距离 20 km 以内的通视无线通信。系统主要采用双链路设计(主链路 L+S 波段，副链路 UHF 波段)，链路之间通过接口和软件界面实现实时切换，支持多种格式的测绘数据接收与发送。

该数据链系统由一台机载数据终端和地面指挥控制车组成，主要完成对飞行器的遥控、遥测和测绘信息的实时处理，全套系统架构如图 6.39 所示。

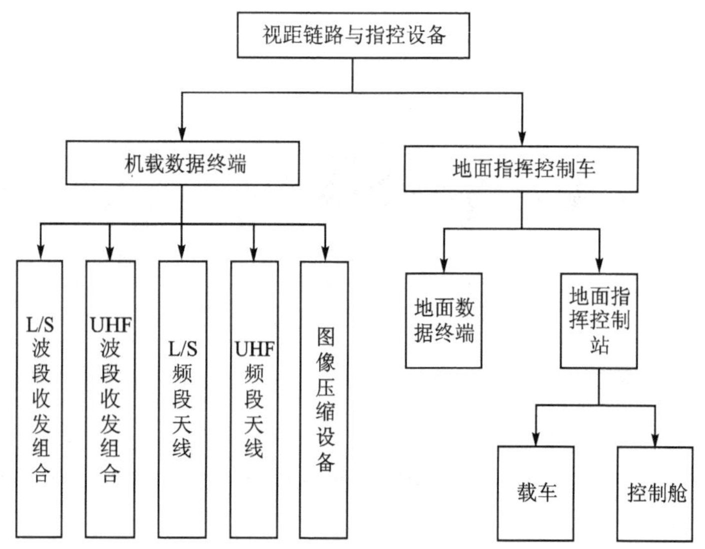

图 6.39　视距链路与指控设备系统架构示意图

链路系统具有以下特点及能力：

① 高速低时延信息传输能力。

系统数据链路具备码速率高、时延低等特点，并采用图传数传一体化的设计思路，L+S 主链路频段图传码速率可达 4 Mbps，并支持红外、可见光、SAR 在内的多种高清格式，高通量低时延传输，使得系统在第一时间即可获得现场的高精度测绘数据，充分保障信息的时效性，为后续极端情况下的应急救援工作提供了充分的技术保障和支持。

② 恶劣环境适应能力。

本系统针对地震抢险、自然灾害、防洪防火等多种恶劣环境下的应急测绘数据采集与信息分发共享需求而设计，因此系统的作业环境具有地形条件恶劣、电磁环境复杂、气象条件多变等特点。本系统采用多种技术手段保障系统的环境适应能力，首先，数据链路通过低仰角通信及快速天线跟踪等手段应对现场复杂地形造成的信号衰减和多径效应，充分保障信息质量，信号体制的优化，使得现场其他电子设备（卫通、导航、电台、对讲机等）互不干扰，互相协作。其次，地面载车具备大扭矩、高马力等特点，载重大、爬坡性能良好，可适应沙漠、泥沼、砂石、湿地、山体等多种地形路面，充分发挥系统在应急条件下的环境适应性和可靠性。

③ 高可靠性与多重备份能力。

采用主副链路相结合的方式保障数据链路的高可靠性和有效性，充分保障系统可在山地、林地、废墟、灾害等各种恶劣环境下完成可靠的测绘数据传输。地面计算机采用多重数据备份方式应对各种复杂及紧急的状况。飞控席位可通过启动软件操控计算机，油机可实现对空调和设备的独立供电，并且支持UPS紧急供电等应急方式，如图6.40所示。总而言之，系统充分贯彻数据链路多重备份、硬件条件适度冗余、功能模块适度重叠的原则，尽量削弱和减免各种关键衔接关节的“灰色地带”，保障整个系统的安全。

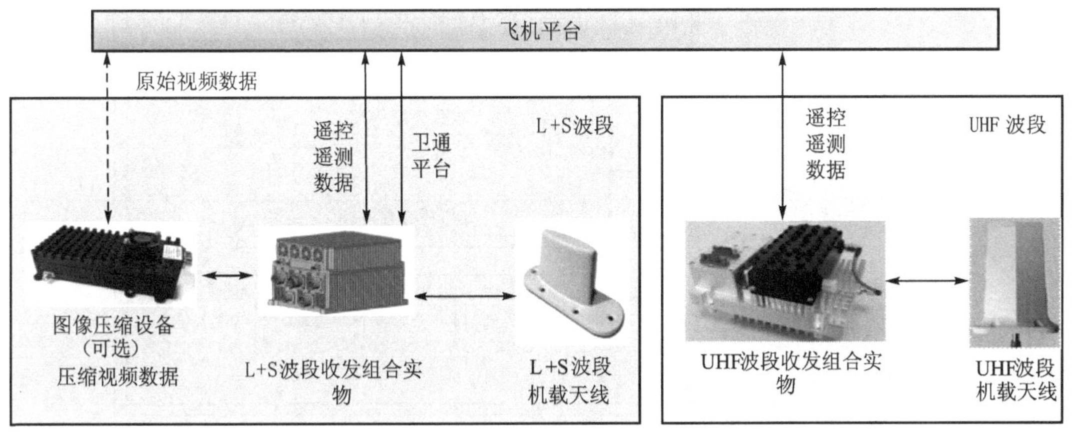

图 6.40　链路通信天线示意图

(4) 地面站系统

飞行与任务实时综合控制软件系统用于对无人机的系统飞行状态与任务载荷状态的显示和实时控制，接收链路系统所传送来的实时数据将同时显示无人机的状态数据及发动机、机载电源系统、任务载荷设备的工作状态参数，并通过链路上行信道，输出控制指令给无人机，实现对无人机各种飞行模态的控制，如图6.41所示。同时监控无人机是否存在告警，以及告警的严重程度，并根据告警的严重程度给出应急处理流程。该系统主要包含飞控控制功能、飞控指令生成功能、通信管理功能、告警显示功能、飞机切换功能和应急处置等功能。

地面综合信息管理软件的总体功能可以简述为“两个界面，五大服务”。

两大界面：数据可视化界面和操控界面。具体包括双机全局状态监控界面、单机遥测数据可视化显示界面、双机选择界面模块、遥调操作界面。

五大服务：遥控编码服务、遥测解码服务、内部消息服务、通用外设服务、其他服务。具体包括双机遥控上行编码服务、双机遥控上行通道管理服务、双机遥测数据底层解码服务、地面站内部通信服务、双机上行转发服务、外设采集模块、外设监控模块、指令信息服务、日志服务、多机任务规划加载服务。

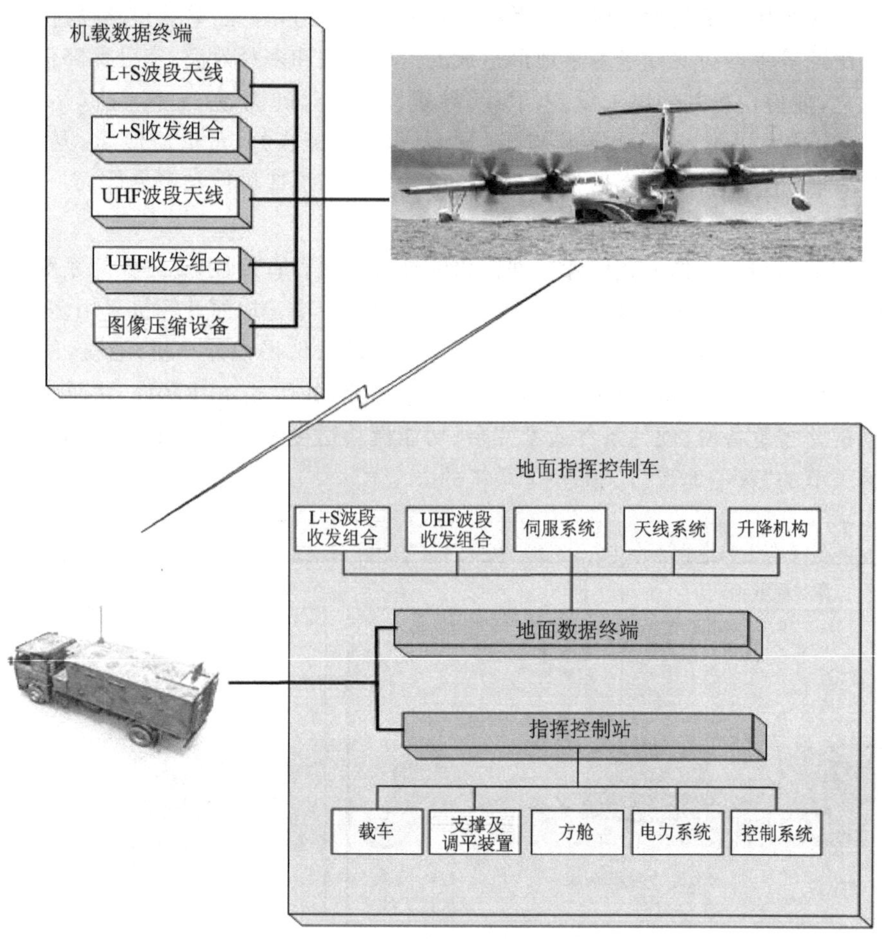

图 6.41　地面指挥系统示意图

1）人机交互设计

人机工程符合《MIL－STD－1472C 军用系统、设备和装置人机工程学设计标准》和 GJB 2873 规定的人-机-环境工程设计原理和准则，操作者在提供的工作环境中与设备达到最佳组合，以便在设备运行、操作、控制、检测、维修等过程中达到人机安全，提高功效，充分发挥人、机效能。本方案针对实际应用，对以下方面进行重点设计：

① 控制舱内座椅、设备、操作手座椅的高度与尺寸设计考虑了操作手的舒适性及方便性，具有良好的人机界面；

② 控制舱内工作环境有利于使车内通信设备发挥最佳效能，能使操作者保持良好状态，三个席位显示器在操作者的最佳视区范围内，保证操作者的工作状态；

③ 地面控制车空间保证了操作者的操作及工作空间；

④ 地面控制车内具有良好的照明及采光条件，车窗的位置便于控制舱内的空气流通及乘员的瞭望；

⑤ 地面控制车相应部位上设置明显、确切的操作指示标志；

⑥ 驾驶室设备布局和安装考虑人机工程和操作方便性。

按照 GJB 50A—2011 和 GJB 131—2002 中对于噪声和振动的要求进行设计，确保操作人员在舱内的舒适性。

通过这些工作，使地面控制车整车具有较好的可操作性，满足武器系统的人机交互设计要求。

2）软件设计

软件设计采用模块化结构，具有可扩展性，继承、采用成熟软件，软件开发符合 GJB 2786A—2009，软件文档符合 GJB 438B—2009 的要求。软件显示和布局合理，如图 6.42 所示。

软件系统由应用层、服务层和数据层组成，应用层完成各席位的显示与控制、业务处理、人机交互；数据层为各席位提供统一的数据共享环境；服务层提供统一的数据访问服务、数据配置及存储访问服务、地理信息服务、时统服务、安全管理服务、信息传输服务、日志处理服务。将需要实时观察的数据通过直观模式显示出来，如飞行器的姿态、高度、速度等关键参数直观显示在合适位置，方便地面站操作员掌握飞行器状态，如图 6.43 所示。

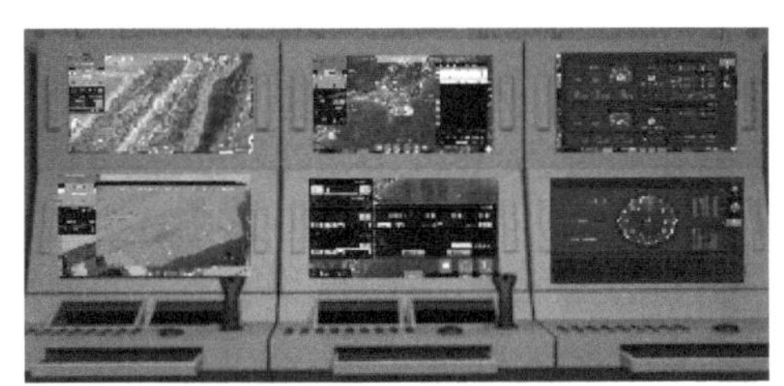

图 6.42　软件显示示意图

图 6.43　地面控制台高清影像和状态监控的实时显示

(5) 机载测试系统

根据试验任务与飞机各部件功能要求，自由飞模型测量参数主要包含运动轨迹(经度、纬度和高度)、速度(低速、空速、下降速度)、螺旋桨推力(转速)、俯仰角、横滚角、航向角、俯仰角速率、横滚角速率、偏航角速率、舵面角度、飞机离水/接水信号、汲水斗收/放信号、投水舱门收/放信号、船底压力信号、汲水量、机体前中后过载信号、环境参数(风速、浪高、温度、气压等)以及自由飞全局、襟翼、抑波槽出口、内发螺旋桨等处喷溅情况。

在满足测试要求的前提下尽可能地减少布置测试电缆，采用成熟、通用、可靠的货架产品，保证测试系统的可靠性、先进性和可扩展性。避免因为试飞测试系统的故障，降低试飞效率。测试参数除无人机系统记录的参数外，应验证安全监控和评价所需，机载测试系统选型时应充分考虑技术成熟性和功能可靠性，系统应在其他同类型号飞机上成功应用；机载遥测系统与现有的地面接收设备兼容。

为了保证 AG600 飞机模型自由飞测试任务的顺利进行，测试系统组成如图 6.44 所示。

AG600 飞机模型自由飞试验测量系统主要分为机载测量子系统与地面数据监控处理子系统两个部分。其中机载测量子系统分为传感与调节子系统、机载数据采集器、机载供电子系

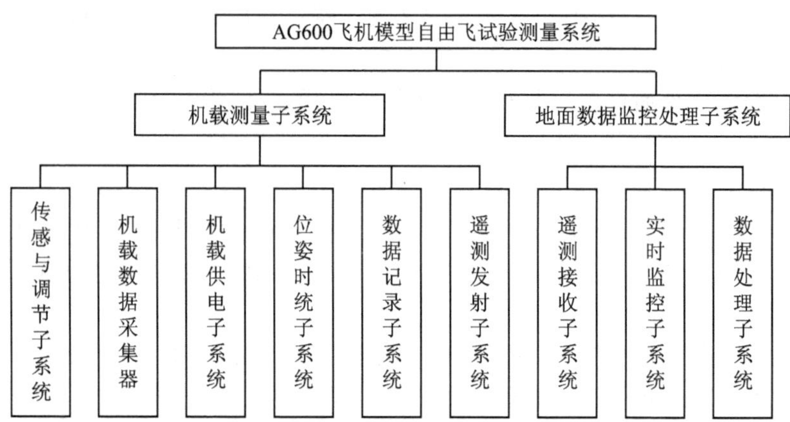

图 6.44　AG600 飞机模型自由飞试验测量系统组成框图

统、位姿时统子系统、数据记录子系统与遥测发射子系统 6 个部分。地面数据监控处理子系统包含遥测接收子系统、实时监控子系统与数据处理子系统。其总体框架如图 6.45 所示，拟采用模块化采集方案，迭代不同时期科目需求，降低整个飞行试验测试设备重量。选用成熟可靠的地面数据监控处理系统对整个项目试验过程中的测量参数进行处理和管理，提供准确、可靠、及时的测试数据结果和评判依据。

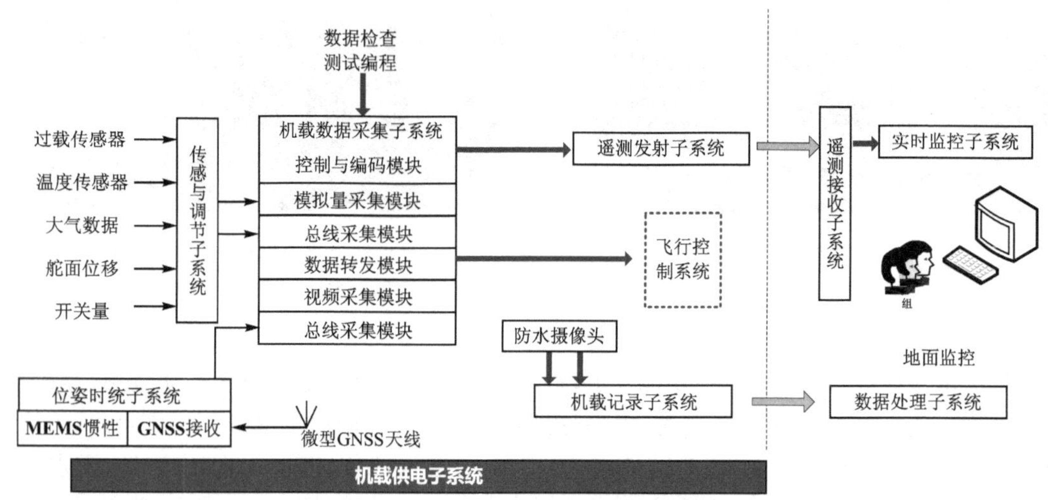

图 6.45　测试系统总体框架原理图

(6) 传感器

传感器的布置方案如下：

1) 轨迹测量单元

安装在机身首部，用于测量试验时模型的轨迹。

2) 角度传感器

模型重心处安装角度传感器，测量模型姿态变化。

3）加速度传感器

机身艏艉各安装一个单向加速度传感器，测量着水瞬间的垂向加速度；模型重心处安装一个三向加速度传感器，测量着水瞬间三向加速度。

4）压力传感器

模型底部布置压力传感器，用于测量底部压力大小及分布。

主要试验设备精度应满足表 6.16 的要求。

表 6.16　主要设备要求

序　号	设备名称	相关参数	精度要求
1	轨迹测量单元	轨迹	定位精度不大于 1 cm+1 ppm
2	加速度传感器	加速度	±10g
3	压力传感器	压力	500 kPa
4	角度传感器	角度	−60°～60°
5	数据采集器	电压	−10～10 VDC
6	发射机	—	大于 2 km
7	接收机	—	大于 2 km
8	照相机	—	—

自由飞模型着水载荷试验为开阔水域试验，不需要额外增加试验装置，图 6.46 所示为模型试验图。

图 6.46　模型试验图

6.5.3　模型试验

1. 试验程序

自由飞模型着水载荷试验按以下步骤进行：

① 将模型放在水中，将模型调整至试验状态；

② 打开测试设备、操纵设备开关，开始测试，记录模型状态、轨迹、姿态和加速度、底部压力随时间历程，测试及操纵设备工作流程如图 6.47 所示；

③ 操纵模型达到试验速度，离水起飞；

④ 待模型在空中稳定飞行 5～10 s 后，按照试验大纲要求改变升降舵、襟翼角度使模型稳定降落在水面、滑行；

⑤ 测试完成后，回收模型。

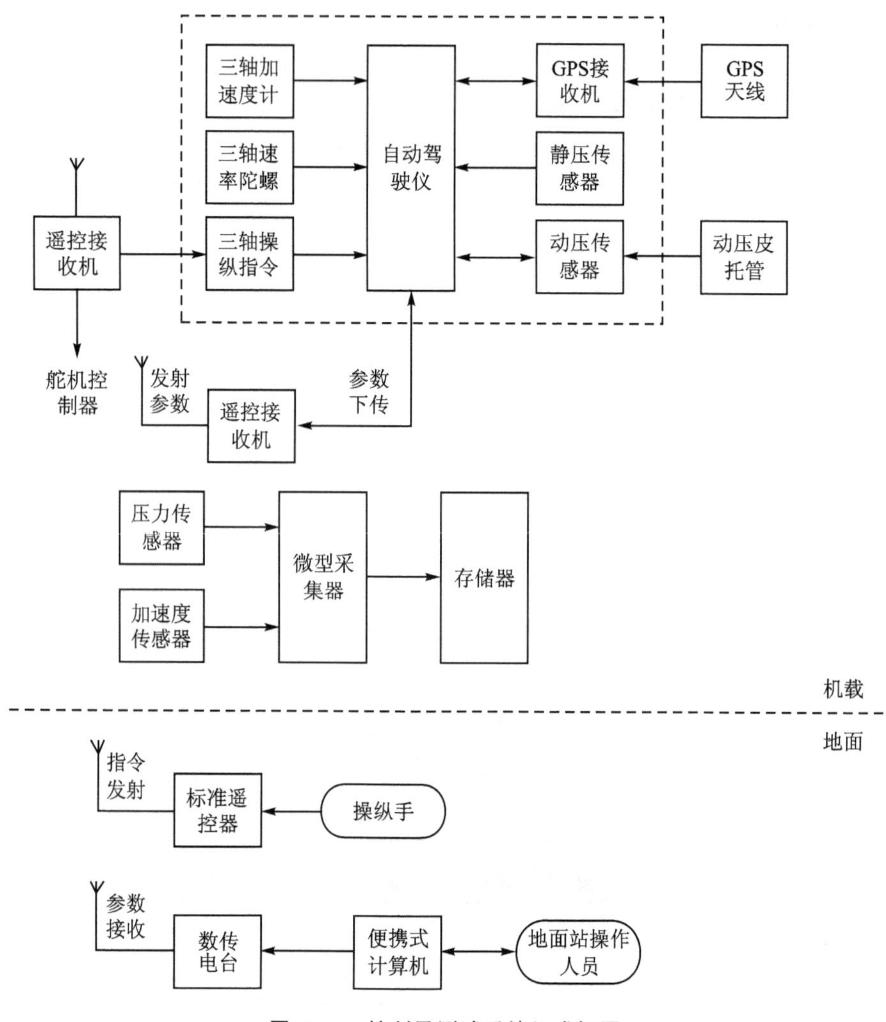

图 6.47　控制及测试系统组成框图

2. 试验应急情况处理

试验过程中出现异常时，应立即停止试验，采取适宜的措施，确保试验结果的正确性，一般包括(不限于)：

① 试验现场应配备试验所需的工作保障船，并在工作保障船上配备必需的消防、救生设备。保障船应能在试验所要求的海况下安全航行并履行其工作职责。

② 当模型出现明显变形或损坏、操纵系统发生故障、测试系统发生故障以及摄像机发生故障等情况时，应立即停止试验，采取相关的措施，待达到试验要求后，方可继续进行试验；

③ 模型在试验过程中出现异常情况，应立即停止试验，检查模型试验状态，进一步检查试验装置，并进行相关记录。

6.5.4　试验数据记录、处理及表达形式

1. 数据记录

撞浪载荷试验需要测试/记录的参数如下：速度 V (m/s)、俯仰角 φ (°)、横滚角 θ(°)、偏航角 ψ(°)、压力 P(kPa)、加速度(g)。

试验时应对试验环境温度、试验水温等进行测试并做记录。试验数据原始记录如表 6.17 和表 6.18 所列。

表 6.17　自由飞模型着水试验记录参数

序　号	测试参数名称	备　注
1	大气温度、压强	
2	水温	
3	风向、风速	
4	气象条件	
5	水面浪高	

表 6.18　水面起飞降落试验记录表

序　号	速　度	姿态角	侧风横倾角度	加速度 $X/Y/Z$	驾驶舱及断阶处加速度	角速度	断阶处压力	喷溅情况	滑跑距离	襟翼偏角	升降舵舵偏
备注栏											

2. 数据处理

试验数据进行低通滤波处理，滤波频率是将数据傅里叶变换后进行频域分析后得到的，滤波频率一般不低于信号特征频率，不大于信号采样频率的二分之一。对滤波后的各测试参数的试验曲线取初始值、峰值，通过式(6.15)和式(6.16)计算得到各参数幅值结果：

$$\Delta n = n_F - n_0 \tag{6.15}$$

$$\Delta P = P_F - P_0 \tag{6.16}$$

3. 试验结果的表达形式

参照 6.3.6 节全机模型着水试验结果的表达形式执行。

6.6　实机试飞着水测试试验

6.6.1　试验目的

民机飞行试验是通过真实飞行的方式，获取飞机在真实环境下功能和性能数据，包括研发

飞行试验、审定飞行试验、功能和可靠性飞行试验等。一方面通过所取得的数据对设计进行全面的符合性评价，对是否达到预期的设计目标进行最严格、最真实和最全面的验证，另一方面也为改进和完善提供依据。水上飞机在水面滑行和起降过程中的快速性、稳定性、操纵性、喷溅特性、漂浮特性、水载荷特性等是该类飞行器最重要的性能，除了在设计阶段进行理论计算和大量的水动模型试验外，还需要进行实机水上飞行试验以验证飞机的性能。

中国民用航空规章第23部《正常类、实用类、特技类和通勤类飞机适航标准》(CCAR 23)、第25部《运输类飞机适航标准》(CCAR 25)中对于水载荷有以下要求："水上飞机必须根据在很可能遇到的最恶劣海上条件下正常运行时很可能出现的任何姿态，以相应的向前和下沉速度起飞和着水过程中所产生的水载荷进行设计"。

中国民用航空适航规章第23部、第25部是由美国航空管理条例FAR 23和FAR 25直接翻译得到的，其中的水载荷章节详细规定了水载荷理论计算方法，包括总重、设计重量与重心、载荷的假定、船体和主浮筒载荷系数、船体和主浮筒着水情况、船体和主浮筒起飞情况、船体和主浮筒底部压力、辅助浮筒载荷以及水翼载荷等。通过对条款内容进行研究和分析，并开展实机水载荷飞行试验，一方面可以修正水面飞行器水载荷理论计算方法，为水载荷设计提供更为准确的分析手段；另一方面可以建立水池模型着水载荷试验与实机水载荷相关性，提升基于水池缩比模型试验的水载荷预报水平。

实机水载荷飞行试验是在真实飞行条件下进行水载荷测试的过程，通过水面飞行器在预期运行的水面环境包线范围内进行水面起降，以验证其水载荷特性(见图6.48)。

水载荷飞行试验主要测试内容包括船底水载荷测试、抑波槽水载荷测试、浮筒水载荷测试、主起护板水载荷测试、主起整流罩水载荷测试、水舵水载荷测试等。

图6.48　水面飞行器水上起降飞行

船体水载荷测试是测试飞机在水面起飞、滑行和着水过程中，船体艏部、重心、艉部处的过载、船底(包括前起舱门和投水舱门)的压力分布，为船体结构设计、强度校核提供水载荷数据。

浮筒水载荷测试是测试飞机在起飞、滑行和着水过程中，浮筒结构重心附近的过载及浮筒底部的压力分布，为浮筒及其连接件的结构设计、强度校核提供水载荷数据。

主起护板水载荷测试是测试飞机在上下水时滑行和转弯过程中，两侧主起护板所受到的水的压力，为护板结构设计、强度校核提供水载荷数据。

主起整流罩水载荷测试是测试飞机在起飞、滑行和着水过程中，整流罩所受到水的冲击压力，为整流罩结构设计、强度校核提供水动载荷数据。

抑波槽水载荷测试是测试飞机在起飞、滑行和着水过程中，抑波槽内的压力分布，为抑波槽和抑波板的结构设计、强度校核提供水动载荷数据。

水舵水载荷测试是测试飞机在起飞、滑行和着水过程中，水舵表面压力分布、水舵侧向力和舵轴铰链力矩，为水舵及其连接件的结构设计、强度校核提供水载荷数据。

6.6.2 试验计划

根据水载荷飞行试验要求和被试对象研制总要求等编制水载荷试飞大纲,并报主管部门审批。批准的试飞大纲在实施过程中一般不得更改,特殊情况需要更改时,应由试飞单位以书面形式报主管部门。

水载荷飞行试验程序包括根据试飞大纲制定试飞任务单、飞行前地面和水面准备、任务协调和机前指示、试飞员进场、飞行前水面检查、水载荷试飞、试飞员讲评、试验结果处理分析等。

水载荷飞行试验任务单主要由负责水载荷飞行试验工作的技术部门制定,但应充分征求试飞员的意见。飞行试验任务单应按试飞大纲的要求编写,应针对实机试飞过程中的每一个飞行架次,其主要内容应包括飞行器型别、重量重心状态、水文气象限制条件、飞行器结构更改情况、完成科目所需的设备及测试仪器、本次飞行的限制数据、具体的试飞任务、飞行航迹示意图、注意事项及安全措施等,如表 6.19 所列。

表 6.19　水载荷飞行试验任务单

<table>
<tr><td colspan="2">科目名称:水载荷飞行试验</td></tr>
<tr><td colspan="2">风险等级及评估单号:</td></tr>
<tr><td colspan="2">本次飞行所需条件:</td></tr>
<tr><td>机　型:</td><td>机　号:</td></tr>
<tr><td>起飞重量:</td><td>重心位置:</td></tr>
<tr><td>燃料重量:</td><td>飞行时间:</td></tr>
<tr><td colspan="2">试验气象要求</td></tr>
<tr><td>浪高、浪向:</td><td>能见度:</td></tr>
<tr><td>风速、风向:</td><td>气温、湿度:</td></tr>
<tr><td colspan="2">其　他:</td></tr>
<tr><td colspan="2">1 试飞依据/构型更改情况</td></tr>
<tr><td colspan="2">2 完成科目所需的设备、仪器</td></tr>
<tr><td colspan="2">3 其他要求</td></tr>
<tr><td colspan="2">4 飞行限制数据</td></tr>
<tr><td colspan="2">5 试飞任务(试飞目的、科目、飞行过程及动作要求)</td></tr>
<tr><td colspan="2">6 飞行航迹示意图</td></tr>
</table>

续表 6.19

7 注意事项及安全措施
第 1 次更改记录： 年 月 日 设计人员： 试飞员： 指挥员：
第 2 次更改记录： 年 月 日 设计人员： 试飞员： 指挥员：
10 试飞员评述
飞行日期： 年 月 日 剩余油量： kg
入水时间： 时 分 上岸时间： 时 分
试飞员：

6.6.3 保障条件

为确保水载荷飞行试验的安全顺利进行，除陆上试飞所必须保障的包括航空气象、空管、通信和导航等设备以外，还需要提供以下保障条件：

① 提供水面飞行器上下水的下滑道以及水上滑行、起飞、降落水域和航道；

② 组建水上试飞现场管理组织机构，规范水上飞行试验现场管理流程，明确现场跟飞人员职责；

③ 制定水上飞行试验应急预案，针对可能出现的危险情况做好应急准备；

④ 提供地面通信和监控设备、警戒和救援保障船只、设备和人员等，如图 6.49 所示；

⑤ 提供浪高仪、水温计和风速风向仪等水面测量仪器，为飞行试验提供实时气象水文数据；

⑥ 试飞员完成相关培训及考核，熟悉水上飞行器操作和水上飞行器运动特性，具有一定水上飞行器飞行经验；

⑦ 跟飞人员应由飞行器各系统、专业技术人员组成，熟悉本专业设计，能够现场处理出现的问题和分析排故，保障试飞顺利进行；

图 6.49　地面监测及水面保障

⑧ 对于风险科目试飞及管理程序参照 HB 8472—2014 有关规定执行，在风险科目实施前，应

组织有关专家对技术方案、试飞方法和试飞实施方案进行评价，以确保风险科目的试飞安全。

水上飞行试验管理流程如图 6.50 所示。

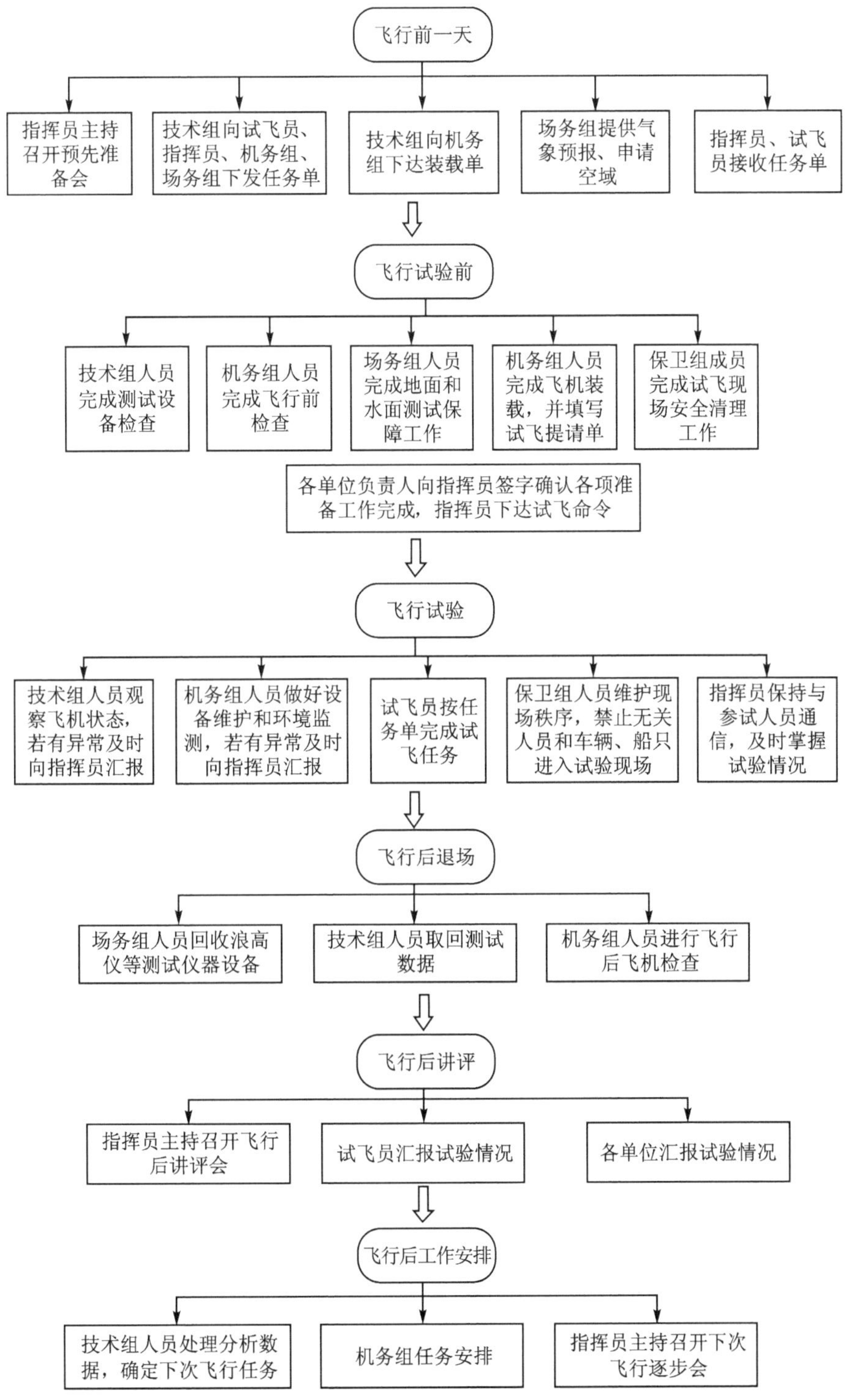

图 6.50　水上飞行试验管理流程

6.6.4 试验应急情况处理

试飞安全是飞行试验所面临的永恒主题，确保试飞安全是每个试飞工作者的神圣职责，但是试飞风险是始终存在的，任何时候和任何试飞科目，永远都不能说没有风险。在进行飞行试验时，一定要将试飞风险控制在可接受的范围内。既要敢于冒风险，又要控制风险。在试飞过程中，需要对风险进行评估分析，并在风险评估完成后按照一定的等级进行相应的风险控制，但在实际飞行试验中，往往会出现各种意料之中或者是意料之外的应急情况，在此，针对水面飞行器的特点，对水面飞行器水面航行、滑行试验过程中可能出现的突发情况提出相应的应急情况处理原则和方法，为可能出现的突发情况做出快速有效的反应和应对，将各种损失降低至最小。

为及时应对试飞过程中可能出现的各种突发情况，在开展水上试飞工作时要求做到以下几点：

① 水上试飞前，应对各抢险救护设备、设施、通信设备进行检查，确保设备完好齐全；

② 水上飞行试验时，确保各抢险救护人员和设备到达指定地点；

③ 试飞现场发现非正常情况，立即向试飞现场总指挥报告，救护人员接到命令后带相应工具立即赶赴现场实施救援；

④ 抢险救护工作坚持“先人后物，以人为本”的原则；

⑤ 试验过程中出现航道有船只或其他障碍物、超过允许涌浪或出现大角跳跃等危险运动或危险运动特征等情况时，暂时中断试验，待险情解除后继续试验；

⑥ 试验过程中出现浮筒脱落、搁浅、水密舱破损或机身大量进水、上下水装置故障、系统失效、异常噪音或震动、发动机失效、增速异常缓慢、失火或火警、飞行员身体不适等其他情况时，中断试验，收回油门关闭发动机，使飞机停在原处等待岸上人员用船或其他设备将飞机拖回试验基地。

6.6.5 首次水上飞行试验

为确保水上飞行试验安全，水面飞行器在进行首次飞行前还应完成下水前的岸上检查以及从下滑道下水（见图 6.51）后的水面静态检查和水面动态检查。

(1) 岸上检查

在下水前的岸上检查主要包括以下六个方面的内容：

① 飞机重量、重心及配重情况；

② 襟翼、升降舵等活动舵面偏转情况；

③ 燃油系统、航电系统、电源系统、液压系统和操纵系统是否正常；

④ 测试仪器及设备是否正常；

⑤ 动力装置是否正常；

⑥ 机轮制动装置是否正常。

(2) 水面静态检查

飞行器在岸上对全部设备和发动机做完了检查和试验之后，应于无风天气下水。将水面飞行器停泊在水上，进行机体结构静态水密性检查和静浮态测量。静浮态测量主要测量飞机艏艉吃水与初始姿态。浮态测量的目的是检查飞机试验状态是否满足试验要求。进行飞机浮态测量时，试飞员应将发动机控制在怠速状态，同时飞机滑行速度最大不超过 10 km/h。水密性检查包括静态水密检查和动态水密检查。静态水密检查是指当飞行器静浮于水面时，查看船身或浮筒的水下部分蒙皮接缝的水密性（建议用轻的手锤敲击铆钉接缝），当发现有透水的铆钉或接缝水密性有问题时，应进行标记并采取相应措施。同时观察飞行器在水上停泊六小时之后在各隔舱底部所汇集的水量，当任一舱渗水量超过 6 L 时，则应找到渗漏源，采取相应措施后重新进行静态水密检查。

图 6.51　水面飞行器下滑道入水过程

(3) 水面动态检查

完成水面静态检查并排除了全部故障之后，在无雨天气里操纵飞行器重新入水。飞行试验人员检查全部水密门和水密舱口是否关闭，并查看有无积水的地方，然后进行水面机动滑行。

飞行员严格地按逆风方向，以低速做多次的直线滑行，并逐渐增大水面飞行器的滑行速度，以检查纵向操稳特性和横航向操稳特性。这时，要注意观察飞行器偏航情况下改变和保持航向的能力，并记下纵向运动和横航向运动响应特征。若出现水面滑行时低头埋首、左右摆首、单侧浮筒入水、喷溅过大或出现非衰减的纵向不稳定运动等可能影响飞行器安全运行的情况时，应与技术人员确定是否继续试验。

(4) 首次水上飞行试验

排除了全部故障之后，按试飞任务单要求进行水上飞行试验。在水上试飞过程中，地面和水面参试人员应时刻与试飞员保持通畅的联系，一旦试飞环境发生重大变化，应及时通报试飞员，如水面浪高变大、风速、风向发生改变、试飞水域出现其他船只或障碍物等。

飞行试验人员检查全部水密门和水密舱口是否关闭，并查看舱内有无积水以及螺旋桨、发动机等重要部件，然后进行飞行器的机动滑行。飞行员严格地按逆风方向以低速做多次的直线滑行，并逐渐增大飞行器的滑行速度，以检查航向稳定性和纵向安定性。这时，要注意观察飞行器偏航情况和保持航向的能力，并记下飞行器的纵向摇摆及特征。若出现飞行器滑水时喷溅过大或出现非衰减的纵向摇摆等可能影响飞行器安全运行的情况时，应与技术人员商量是否继续飞行。

完成以上工作并解决了所有故障及安全隐患后，方可进行滑水起降。如图 6.52 所示，飞行员先以低速多次直线滑行并逐渐加速，同时调整舵偏拉升飞行器慢慢离水起飞，完成一次通场飞行后在空中盘旋，调整好航向和降落姿态角后再慢慢减速进行水上滑降，从而完成首次飞行试验，在整个过程中相关试验人员注意观察记录纵向摇摆以及飞行器出现的任何异常情况。

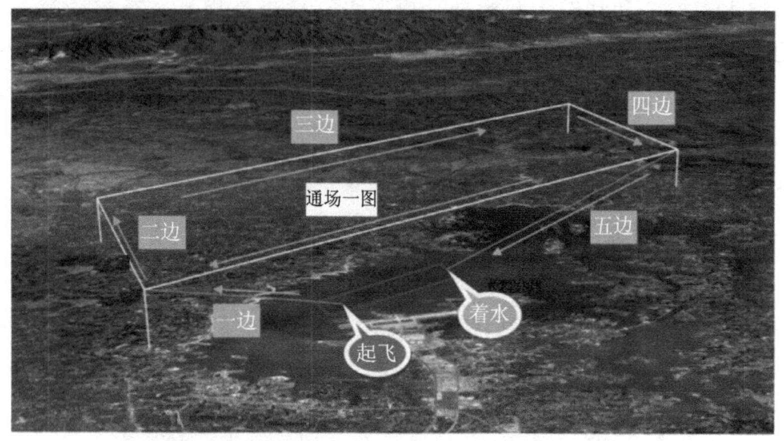

图 6.52　首次水上飞行剖面示意图

在上述第一次试飞并排除了全部发现的故障后，可以进行飞行器实机的水载荷试验任务。

6.6.6　测试改装及测试仪器设备

(1) 主要测试参数

根据水载荷试飞测试目的及内容，主要的测试参数如表 6.20 所列。

表 6.20　水载荷试飞测试参数

序　号	测试参数	参数来源	测量范围	精　度	单　位	采样率
1	空速	总线				
2	俯仰角	加装				
3	滚转角	加装				
4	偏航角	加装				
5	GPS 高度	加装				
6	GPS 经纬度	加装				
7	GPS 天向速度	加装				
8	GPS 北向速度	加装				
9	GPS 东向速度	加装				
10	油门杆位置信号	抽引				
11	飞机重量	计算				
12	瞬时耗油率	抽引				
13	发动机扭矩	抽引				
14	气压高度	总线				
15	大气机真迎角	总线				

续表 6.20

序　号	测试参数	参数来源	测量范围	精　度	单　位	采样率
16	大气机静压	总线				
17	襟翼	总线				
18	无线电高度	总线				
19	纵向操纵位移	抽引				
20	横向操纵位移	抽引				
21	脚蹬位移	抽引				
22	水舵偏度	抽引				
23	水舵铰链力矩	加装				
24	水舵偏转力	加装				
25	升降舵偏度	抽引				
26	副翼偏度	抽引				
27	方向舵偏度	抽引				
28	脚蹬力	加装				
29	杆力盘力	加装				
30	油门杆位移	总线				
31	俯仰角速率	加装				
32	滚转角速度	加装				
33	偏航角速度	加装				
34	水速	加装	0～250	1%FS	km/h	32 Hz
35	滑行漂角	计算值	－90～90	1	°	32 Hz
36	接离水信号	加装	0～1 000	1%FS	kPa	32 Hz
37	断阶吃水深度	加装/计算值	0～3 000	0.5%FS	mm	32 Hz
38	发动机拉力	加装	0～50 000	0.1%FS	N	128 Hz
39	水舵偏转角	加装	－30～30	0.5	°	32 Hz
40	水舵舵面侧向力	加装	0～30 000	1%FS	N	32 Hz
41	水舵舵轴铰链力矩	加装	0～3 000	2%FS	N·m	32 Hz
42	艏部三向过载	加装	－10～10	1%FS	g	128 Hz
43	重心三向过载	加装	－10～10	0.1	g	128 Hz
44	艉部三向过载	加装	－10～10	0.1	g	128 Hz
45	左/右浮筒重心三向过载	加装	－10～10	0.1	g	128 Hz
46	船体压力	加装	0～1 000	0.1%FS	kPa	512 Hz
47	浮筒压力	加装	0～1 000	0.1%FS	kPa	512 Hz
48	主起整流罩压力	加装	0～1 000	0.1%FS	kPa	512 Hz

续表 6.20

<table>
<tr><th>序　号</th><th>测试参数</th><th>参数来源</th><th>测量范围</th><th>精　度</th><th>单　位</th><th>采样率</th></tr>
<tr><td>49</td><td>主起护板压力</td><td>加装</td><td>0～500</td><td>0.1%FS</td><td>kPa</td><td>512 Hz</td></tr>
<tr><td>50</td><td>抑波槽压力</td><td>加装</td><td>0～1 000</td><td>0.1%FS</td><td>kPa</td><td>512 Hz</td></tr>
<tr><td>51</td><td>水舵压力</td><td>加装</td><td>0～1 000</td><td>0.1%FS</td><td>kPa</td><td>512 Hz</td></tr>
<tr><td>52</td><td>风速</td><td rowspan="7">外部测量</td><td>0～20</td><td>0.5</td><td>m/s</td><td>16 Hz</td></tr>
<tr><td>53</td><td>风向</td><td>0～360</td><td>1</td><td>°</td><td>16 Hz</td></tr>
<tr><td>54</td><td>气温</td><td>−10～50</td><td>0.5</td><td>℃</td><td>16 Hz</td></tr>
<tr><td>55</td><td>气压</td><td>0～150</td><td>0.1</td><td>kPa</td><td>16 Hz</td></tr>
<tr><td>56</td><td>水温</td><td>−10～50</td><td>0.5</td><td>℃</td><td>16 Hz</td></tr>
<tr><td>57</td><td>浪高(三一值、十一值、平均值)</td><td>0～2</td><td>0.01</td><td>m</td><td>16 Hz</td></tr>
<tr><td>58</td><td>浪向</td><td>0～360</td><td>1</td><td>°</td><td>16 Hz</td></tr>
<tr><td>59</td><td>内襟翼、内发短舱、抑波槽出口、内发螺旋桨等处的喷溅情况</td><td colspan="5" rowspan="4">在左右浮筒和鱼眼共加装 4 个高清摄像头
视频分辨率:1 080 P
帧频:50 fps</td></tr>
<tr><td>60</td><td>驾驶舱风挡处的喷溅情况</td></tr>
<tr><td>61</td><td>左/右侧总压管、静压管处的喷溅情况</td></tr>
<tr><td>62</td><td>左/右浮筒处的喷溅情况</td></tr>
</table>

(2) 主要测试仪器及改装要求

测试用仪器设备应按照国家计量法的规定经过计量检定合格并处在规定有效周期内,其量程与精度以及使用环境应与试验检测的要求相适应,建立测试设备清单,定期对测试设备标定,确保飞行试验期间设备的有效性和测试参数可追溯性,试验前应对所有仪器设备通电检测,并进行校验和标定,确保仪器设备在试验现场待试期间保持良好状态。测试仪器设备应根据测试项目的要求及相关操作规程安装在合适的位置上(不得破坏飞行器结构、外形,不得影响飞行器的水动性能),并应注意防水、腐蚀、振动、电磁干扰及外界环境等因素影响测试结果的正确性。

1) 风速风向仪

如图 6.53 所示,风速风向仪测量试验水域风速、风向,应经检测单位进行合法的标定,并确保处于有效期内方能使用,要求采样频率不低于 16 Hz,其精度不低于±1%,风速测量范围 0～20 m/s,风向测量范围0～360°。

2) 浪高浪向仪

如图 6.54 所示,浪高浪向仪测量试验水域浪高、浪向等,应经检测单位进行合法的标定,并确保处于有效期内方能使用,要求采样频率不低于 16 Hz,其精度不低于±1%,风速测量范围 0～5 m/s,浪向测量范围0～360°。

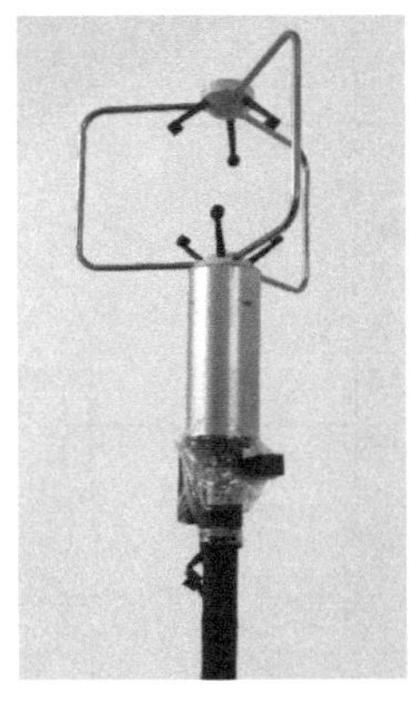

图 6.53　风速风向仪

图 6.54　浪高浪向仪

3）机载数据采集系统

用于试验数据采集和存储，测试精度和测试范围根据试验内容与大纲要求而定。机载数据采集器应具备性能卓越、采集容量大、可实时传输数据、体积小、信号调节能力强、采样率高等特点，能够在恶劣环境条件下正常工作且具有很高的测量精度。

4）DGPS（差分式全球卫星定位系统）

测量飞行器经度、纬度、高度、地速、航向等，DGPS 须按照有关方法进行标定，并给出系统的精度。

5）压力传感器

压力传感器测量水面飞行器着水瞬间的载荷分布，应经检测单位进行合法标定并处于有效期内方能使用，要求采样频率不低于 512 Hz，其精度应不低于 1%。压力测量应满足如下要求：

① 压力传感器具有防腐蚀性和水密特性；

② 可以测量负压；

③ 零点漂移处理；

④ 数据采集系统的测量误差不大于 0.5%FS。

如图 6.55～图 6.59 所示，在机身下表面沿纵向、横向布置压力传感器，撞击部位压力传感器应分布密一些，一般布置 40 个以上即能满足测压要求。在两侧抑波槽沿纵向对称布置 12 个以上压力传感器。在主起护板上均布 7 个以上压力传感器。在浮筒底部沿纵向布置 20 个以上压力传感器。

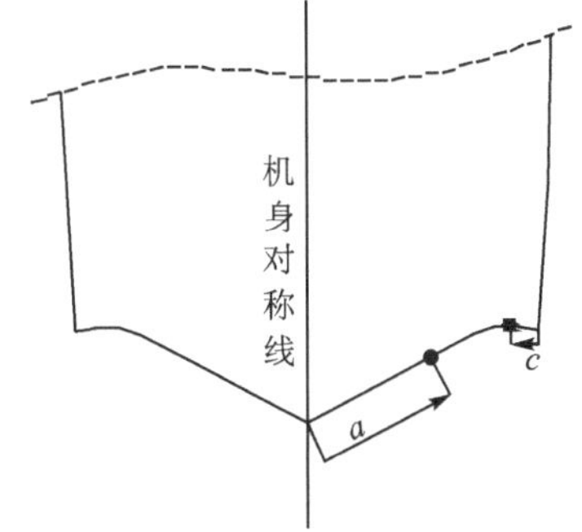

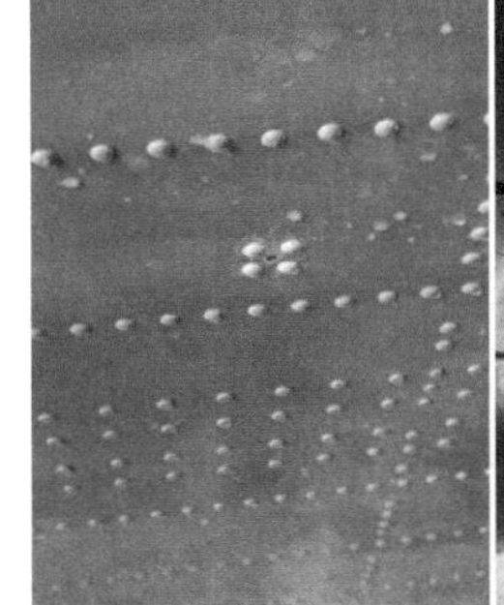

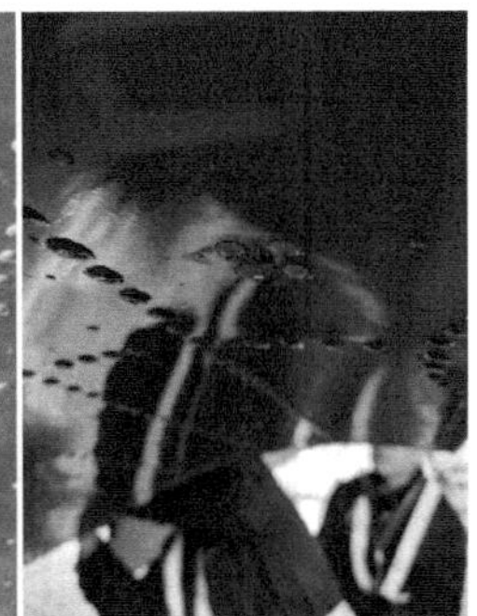

图 6.55　船底压力传感器安装位置示意图

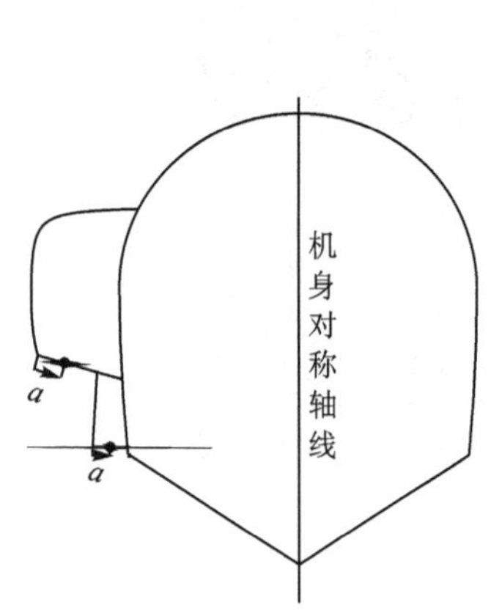

图 6.56　主起整流罩、限位锁处压力传感器安装位置示意图

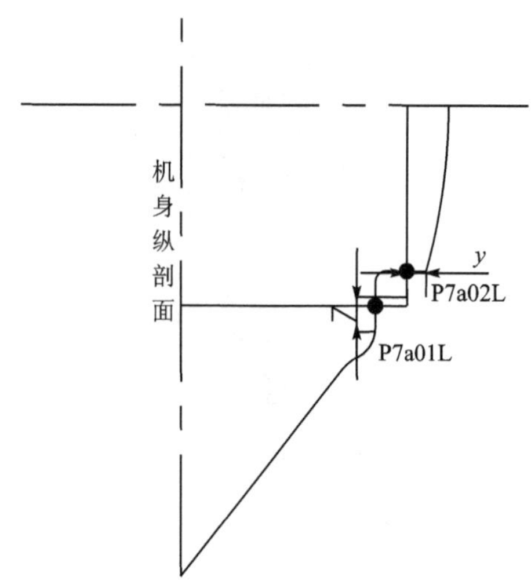

图 6.57　抑波槽压力测量点位置示意图

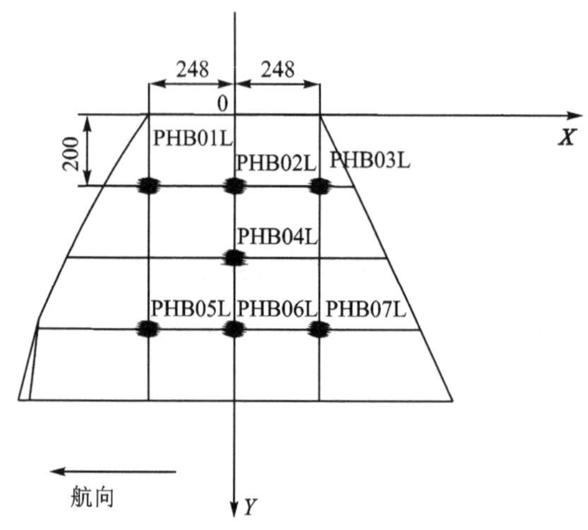

图 6.58　主起落架护板压力测量点位置示意图

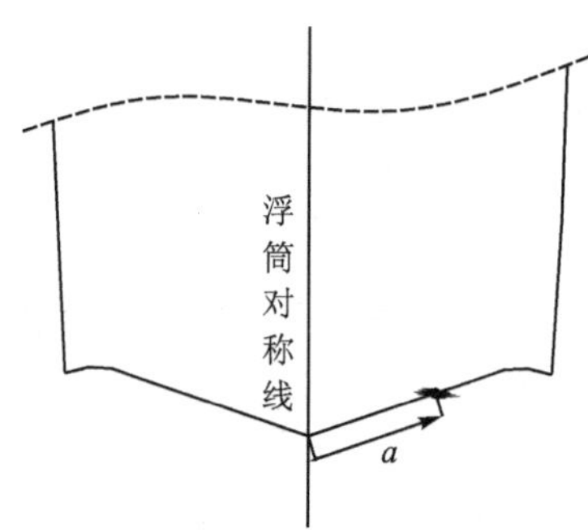

图 6.59　浮筒底部压力测量点位置示意图

6）角度传感器

角度传感器选用陀螺仪测量水面飞行器着水过程中的姿态角变化，应经检测单位进行合法的标定，并确保处于有效期内方能使用，要求采样频率不低于 64 Hz，其精度不低于±0.5°。

7）加速度传感器

如图 6.60 所示，加速度传感器用于测量飞行器水面滑行时船体艏部、重心和艉部以及浮筒重心处的纵向、横向和法向加速度，应经检测单位进行合法标定并处于有效期内方能使用，要求采样频率不低于 512 Hz，其精度应不低于 0.1%FS，纵向和横向加速度测量范围±2g，法向加速度测量范围±8g。

8）空速系统

测量飞机空速、迎角、侧滑角等，应经检测单位进行合法标定并处于有效期内方能使用，要求采样频率不低于 64 Hz，其精度应不低于 0.5%FS。

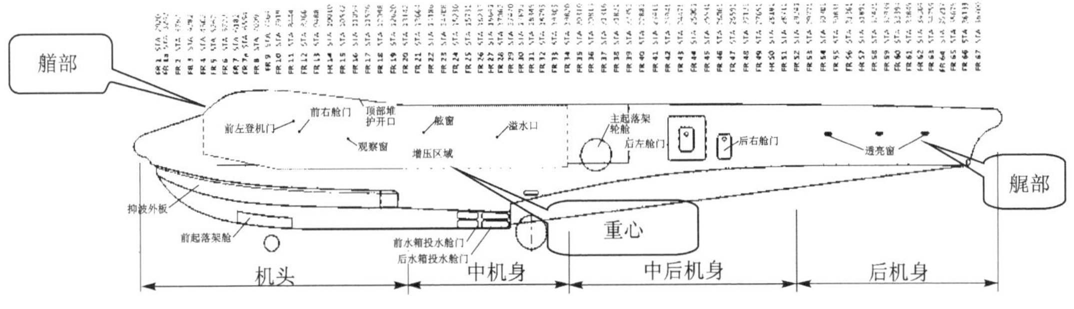

图 6.60　船体加速度传感器安装位置示意图

6.6.7　试验条件

(1) 气象条件

无降雨、无雷电，能见度大于 5 km，在平均气动弦高度处，风速限制值 0～20 节或 $0.2V_{SR0}$（取大者，但不大于 25 节），起降阶段顺风不大于 5 m/s。

(2) 水面条件

波浪试验中浪高通过三分之一波高来定义，取水面 30 分钟内实时测量的波高按从大到小排列的前三分之一极大值波高的平均值，如表 6.21 所列。

表 6.21　波浪水面条件

波浪类型	波高/m	波长/m
不规则波（三分之一有义波高）	0.5～1.25	—
	1.25～2.0	—
规则波（涌浪）	0.5～1.25	小于 100、100～222、大于 222
	1.25～2.0	小于 100、100～222、大于 222

(3) 水上机场水域条件

水上机场应具有下滑道且满足水面飞行器上下岸要求，下滑道坡度应满足飞行器的擦地角要求，下滑道的宽度应满足飞行器的翼展要求。水域长度应大于飞行器的水面起降滑行距离，宽度要方便飞行器转弯、掉头，水深应保证飞行器起落架放下状态的正常浮态，在水上机场跑道两侧应布置浮标，为飞行员进行水面起降提供参考方向，如图 6.61 所示。

(4) 试验机状态

试验前应完成试验样机改装后的空机称重，并根据试验状态完成样机重量、重心调配。要求重量误差小于 5%，重心误差为样机整个重心范围的 7%。

襟翼、升降舵、副翼、方向舵和水舵的初始偏度为 0°，试验初始纵倾角与设计状态之差不大于 0.1°。

图 6.61　水上机场示意图

6.6.8　试验方法

(1) 试验工况

水载荷测试状态表如表 6.22 所列。

表 6.22　水载荷测试状态表

序　号	高度	速度/(km·h^{-1})	重量	重心	起落架	襟　翼	发动机	浪高 $H_{1/3}$/m	备　注
1	水上机场场高	不大于 20	最大起飞	正常	收上↔放下	起飞	按需	0~0.5	起落架收放
2	水上机场场高	不大于 20	最大起飞	正常	收上↔放下	起飞	按需	0~0.5	上下岸滑行
3	水上机场场高	0~0.2V_{GW}	最大起飞	前、正常、后	收起	任意	按需	0~0.5	低速回转
4	水上机场场高	0~0.2V_{GW}	最大起飞	前、正常、后	收起	任意	按需	0.5~1.25	
5	水上机场场高	0~0.2V_{GW}	最大起飞	前、正常、后	收起	任意	按需	1.25~2	
6	水上机场场高	0~V_{GW}−10	最大起飞	前、正常、后	收起	起飞/着水	按需	0~0.5	等速滑行
7	水上机场场高	0~V_{GW}−10	最大起飞	前、正常、后	收起	起飞/着水	按需	0.5~1.25	
8	水上机场场高	0~V_{GW}−10	最大起飞	前、正常、后	收起	起飞/着水	按需	1.25~2	
9	水上机场场高	0→V_2	最大起飞	前、正常、后	收起	25°	起飞功率	0~0.5	水面起飞
10	水上机场场高	0→V_2	最大起飞	前、正常、后	收起	25°	起飞功率	0.5~1.25	
11	水上机场场高	0→V_2	最大起飞	前、正常、后	收起	25°	起飞功率	1.25~2	
12	水上机场场高	V_{REF}→0	最大着水	前、正常、后	收起	40°	按需	0~0.5	着水
13	水上机场场高	V_{REF}→0	最大着水	前、正常、后	收起	40°	按需	0.5~1.25	
14	水上机场场高	V_{REF}→0	最大着水	前、正常、后	收起	40°	按需	1.25~2	

注：V_{GW} 为离水速度，V_2 为起飞安全速度，V_{REF} 为进场参考速度。

(2) 操纵程序

低速回转/上下岸滑行：飞机按正常操作进行水面低速回转试验，速度不大于 $0.2V_{GW}$，试验浪高和风速逐渐验证至最不利条件。

等速滑行：飞机按正常起飞程序加速至目标速度，调整发动机油门和升降舵，保持稳定速度滑行不小于 10 s，收油门减速至停止状态，速度范围 $0 \sim (V_{GW}-10)$，每隔 20 km/h 取一个试验点，试验浪高和风速逐渐验证至最不利条件。

水面起飞：飞机按正常起飞程序加速至离水起飞，试验浪高和风速逐渐验证至最不利条件。

着水：飞机按正常着水程序着水减速至停止，下沉速度 0～2 m/s，接水姿态 2.5°～7.5°，试验浪高和风速逐渐验证至最不利条件。

6.6.9 试验结果

由于水上试飞测试参数多，数据量大，同时外界环境对水上试飞结果影响较大，因此每次试飞应及时对水载荷试飞内容进行记录，对数据进行分析处理，对试飞任务完成情况、试飞数据的完整性、有效性进行分析，并及时与试飞员沟通试飞测试结果。水载荷试飞形成的测试结果包括以下形式：

(1) 表格形式

试验前，做好相关记录准备，试验过程中填写相关记录，试验完成后，对试验过程中的记录进行整理，并将有关测量和记录内容逐项填入表 6.23 中。包括以下几个方面的内容：

表 6.23　试验区域水文气象记录表

试验日期		试验区域	
水域长度/m		水域宽度/m	
水域深度/m		航道方向/(°)	
试验条件	试验前	试验后	备注
起止时间			
天气			
能见度/km			
气温/℃			
气压/kPa			
风向/(°)			
风速/(m·s^{-1})			
风级			
流向/(°)			
水速/(m·s^{-1})			
水温/℃			
记录人员：（签名）　日期：			

1）气象及水文条件

测量与记录测速时的气象（天气、气温、风速、风向等）、试验水域的水温、水流速度和流向。试验前应使用测深仪测量试验水域水深，或者根据海图记录。

2）飞行器状态

如表 6.24 所列，记录飞行器试验日期、重量重心、燃油量、自由漂浮状态初始纵倾角和横倾角。观测试验前后机身自由漂浮状态时的前后两侧水线吃水，计算实际排水量。

表 6.24　飞行器状态记录表

<table>
<tr><td colspan="5">飞行器名称　　型号　　试验日期</td></tr>
<tr><td colspan="5">主要参数</td></tr>
<tr><td colspan="2">总长/m</td><td></td><td>舭宽/m</td><td></td></tr>
<tr><td colspan="2">起飞重量/kg</td><td></td><td>重心位置/MAC</td><td></td></tr>
<tr><td colspan="2">燃油量/kg</td><td></td><td>襟翼构型</td><td></td></tr>
<tr><td colspan="2">设计初始纵倾/(°)</td><td></td><td>初始横滚角/(°)</td><td></td></tr>
<tr><td colspan="2">试验吃水 H/m</td><td>试验前</td><td>试验后</td><td>变化量 Δ</td></tr>
<tr><td rowspan="2">艏标尺处</td><td>左舷</td><td></td><td></td><td></td></tr>
<tr><td>右舷</td><td></td><td></td><td></td></tr>
<tr><td rowspan="2">艉标尺处</td><td>左舷</td><td></td><td></td><td></td></tr>
<tr><td>右舷</td><td></td><td></td><td></td></tr>
<tr><td colspan="2">横滚角/(°)</td><td></td><td></td><td></td></tr>
<tr><td colspan="2">纵倾角/(°)</td><td></td><td></td><td></td></tr>
<tr><td colspan="2">排水量/kg</td><td></td><td></td><td></td></tr>
<tr><td colspan="5">记录人员：（签名）　　日期：</td></tr>
</table>

3）试验状态完成情况

如表 6.25 和表 6.26 所列，记录飞行器试验任务单号、试验科目名称、发动机开/关车时间、下滑道出/入水时间、水面停留时间、试验状态点完成情况及完成时间，以及速度、姿态、加速度和压力值。

表 6.25　试验状态完成情况记录表

<table>
<tr><td>试验任务单号</td><td></td><td>试验日期</td><td></td></tr>
<tr><td>试验科目名称</td><td colspan="3">稳定性试验</td></tr>
<tr><td>发动机开车时间</td><td></td><td>发动机关车时间</td><td></td></tr>
<tr><td>下滑道入水时间</td><td></td><td>下滑道上岸时间</td><td></td></tr>
<tr><td>飞行时间</td><td></td><td>水面滑行时间</td><td></td></tr>
</table>

续表 6.25

稳定性试验状态点完成情况						
序　号	质量/kg	地速/空速/(km·h^{-1})	升降速度/(m·s^{-1})	姿态/(°)	完成情况	完成时间
1						
2						
3						
4						
5						
6						
7						
8						
9						
10						
…						
记录人员：（签名）　日期：						

表 6.26　水载荷试验数据结果记录表

序号	姿态角/(°)		加速度/g								水平速度/(m·s^{-1})	垂直速度/(m·s^{-1})	压力/kPa					
			首垂加		中垂加		中纵加		尾垂加				1		2		…	
	初始	最大	初始	最大	初始	最大	初始	最大	初始	最大	初始	初始	初始	最大	初始	最大	初始	最大
1																		
2																		
3																		
4																		
5																		
6																		
7																		
8																		

续表 6.26

序号	姿态角/(°)		加速度/g								水平速度/(m·s^{-1})	垂直速度/(m·s^{-1})	压力/kPa					
			首垂加		中垂加		中纵加		尾垂加				1		2		…	
	初始	最大	初始	最大	初始	最大	初始	最大	初始	最大	初始	初始	初始	最大	初始	最大	初始	最大
9																		
10																		
…																		
记录人员：（签名）　　日期：																		

(2) 关系曲线图

将处理、修正后的测量数据以曲线图的形式给出试验结果，其中，着水运动时历曲线如图 6.62 所示，着水过程中压力变化时历曲线如图 6.63 所示。

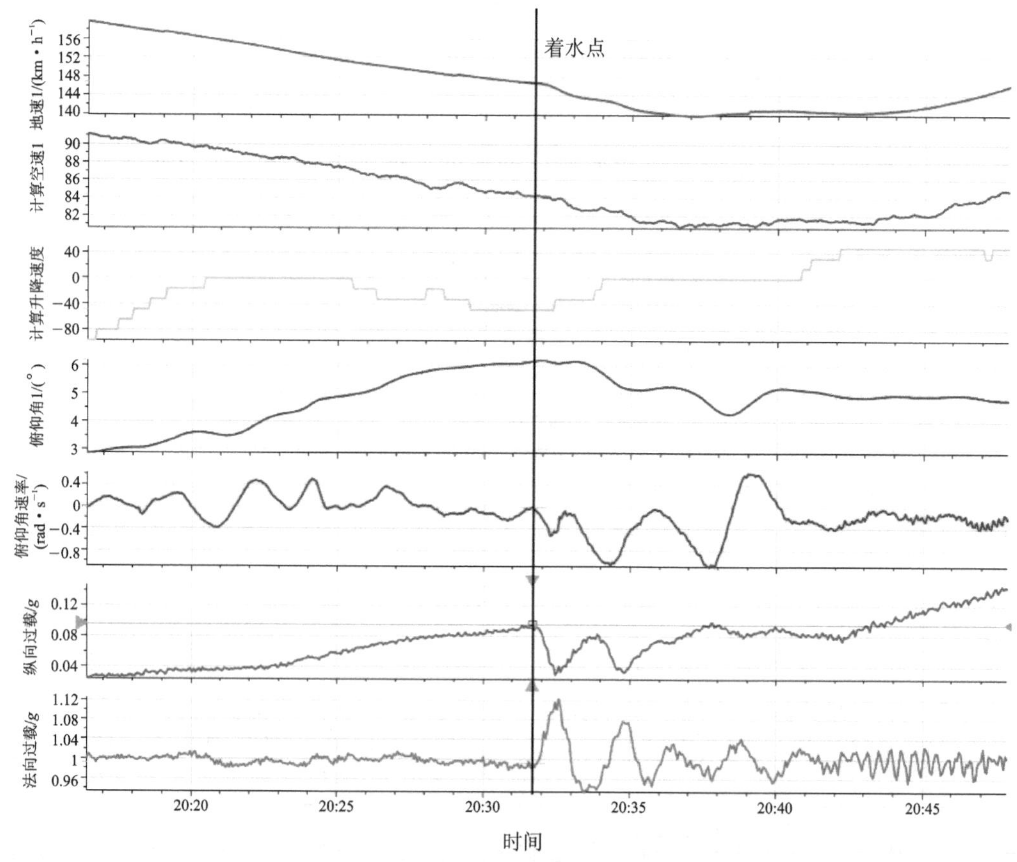

图 6.62　着水运动时历曲线示例图

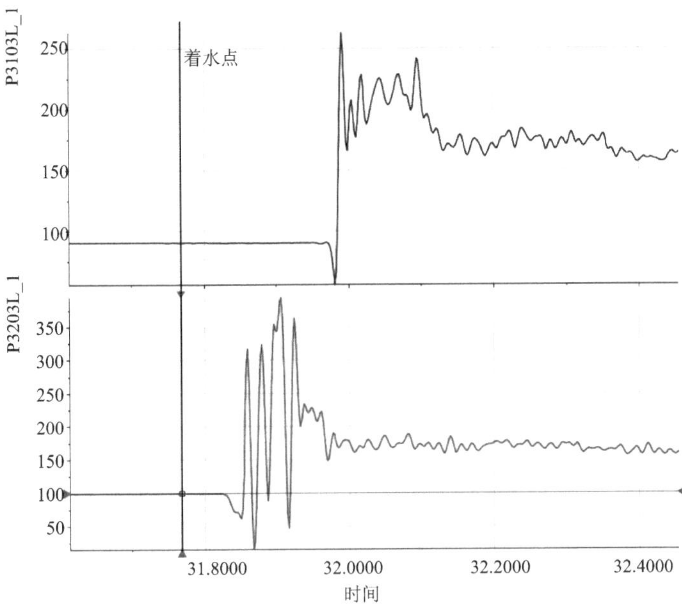

图 6.63　着水压力时历曲线示例图

第 7 章　其他类水面载荷分析技术

7.1　水　舵

水舵是水面飞行器在水面低速操纵的主要操纵面，低速时由于气动操纵效率低，因此需要通过偏转水舵，利用水舵受到的法向力对飞机形成航向力矩，从而实现航向操纵。对于某些不具有水舵的水面飞行器，也可以利用发动机的差动实现航向操纵。

水面飞行器在水面利用水舵实现航向操纵的过程中，产生的水舵载荷是水陆两栖飞机强度分析的重要部分，因为这类载荷可能影响水舵的正常使用，并由此影响到飞机的操纵性能，所以需要专门的要求来考虑该影响。水舵外形图如图 7.1 所示。

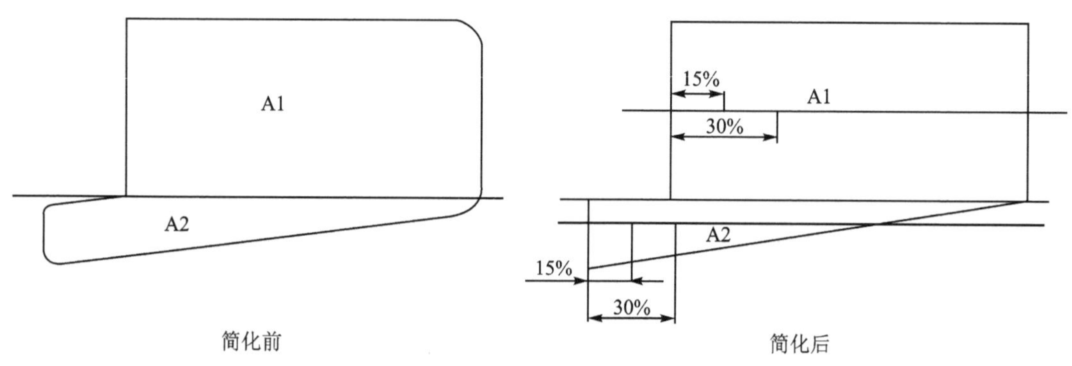

图 7.1　水舵外形图

水舵的载荷主要受到速度、水舵面积的影响，水舵载荷的作用方向垂直于舵面弦线，并按下式确定：

$$P_{舵} = 128V^2 S \tag{7.1}$$

式中：

$P_{舵}$——水舵限制载荷(N)；

V——水舵的允许使用速度(m/s)；

S——水舵面积(m^2)。

水舵载荷应考虑两种压力中心位置，即位于距舵前缘分别 15%与 30%的舵弦长处。沿舵展向的压力分布与弦长成正比。

7.2　水面牵引载荷

牵引装置是水面飞行器独有的装置，通过牵引装置可以完成水面飞行器的水上牵引和坡道牵引。水上与坡道牵引载荷是水陆两栖飞机强度分析的重要部分，因为这类载荷可能影响飞机牵引装置的设计，并由此影响到飞机的结构能力，所以需要专门的要求来考虑该影响。

以下为进行水上与坡道牵引载荷分析的专用条件草案：

① 必须根据在可能遇到的最恶劣水面条件下正常运行时出现的任何情况进行设计；

② 在进行水上与坡道牵引时，主承力件不得先于牵引装置发生破坏；

③ 水面牵引。

通过飞机首部牵引环(机头在前)或者尾部牵引环(机尾在前)进行水面牵引，水面牵引载荷按以下确定：

作用在机尾牵引装置上的限制载荷由下式确定：

$$P_{尾} = 0.2W_{to} \tag{7.2}$$

式中：

W_{to}——飞机设计起飞重量(kg)；

若机身前部左右各布置一个牵引环，同时使用两个牵引环牵引，则作用在每个牵引环上的限制载荷由下式确定：

$$P_{首1} = 0.1W_{to} \tag{7.3}$$

若机身前部只有一个牵引环，则作用在牵引环上的限制载荷由下式确定：

$$P_{首2} = 0.2W_{to} \tag{7.4}$$

④ 牵引出水。

绞车通过两根连接在机头连接接头上的缆绳将飞机牵引出水，并由两人通过绳子控制前起落架上的拖挂装置，让前轮转向。当牵引飞机出水时，前连接接头和主起落架撑杆上的固定装置受到力的作用，每个分支间力达到平衡。

作用在机头连接接头上的限制载荷由下式确定：

$$P_x^P = W_{max} \times (\tan\varphi_{wr} + f_{fr}) \times k_{dyn} \times 1.5 \tag{7.5}$$

式中：

W_{max}——飞机牵引出水时的重量；

$\tan\varphi_{wr}$——下滑道坡度角(°)；

f_{fr}——摩擦系数；

k_{dyn}——动力系数。

每一个分支的限制载荷为

$$P_x^1 = 0.5P_x^P k_{unbalance} \tag{7.6}$$

式中：

$k_{unbalance}$——分支力不平衡系数。

7.3 起落架水载荷

起落架水中收放是大型灭火/水上救援水陆两栖飞机独有的使用模式，起落架水中收放载荷是大型灭火/水上救援水陆两栖飞机强度分析的重要部分，因为这类载荷可能影响起落架在水中的正常使用，并由此影响到飞机的结构能力，所以需要专门的要求来考虑该影响。

以下为进行起落架水中收放载荷分析的专用条件草案：

① 必须根据在可能遇到的最恶劣水面条件下正常运行时出现的任何情况进行设计；

② 必须考虑飞机水中收放起落架的滑行速度、起落架伸出或收回速度和起落架水下部分

受到的水阻力；

③ 在起落架的收放过程中，起落架以及有关构件作用有惯性载荷、水动载荷、弹簧力和开锁作动筒的开锁力等外载荷，这些载荷应由收放作动筒平衡；

④ 起落架水中收放载荷可按经验公式确定：

方法一：根据规定的设计情况，从有关的水动载荷试验曲线上查得铰链力矩系数 C_M，并根据如下关系计算出相应铰链力矩 M：

$$M = C_M \times q \tag{7.7}$$

$$q = 0.5 \times \rho \times V^2 \tag{7.8}$$

式中：

C_M——铰链力矩系数；

V——起落架水中收放时飞机的滑水速度与波浪速度叠加后的速度(m/s)。

方法二：水陆两栖飞机起落架在水中收放使用过程中，其最大载荷工况是起落架与滑行方向垂直时，得出起落架水中收放限制载荷为

$$P_{起} = 513V^2S \tag{7.9}$$

式中：

$P_{起}$——起落架水中收放限制载荷(N)；

V——起落架水中收放时飞机的滑水速度与波浪速度叠加后的速度(m/s)；

S——起落架的迎水面积(m^2)。

7.4 锚泊载荷

大型灭火/水上救援水陆两栖飞机在锚泊时，由于受到风浪的作用，连接接头载荷不断变化，作为强度分析的载荷较陆基飞机更为复杂，现行的 CCAR－25R4 部适航条款中未考虑水面飞行器的锚泊载荷确定方法。因为这类载荷可能影响飞机水面锚泊的性能，并由此影响到飞机的结构能力，所以需要专门的要求来考虑该影响。

以下为进行锚泊载荷分析的专用条件草案：

① 必须根据最大水上使用重量的各种运行重量进行载荷分析；

② 必须考虑能安全稳定锚泊时，飞机不随风浪漂移；

③ 必须考虑不能正常锚泊时，主承力件不能先于锚泊接头破坏；

④ 飞机锚泊时连接接头及其邻近结构按下列载荷进行设计：

$$F_{1x} = 0.6129C_{1x}SV_w^2 \tag{7.10}$$

式中：

F_{1x}——空气阻力(N)；

C_{1x}——水上飞机处于降落迎角时的阻力系数；

S——机翼面积(m^2)；

V_w——战术技术要求规定的风速(m/s)。

$$F_{2x} = 0.023W_{anc}V_b^2 \tag{7.11}$$

式中：

F_{2x}——水阻力(N)；

W_{anc}——水上飞机抛锚时的重量(kg)；

V_b——波速(m/s)。

$$F_R = \frac{F_{1x} + F_{2x}}{\cos(\alpha + \Delta\alpha)} \tag{7.12}$$

式中：

F_R——连接接头所受的拉力(N)；

α——钢索方向与水面的夹角(°)；

$\Delta\alpha$——水上飞机位于波峰时，α 角的增量(°)。

7.5　汲水载荷

对于具有灭火功能的水面飞行器，在水面汲水过程中汲水斗、汲水管路、水箱均会承受较大的汲水载荷，汲水载荷是汲水任务系统的主要载荷工况。

我国研制的大型灭火/水上救援水陆两栖飞机水箱中部设置有汲水装置和汲水管，当飞机在水面汲水时，最大滑行速度可达到 190 km/h，打开汲水装置，水通过汲水管流进各水箱中，此时汲水装置及水箱受到较复杂的水载荷，且滑行汲水过程中汲水装置下放造成其周围船体受到的水载荷也更为复杂。滑行汲水载荷包括飞机在滑行汲水过程中汲水口、汲水管、汲水口收放装置和水箱所承受的水载荷。

滑行汲水载荷可按经验公式确定。水陆两栖飞机在汲水口下放使用过程中，其最大载荷工况是水箱汲满水后，此时汲水口迎水面可简化为平板，得出汲水口限制载荷为

$$F_0 = 615V^2S_0 \tag{7.13}$$

式中：

F_0——汲水口限制载荷(N)；

V——汲水口使用时飞机的滑水速度与波浪速度的叠加速度(m/s)；

S_0——汲水口的迎水面积(m²)。

测量时将汲水口简化为平板，如图 7.2 所示。

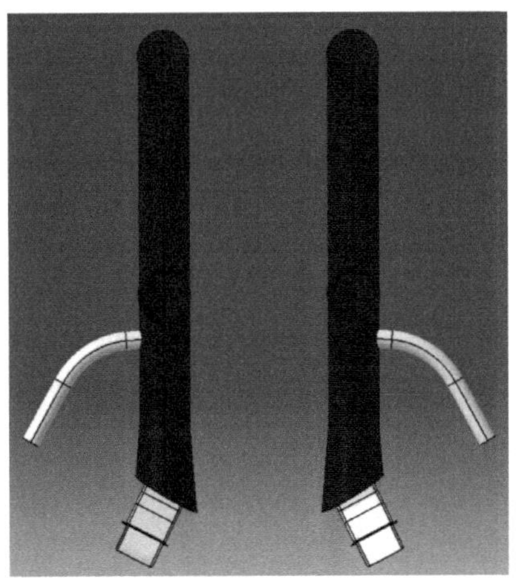

图 7.2　汲水管简化示意图

7.6 整流罩水载荷

布置在机身两侧、位置较低的起落架整流罩不属于机体主要承力结构，在设计时往往未按机体的限制载荷进行结构设计和强度校核。但在一定速度和姿态角范围内，整个整流罩底部会受到水流冲刷，整流罩底面只有靠近艉部的局部区域受到水流冲击，喷溅水流由断阶部位产生。对于大型灭火/水上救援水陆两栖飞机，根据冲击边界和断阶的几何关系确定最大冲击角度为 30°。载荷计算公式如式(7.14)所示，载荷与速度的平方和冲击角度成正比，据此将整流罩底面划分为两个区域，各载荷作用区域和方向如表 7.1 所列，边界坐标如图 7.3 所示。此外在大波高下的波浪水面低速滑行时整流罩有部分浸没在水中，此时受到的载荷按照静水压力计算。

$$p=\frac{1}{2}\rho V^2\sin\alpha \tag{7.14}$$

式中：

p——主起整流罩限制载荷(Pa)；

V——喷溅水流速度(m/s)；

α——喷溅水流与整流罩底部夹角(°)。

表 7.1　载荷工况

工　况	作用区域	方　向	备　注
1	整个底面	法向	
2	区域 2	法向	
3	整个整流罩	法向	由低到高线性减小

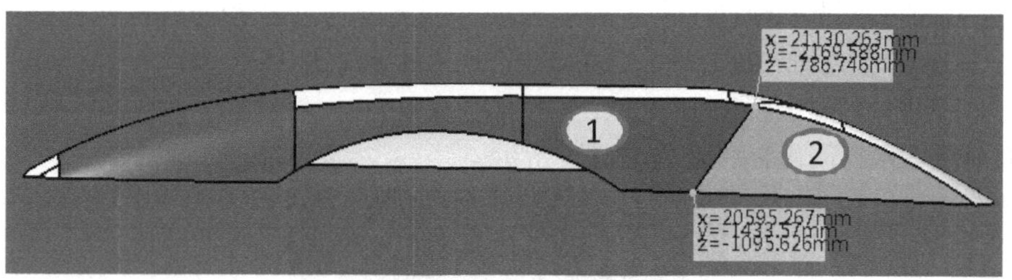

图 7.3　大型灭火/水上救援水陆两栖飞机整流罩底部受水流冲击作用区域

7.7 舱门水载荷

起落架舱门可近似看成一块平板，主要特征尺寸包括长度 l、宽度 b、厚度 h。起落架舱门水载荷包括舱门内部水载荷、舱门收放水载荷。

(1) 舱门内部水载荷

飞机在水面处于静止状态时，由于前起舱门缝隙的存在，使得舱内有大量水。飞机水面起飞时，假设前起舱门完全离水时舱内充满水，则此时舱内的水对前起舱门的载荷最大，作用

力为

$$F = \rho \nabla n \tag{7.15}$$

式中：

ρ——水密度，取 $\rho = 1\ 025\ \mathrm{kg/m^3}$；

∇——水体积($\mathrm{m^3}$)；

n——起飞惯性载荷系数，按下式计算：

$$n = \frac{C_{TO} V_{S1}^2}{(\tan^{\frac{2}{3}} \beta) W^{\frac{1}{3}}} \tag{7.16}$$

式中：

C_{TO}——飞机操作经验系数，与波浪环境有关；

V_{S1}——襟翼打开到相应的起飞位置，在水面设计起飞重量时飞机的失速速度(kn)；

β——主断阶处的斜升角(°)；

W——飞机设计起飞重量(kg)。

计算得到的载荷为舱门的总载荷，两侧前起舱门受力均为 $F/2$，载荷作用在前起舱门内蒙皮形心上且垂直向下。

(2) 舱门收放水载荷

前起舱门收放过程为绕其旋转轴的圆周运动，该过程可近似为水流冲击平板。根据动量定理公式 $Ft = mV$，可得前起舱门收放载荷为

$$F = \rho S V^2 \tag{7.17}$$

式中：

ρ——水密度，取 $\rho = 1\ 025\ \mathrm{kg/m^3}$；

S——前起舱门迎水面面积，$S = l \times b$；

V——前起舱门收放时的遭遇速度。

第 8 章　人工智能在水面载荷分析中的应用

8.1　人工智能技术

从智能手表、手环等可穿戴设备，到服务机器人、无人驾驶、智能医疗、AR/VR 等热点词汇的兴起，从 Google 的 AlphaGo 在围棋人机大战中战胜世界冠军，到百度的小度机器人在《最强大脑》中击败人类“脑王”，再到如今的机器人争霸。人工智能的浪潮已席卷了全球。

纵观人工智能的发展史，从 1950 年，伟大的计算机科学家艾伦·图灵(Alan Turing)发表了一篇划时代的论文，预言了创造具有真正智能的机器的可能性。考虑到“智能”不易衡量，他提出了著名的图灵测试，以机器伪装人类对话的能力来衡量机器的智能水平。后续，Marvin Minsky、John McCarthy、Claude Shannon、Nathan Rochester、Allen Newell、Herbert Simon 等顶尖科学家汇聚一堂，于 1956 年举行达特茅斯会议，共同确定了人工智能的名称和任务，标志着人工智能这门学科的正式诞生。人工智数十年间在许多领域不断取得突破性成果，掀起一轮又一轮高潮。

20 世纪 80 年代，卡耐基梅隆大学为 DEC 公司设计了一个名为 XCON 的专家系统，每年为公司节省四千万美元，取得巨大成功。许多公司纷纷效仿，开始研发和应用专家系统。专家系统依赖的知识工程因而也成为 AI 研究的焦点。日本推出第五代计算机计划，其目标是造出能够与人对话、翻译语言、解释图像，并且像人一样推理的机器。其他国家也纷纷作出响应，与此同时，John Hopfield 发明 Hopfield 网络，解决了著名的旅行商(TSP)问题。David Rumelhart 提出反向传播(Back Propagation，BP)算法，解决了多层神经网络的学习问题。神经网络被广泛地应用于模式识别、故障诊断、预测和智能控制等多个领域。

从 20 世纪 90 年代中期至今，随着计算机性能的高速发展、海量数据的累积，大规模并行计算、大数据、深度学习算法和人脑芯片这四大催化剂的发展，以及计算成本的降低，人工智能技术突飞猛进，在许多领域不断取得突破性成果，掀起新一轮高潮。而且随着深度学习技术的成熟，AI 人工智能正在逐步变得普及。目前已经应用在自然语言处理(包括语音和语义识别、自动翻译)、计算机视觉(图像识别)、知识表示、自动推理(包括规划和决策)、机器学习和机器人学习等领域。按照技术类别来分，可以分成感知输入和学习与训练两种。计算机通过语音识别、图像识别、读取知识库、人机交互、物理传感等方式，获得音视频的感知输入，然后从大数据中进行学习，得到一个有决策和创造能力的“大脑”。如 AlphaGo 和人类的对弈，它并不是我们以往所理解的电子游戏，AlphaGo 具备了人工智能最关键的“深度学习”功能。AlphaGo 中有两个深度神经网络——Value Networks(价值网络)和 Policy Networks(策略网络)，其中 Value Networks 评估棋盘选点位置，Policy Networks 选择落子。这些神经网络模型通过一种新的方法训练，结合人类专家比赛中学到的棋谱，在自己和自己下棋(Self - Play)中进行强化学习。也就是说，人工智能的存在，能够让 AlphaGo 的围棋水平在学习中不断上升。

作为这个时代最激动人心、最值得期待的技术，人工智能技术在各行各业中不断开花结果。人类智能一个最大的特点就是自主学习，通过学习形成一种解决问题的能力。而人工智能就是通过计算机实现自主学习这一过程，进而不断完善其处理问题的能力。从这个方面来说，人工智能是研究、编制、模拟人的智能行为功能的计算机程序。人工智能的自主学习过程主要是计算机的智能模拟过程，其依据是人工智能系统（计算机系统）与活体智能系统（心理认知反映系统）之间假设并已证实的可类比性。计算机智能模拟的基本步骤如下：

① 系统模型设计。

② 计算机程序编制。

③ 程序调试及系统修正。

其中最重要的是系统模型设计，它一般包含建立与模拟对象有关的知识系统和找出具体描述对象的方法。程序编制的工具为计算机语言，而智能最后都是依靠运行计算机程序来实现的。由研究人员分析生物机理，然后将这些机理抽象模型化、算法化，有时还采用一些非常复杂的数学理论进行处理，最后编成程序。系统就会按程序预设学习问题的规律，从而智能地处理各类问题。

8.2　人工智能在CFD领域的应用

随着机器学习理论的不断发展，基于数据驱动的模型引起了众多研究者的关注。结合流体力学领域中已有的大量实验和仿真数据，从已有的数据（样本）出发寻找规律，利用这些规律对未知的数据或无法观测的数据进行预测，是现代智能技术中的重要方面。国外有研究者尝试将其应用到CFD领域，例如：使用贝叶斯聚类算法对原始输入数据特征进行聚类，之后把聚类结果作为神经网络的输入，最终近似解决N－S方程求解问题；将机器学习中的深度学习模型与降阶模型相结合解决涡流控制问题；使用深度卷积神经网络模型直接对定常和非定常流场结构图片数据建模。Samson等运用回归与分类算法来替代传统的CFD计算，同时通过建立人工神经网络，在给定的目标和工况条件下，计算流场流动的复杂结构。通过训练和优化，人工神经网络能够准确预测输入和输出之间的映射关系，处理复杂的非线性问题。将人工神经网络应用到CFD计算领域中，可以依赖已有的数据，在类似工况条件下进行未知流场的预测。

目前基于机器学习的代理模型主要借助于回归模型，模拟结构物外形和目标性能之间的对应关系。根据所采用的数学模型不同，常用的机器学习代理模型可分为确定性模型和概率模型。确定性模型经过训练后，对输入的外形预测出目标性能确定的点估计值，如多项式响应模型、人工神经网络模型、径向基函数、支持向量回归等。这类代理模型由于可对目标性能进行快速预测，已大量用于随机优化设计，如遗传算法、粒子群优化算法等。但这类优化算法对代理模型的初始精度要求较高，故需要大量训练数据对模型进行训练，而不论是通过CFD仿真计算或者是通过真实试验获取训练数据，代价都比较大。

相对于确定性代理模型，概率模型不但可以输出给定外形的目标性能，还能同时给出该预测结果的不确定性，即预测方差，如Kriging模型（在机器学习领域被称为高斯过程Gaussian Process，GP）及其各种扩展模型Co－Kriging和多输出高斯过程（Multiple Output GP，MOGP）等。能够获得目标性能的预测方差是概率模型的一大优势，利用预测的不确定性，可采用贝叶斯优化方法，大大减少模型训练的初始数据样本数。在优化过程中，根据代理模型预测的精度和不确定性，合理选择新增样本，能够以较小的数据获取代价得到较好的全局优化结果，因而适合目标性能获取代价较大的外形优化问题。

8.3 人工智能在水动力设计中的应用前景

水上飞机具有一般飞机和高性能船舶的某些共同特点，可以在水面上滑行、起降，也可以在空中飞行。水上飞机的水动布局主要由机身下部船体、浮筒及水舵等组成，船体及浮筒的外形参数配置直接影响到水上飞机的水动力性能。在水上飞机的设计研制过程中，对船体进行设计以保证水上飞机在水面滑行和起降过程中具有良好的稳定性和操稳性、较低的水动阻力和喷溅特性、较小的水动力载荷、较高的抗浪能力、良好的水面机动性、快速性以及安全起飞、着水性能，是水上飞机整个设计工作中的一个组成部分，是最先进行并且是极其重要的部分。水上飞机在水面上的运动如图 8.1 所示。

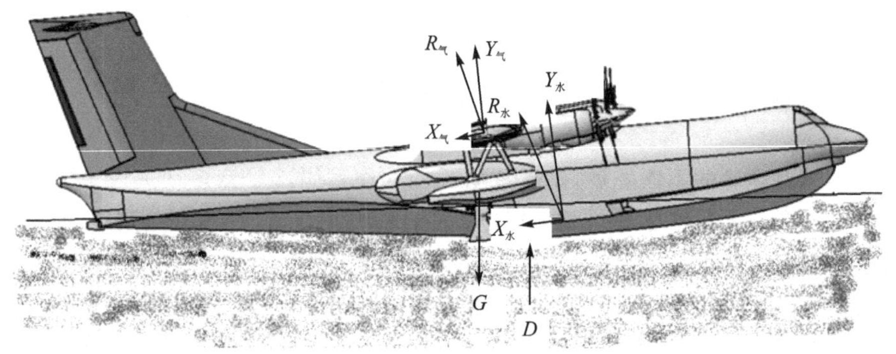

图 8.1 水上飞机在水面上的运动

水上飞机船体设计，具体来说就是根据设计要求确定船体的主尺度、排水量、纵横截面等。在以往船体设计过程中，为达到提高其快速性、稳定性及耐波性并降低喷溅特性的目的，通常采用带舭弯或变斜升角的船体截面形式。这种水上飞机特有的横截面形式在入水撞击压力分布、自由液面变化等方面有其特有的规律。图 8.2 所示为当今世界几类具有代表性的水上飞机典型横截面形式的对比图。CL-415 飞机在船体的前体与后体横截面上采用无舭弯的 V 形船底，设置有简单直断阶。US-2 飞机在船体截面形式选择上，充分考虑了水面起降的各种性能，其前体采用了带舭弯的截面形式，横截面为弧形。Be-200 是俄罗斯设计的水陆两栖飞机，在船体设计上，采用大长宽比的流线型机身，机身呈圆锥形，前段机身底部呈 W 形，后段为 V 形，采用变化的底部斜升角。

目前，我国传统的水上飞机船体设计方法是采用母型设计法和逐次近似法，通过对大量船型进行 CFD 数值仿真和模型试验研究，然后基于数值仿真结果和模型试验结果来优选出水动性能较佳的外形(见图 8.3)。然而，水池模型试验周期长，试验模型加工数量有限，试验过程烦琐且对人力、物力要求高，而数值仿真则对计算机硬件条件要求高，计算周期长。这使得水上飞机的设计研发周期长、成本高，并且对设计者的设计经验依赖性较强，不利于型号的开发和研制。因此，探索一套适用于水上飞机船体的水动性能快速预测技术是水上飞机设计者亟待解决的技术难点。

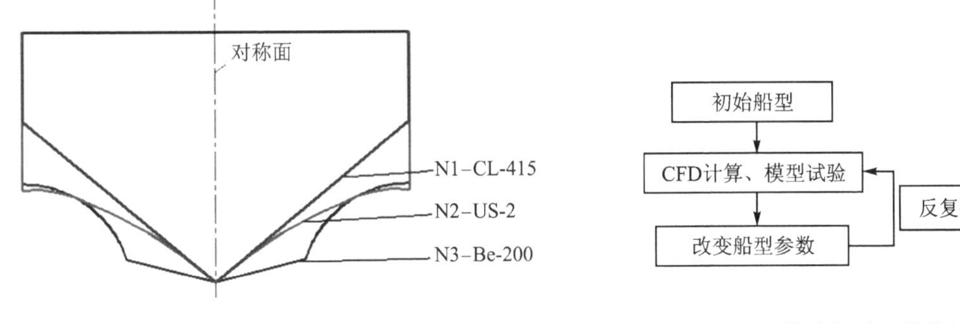

图 8.2　水上飞机典型横截面　　　　图 8.3　传统船型设计流程

同时,正由于传统的水上飞机船体设计过程中需进行大量的 CFD 数值仿真计算和模型试验来进行选型工作,因此我国在水上飞机水动力设计方面已经积累了海量的科研数据。若继续沿用传统的水上飞机水动力设计方法开展后续的型号研制工作,将会产生大量不必要的重复性工作,并导致海量科研数据资源的浪费。因此,对现有累积的海量科研数据进行挖掘,避免不必要的重复工作,将是提高水动设计效率的有效途径。

基于人工智能算法的航空数据挖掘技术在航空航天领域的数据分析中已经体现出了巨大的应用潜力,它具有替代专家、永久记忆、数据分析等优点。该方法能够充分利用海量已有数据,发挥永久记忆特性,避免不必要的重复工作,深度抽象、总结数据内在规律,代替人脑经验,帮助设计工作者推测出最优设计状态。如果基于已有典型船体横截面相关 CFD 仿真计算和水池楔形体模型试验数据库,就能够快速且准确地推测和预知任意几何外形横截面的水载荷特性,那么对于水上飞机船体设计而言将是一个跨越式的发展。

水上飞机船体设计涉及水动性能、气动性能、结构强度、操纵与稳定性等诸多方面,是一个典型的多目标综合优化和决策过程。常规的设计方法通过定量分析比较和人工不断试凑的方式来寻找合理的设计方案,难以得到最优结果。人工智能优化算法则通过模拟自然进化优选的方式进行寻优计算,具有通用性好、搜索能力强和鲁棒性良好的优势,可解决搜索空间高度复杂、存在多个冲突目标的优化问题。

人工智能方法在船舶设计领域中已经得到广泛的应用,国内外科研工作者均有开展相关的研究。在船舶设计中采用人工智能优化设计思想,提高了船舶水动性能和设计效率,降低了船舶设计成本。其中,通过神经网络和遗传算法等人工智能方法对滑行艇的滑行阻力进行快速预估的研究已颇为成熟。

在当今大数据时代的背景下,为提高水上飞机船体设计效率,研究和发展基于人工智能方法的水动力数据挖掘方法,结合水上飞机船体线型参数化设计,实现船型结构水动力性能的快速预测以及船体线型方案的快速变换和优选,提高设计效率和计算精度,对于水上飞机的水动力设计将是一个十分重要且具有创新意义的研究方向。

8.4　人工智能快速预测模型设计难点

人工智能预测模型设计方面存在以下难点:

(1) 样本数据的获取及问题的凝练

人工智能中的机器学习首先是基于样本数据进行模型训练或学习,因此样本数据是机器学习的前提。首先,气动力或水动力的样本数据通常是通过计算或实验的手段获得的,因此样本数据理论上都存在一定的误差,这些误差(尤其是不可预知的误差)通常会一定程度上影响到机器学习的效果。因此在样本数据的选择中尽量选择较为可靠、准确的数据;其次,样本数据的分布也很重要,通常希望在需求的样本空间中样本数据趋于均匀分布,即有限的样本能较好地代表该样本空间。

在已有样本的基础上,最关键的是凝练出适合人工智能方法解决的问题。尽管人工智能方法能够在很多方面给出令人惊讶的结果,但这不意味着人工智能可以解决所有问题。因此凝练出适合人工智能方法解决的问题是保证人工智能发挥有效能力的前提。

(2) 特征工程

人工智能中对于特征参数的识别存在一个专门的领域,称为特征工程。特征工程包括两个主要的方面:特征提取和特征选择。特征提取是从原始特征中找出最有效的特征,这种做法的目的是降低数据冗余,减少模型计算,发现更有意义的特征等。特征选择的一般过程是从特征全集中产生出一个特征子集,筛选过程采用某种评价标准,把符合标准的特征筛选出来,同时对筛选出来的特征进行有效性验证。

人工智能是面向数据的,即只关心数据本身而不关心数据代表的物理意义。因此在建模之前首先要把问题数据化,即用纯数据的方式描述问题。这就需要从问题中提取代表性的特征来表征该问题,即特征提取。通常对于同样一个问题会有不同的特征提取方式,不同的特征提取方式会直接影响后续的机器学习建模形式。因此,特征提取是人工智能建模的关键一环。

(3) 机器学习模型设计

在明确问题以及有效地提取特征后,最关键的一环就是人工智能模型的建模。在此过程中,首先要预分析样本数据的分布特征,然后针对性地进行建模,保证所建立的机器学习模型能够精确、有效地总结和归纳隐藏于样本数据中的高度抽象的内在规律。其次,训练形成机器学习模型之后,要基于测试样本数据测试该模型的精度、可靠性及抗噪性。充分验证建模效果。最后,要测试考查模型的泛化能力,即其预测样本空间之外的数据的能力。

8.5 基于人工智能的水载荷预测技术

8.5.1 水载荷预测模型试验设计流程

1929 年,Von Karman 提出第一个解决水上飞机在入水过程中受到的水动力的模型,对入水冲击载荷问题进行了十分重要的先驱性工作。自此,大量相关问题研究由此展开。时至今日,入水冲击载荷研究方法主要可分为三类:理论方法、数值方法、实验方法(见图 8.4)。

目前基于深度学习的流体力学研究已经较好应用于圆柱绕流流场特征识别、机翼绕流场建模及机翼气动系数预测等,这为水载荷预测提供了新的思路。基于此研究的代理模型载荷分析流程如图 8.5 所示。

水上飞机船体可以看作是由沿纵向的一系列横截面组成的。船体横截面的设计,实际上

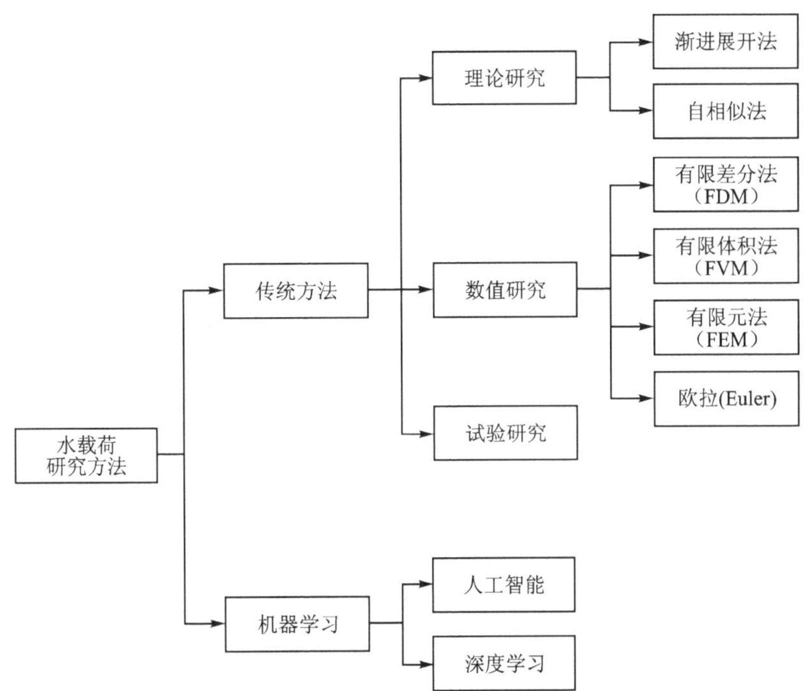

图 8.4　水载荷研究方法体系

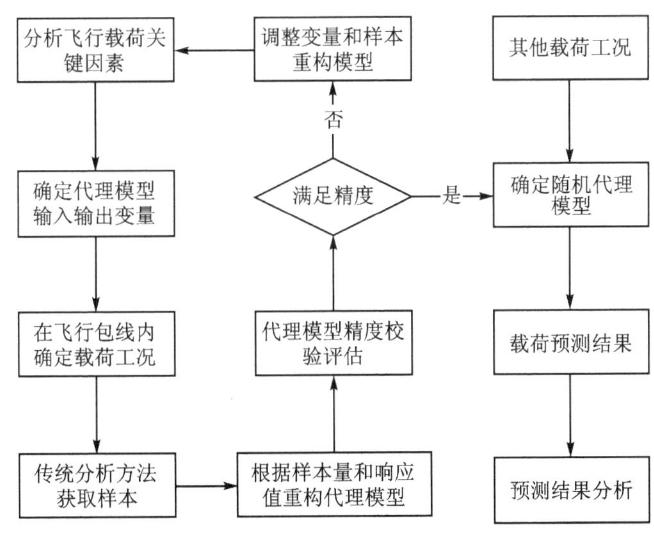

图 8.5　代理模型载荷分析流程

就是确定横截面在龙骨处的形状、斜升角、舭部形式等。横截面形式与该船体的水动力特性密切相关，所以必须高度重视。横截面的设计必须考虑：① 取得最好的流体动力特性；② 取得最低的喷溅效果；③ 在波浪中滑行时的砰击和在水面降落时达到最小撞击载荷状态；④ 在波浪中不会出现埋首和攒浪的情况，运动稳定状态好；⑤ 结构工艺方便简单。这些是船体横截面设计的原则，其中有些是相互矛盾的，尤其是前 3 项，如果要有较佳的水动力特性和滑行效果，则要求滑行面的横截面有较小的斜升角和较佳形状的横截线，而较小的斜升角易引起较大的降落撞击载荷和在波浪上滑行的砰击载荷。水上飞机船体设计的这些难点与常规飞机的机翼优化设计中所遇到的情况相似。

水面载荷是水上飞机设计与验证的主要载荷(见图 8.6),是控制水上飞机机体结构完整性、使用安全性的主要载荷情况,直接关系到飞机结构轻质、长寿命和高可靠性的实现,是研发水上飞机的重要技术基础。对水上飞机船体特有的横截面水载荷进行研究,能够对水上飞机着水、滑水载荷分析提供足够的数据支持,进而对水上飞机船体外形设计提供参考。

图 8.6 水上飞机在水面降落

在某些情况下,船体上某一横截面上的压力分布可以直接用恰当的楔形体上的压力分布来近似。因此船体横截面入水冲击载荷特性可以通过不同投放高度和不同质量的楔形体入水冲击试验,动态测量楔形体入水冲击过程中的压力,并记录自由液面变化情况,研究不同实验件的自由液面变化、冲击压力随时间变化及局部压力的分布规律等。楔形体入水冲击试验示意图如图 8.7 所示。

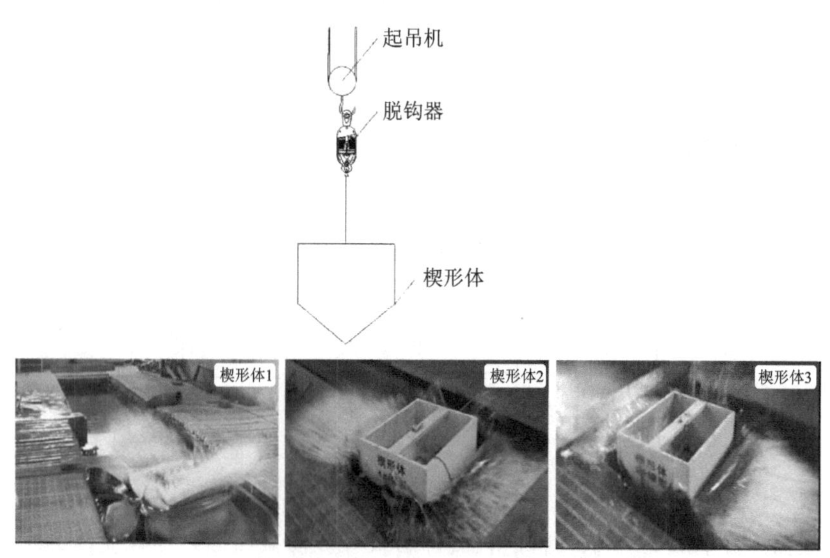

图 8.7　楔形体入水冲击试验

基于楔形体冲击入水的试验结果,利用人工智能模型训练楔形体冲击入水数据,获得楔形体冲击入水的动力和运动学特性规律,从而准确预测出新的落水状态下楔形体冲击入水的压力和加速度曲线,并对楔形体冲击入水模型的压力曲线算例和加速度曲线算例进行了模拟预测和精度分析，具体步骤如下（见图 8.8）：

① 对楔形体冲击入水试验进行试验设计。建立合理的楔形体入水砰击数学模型，选用合适的参数表示落水状态和受力特性等；

② 基于试验过程和试验结果处理楔形体冲击入水模型试验所需样本；

③ 将落水状态参数作为测试样本的输入参数，实验结果作为输出参数。采用高斯过程回归算法训练该楔形体冲击入水模型；

④ 对楔形体冲击入水模型进行测试和试验，判断其模型精度，如未达到模型精度，则在训练集中再次添加新的学习样本，重复学习过程，直至获得满意精度。

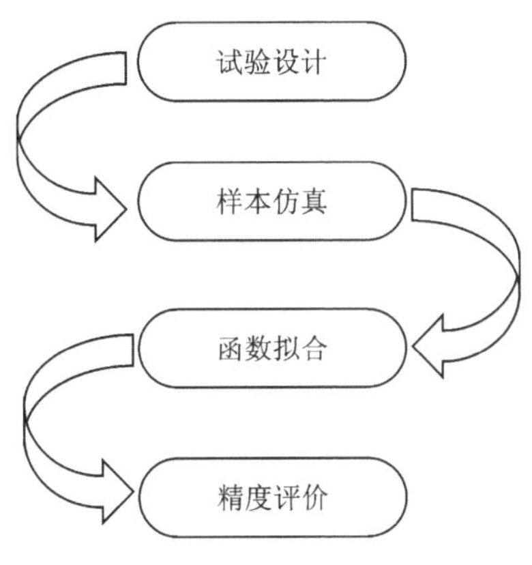

图 8.8　试验设计流程

8.5.2　砰击压力响应曲线模型

1. 砰击压力模型试验设计

图 8.9 所示为一个典型楔形体冲击入水试验的入水过程，从文献资料来看，楔形体入水的冲击力大小主要与楔形体的落水高度、楔形体的结构质量以及底部形状有关。因此，楔形体的入水状态参数可通过楔形体的半展宽、底升角、楔形体的结构质量、弹性模量以及楔形体的下落高度 5 个参量表示。

由于楔形体入水试验获得的砰击压力响应是一条实时记录的连续曲线，如图 8.10 中粗实线所示。计算机在计算时，考虑计算机的计算成本问题，输出项个数越少，计算效率越高。在进行试验设计时，利用楔形体冲击入水前砰击压力基本不变，入水后压力逐渐变小的规律对砰击压力响应曲线进行分段离散。设入水时刻为 T_1，总时间为 T_2。由于入水前楔形体的砰击压力约等于大气压，压力大小基本保持不变，因此在 T_1 时间前采用 2 个离散点模拟楔形体未入水阶段的砰击压力大小。此外，在入水瞬间，楔形体底部受到一个巨大的砰击压力，此时砰击压力达到峰值，其后砰击压力随着入水深度的增加而慢慢减少，因此，对入水后的砰击压力曲线，采用时间平均的方法对砰击压力曲线进行离散。由于入水瞬间砰击压力变化剧烈，因此在入水时刻左右对剧烈区域加密取点增强其离散的准确性，总的砰击压力曲线离散结果如图 8.11 所示。

综上所述，可获得砰击压力响应曲线模型如下：

$$\underbrace{[x \quad \alpha \quad E \quad H \quad M]^{\mathrm{T}}}_{\text{输入参数}} \xrightarrow{\text{高斯过程}} \underbrace{[T_1 \quad T_2 \quad P_1 \quad \cdots \quad P_i]^{\mathrm{T}}}_{\text{输出参数}}$$

式中，输入参数 x 为楔形体的半展宽；α 为楔形体的底升角；E 为弹性模量；H 为落水高度；M 为结构质量。输出参数 T_1 为入水时刻；T_2 为停止时刻；P_i 为 i 时刻砰击压力值。根据已有的部分楔形体冲击入水试验数据，给出设计变量的样本空间，后续试验均在该样本空间内进行。

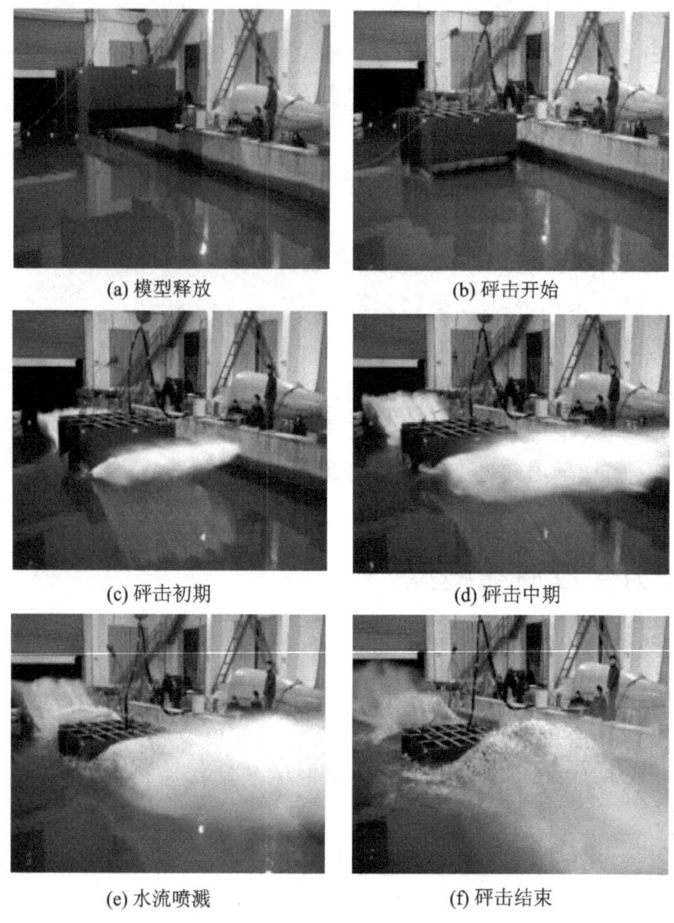

(a) 模型释放 (b) 砰击开始

(c) 砰击初期 (d) 砰击中期

(e) 水流喷溅 (f) 砰击结束

图 8.9 典型工况的楔形体入水过程

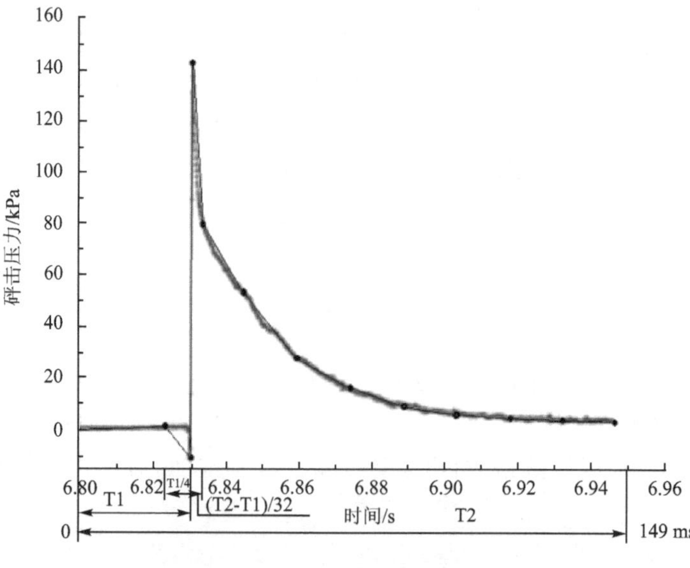

图 8.10 砰击压力曲线离散示意图

2. 砰击压力试验样本仿真

在采用人工智能模型构造楔形体入水冲击模型之前，首先对获得的试验样本进行仿真。楔形体冲击入水的原始实验数据如图 8.11 所示。

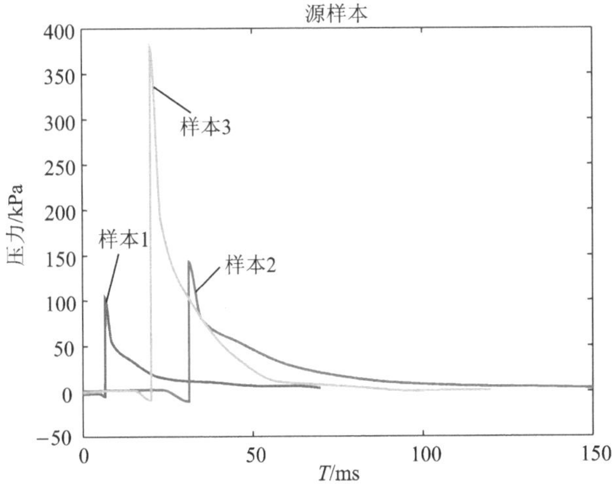

图 8.11 砰击压力曲线原始样本数据

由于其原始数据数量较少，为了适当增加样本个数，对初始样本插值构造新样本，插值方法如下：

$$\begin{cases} x_i = x_0 + i \cdot \dfrac{x_n - x_0}{n} \\ y_i = y_0 + i \cdot \dfrac{y_n - y_0}{n} \end{cases} \tag{8.1}$$

并加以适当的随机噪声模拟实际误差，获得新样本数据如图 8.12 所示。

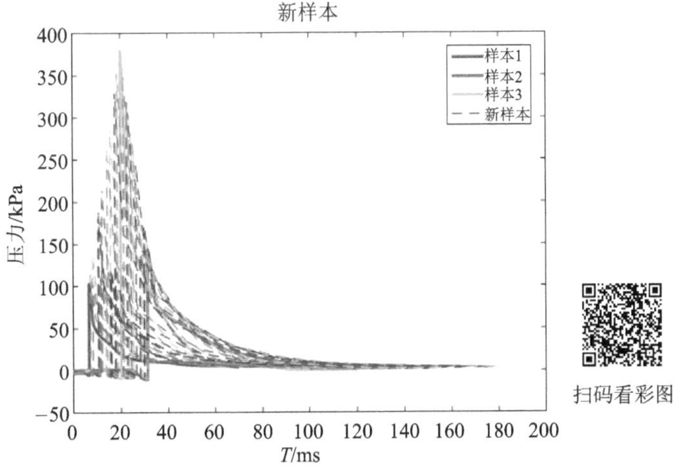

图 8.12 砰击压力曲线新样本数据

在获得所需的样本数据后，并非所有的样本数据都将应用到人工智能模型中，在所有样本中抽取部分样本作为楔形体冲击入水模型的砰击压力模型训练样本，其余样本留作模型的测试样本。本书选用随机抽样方法对样本空间中的样本进行抽样，随机采样也可以叫作蒙特卡洛采样法(Monte Carlo Simulation)，假设实验空间的维数为 n，取样规模为 m，某一维度上的坐标点为 x_i，l_i，u_i，其中 l_i 为此维度上的下限，u_i 为上限，其主要步骤如下：

① 确定取样规模 n_0；

② 将每一维变量 x_i 的定义域区间$[l_i, u_i]$分成 n_0 等份，于是整个试验空间被分为 $n_0 \times n_0$ 个超立方体；

③ 在这个试验空间中随机产生一个 n_0 阶矩阵 $\boldsymbol{U}$，其中 $\boldsymbol{U}$ 是一个$\{1,2,\cdots,n\}$的随机数全排列，按照矩阵 $\boldsymbol{U}$ 的每一行随机取一个样本点，即可得到 n_0 个样本点。

3. 砰击压力模型训练

采用蒙特卡洛采样法选取试验数据的80%作为训练样本构建模型，20%的样本作为测试样本进行模型精度评估。将80%的训练样本的落水状态作为输入参数，砰击压力曲线作为输出参数，对楔形体入水的砰击压力响应曲线模型进行模型训练。采用人工智能模型对楔形体冲击入水的砰击压力响应曲线模型进行规律训练时，最重要的是通过不断的样本训练，训练出合适的核函数类型和超参数数值，使其能够准确地模拟出各落水状态下的砰击压力曲线的变化。因此，分别对砰击压力响应曲线模型的砰击压力值和关键时刻点进行模型训练，获得合适的核函数和超参数。训练过程如图8.13所示。选用不同的核函数类型和超参数初值的高斯过程回归模型对样本数据进行训练，比较模型预测的砰击压力值和实际压力值之间的误差，通过不断训练获得使砰击压力模型误差最小的核函数类型和超参数。

如图8.13所示，核函数类型会在很大程度上影响到模型的预测精度。采用不同的核函数类型对相同的样本数据进行训练，高斯过程模型获得的砰击压力值会发生改变。采用选出的训练样本数据对各类型的人工智能模型进行砰击压力的训练，对比模型模拟的砰击压力值与实际值之间的误差。发现在所有的核函数类型中，不合适的核函数类型可能使模拟结果完全偏离实际情况，而合适的核函数类型能够很好地模拟不同落水状态下的砰击压力。

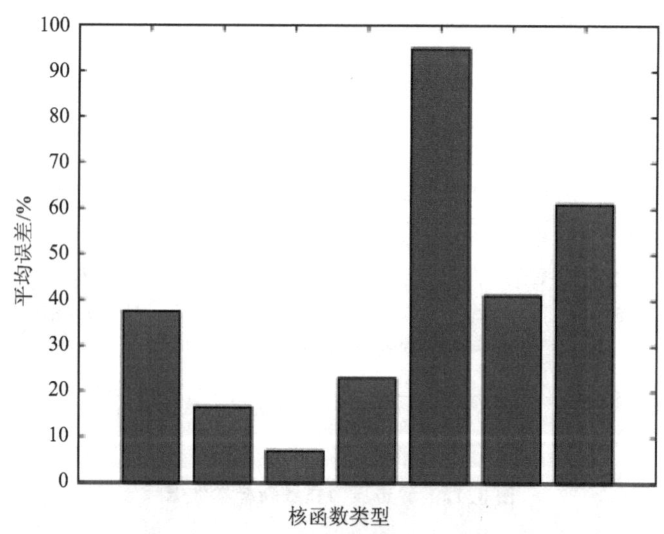

图8.13　砰击压力模型的核函数训练

同样，超参数初值的选择会对模型的精度产生影响。采用选出的训练样本数据对各类型的人工智能模型进行砰击压力的训练，对比模型模拟的砰击压力值与实际值之间的误差。即便采用相同的核函数类型，每次调整设置的参数不同，压力模型预测获得的砰击压力误差也不相同，如图 8.14 所示，较好的参数设置可使模型精度误差低于 5%，而较差的参数设置可使模型精度误差高达 25%以上，通过大量的调参训练，找到使模型的精度误差最小的超参数。

采用同样的方法可以对砰击压力曲线模型的时间模型进行训练，模拟不同落水状态下的砰击压力曲线上的时间变化，找到使时间模型预测结果误差最小的核函数和超参数。

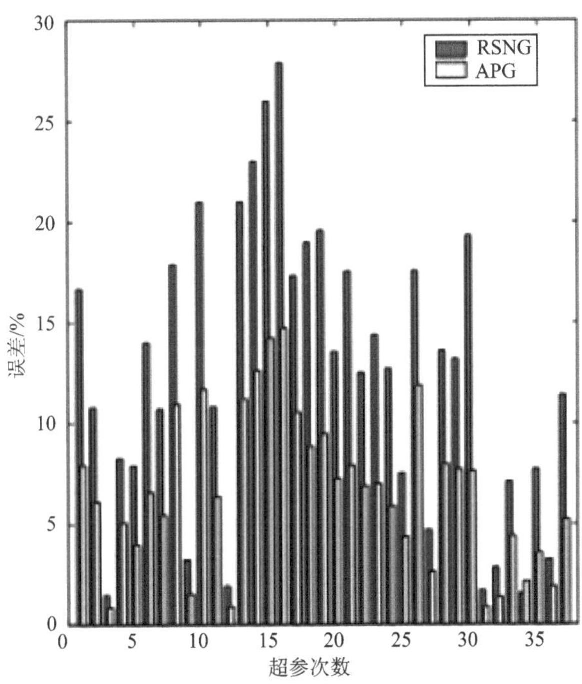

图 8.14 砰击压力模型的超参数训练

4. 精度评价方法

通过已有的部分实验数据，训练得到的楔形体冲击入水压力曲线模型应该能够模拟出样本空间中任一落水状态参数下的砰击压力曲线结果，但模型的预测精度需进行进一步的检验。目前常用的模型精度评价方法有以下三种：

① 绝对误差(absolute error)是测量值(单一测量值或多次测量值的均值)与真值之差。它能够直观反映测量值和真实值之间的误差大小。绝对误差公式如下：

$$\text{absolute error} = |y - y_*| \tag{8.2}$$

式中，y 表示测量值；y_* 表示真值。

② 相对误差(relative error)是绝对误差与真值之比。相对于绝对误差，相对误差反映了测量相对真实值的偏差。具体的相对误差公式如下：

$$\text{相对误差} = \frac{|y - y_*|}{y} \times 100\% \tag{8.3}$$

③ 均方根误差(root - mean - square error)表示在有限测量次数中，观测值与真值偏差的平方与观测次数 n 比值的平方根。它描述的是观测值与其模拟值之间的偏差，当模拟值和观

测值相差较大时，均方根误差较大。因此均方根误差对组内测量值中的特大或特小误差反应非常敏感。均方根误差公式如下：

$$\text{rmse}=\sqrt{\frac{\sum_{i=1}^{n}(y-y_*)^2}{n}} \tag{8.4}$$

5. 样本非线性仿真试验

在模型训练精度达到要求后还需进行样本非线性仿真试验，对初始实验数据增加了5%，10%，20%的高斯白噪声以破坏线性插值带来的强线性，从而进一步模拟实验过程中出现的随机实验误差，如测量误差、读数误差、环境变化引起的误差等，以测试样本误差给模型设计精度带来的影响。

8.5.3 砰击加速度响应曲线模型

除了楔形体入水的砰击压力大小，楔形体在水中的加速度变化也是水载荷的一个重点，如图8.15所示，红线是楔形体入水试验测得的加速度变化响应曲线，由于楔形体入水过程可分为几个阶段，因此可以按照不同阶段的楔形体入水特点对其进行离散。获得离散曲线如图8.15中的黑色曲线所示。

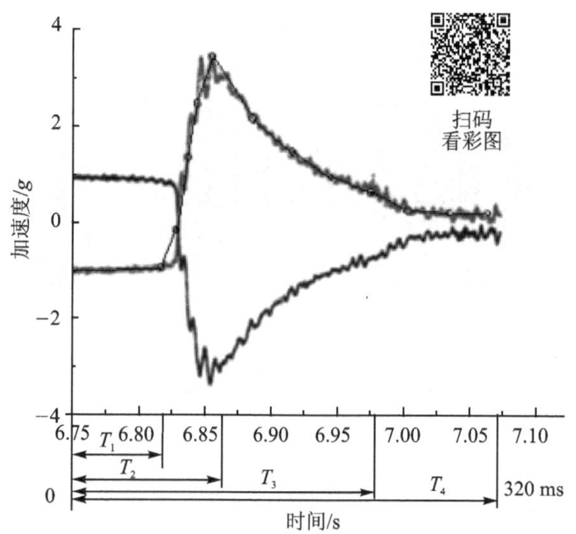

图8.15 楔形体冲击入水的加速度响应曲线离散示意图

在给定样本数据时，落水状态参数作为输入参数，楔形体的加速度响应曲线作为输出参数，可以通过人工智能模型模拟楔形体冲击入水过程，获得样本空间中任一落水状态下的加速度响应曲线，其数学模型可表示如下：

$$\begin{bmatrix} x \\ \alpha \\ E \\ H \\ M \end{bmatrix} \xrightarrow{\text{高斯过程}} \begin{bmatrix} T_1 \\ T_2 \\ T_3 \\ T_4 \\ a_1 \\ \vdots \\ a_{13} \end{bmatrix} \tag{8.5}$$

其中，输入参数 x 为楔形体的半展宽；α 为楔形体的底升角；E 为弹性模量；H 为落水高度；M 为结构质量。输出参数 T_1 为快入水加速度开始变化时刻；T_2 为触水时刻；T_3 为加速度不变时刻；T_4 为总实验时间；a_i 为第 i 时刻加速度大小。根据已有的部分楔形体冲击入水实验数据，给出设计变量的样本空间，后续试验均在该样本空间内进行。

采用与砰击压力响应曲线模型相同的方法对样本数据进行试验样本仿真、模型训练调参、精度评价和样本非线性仿真，直至最终得到理想的砰击加速度响应曲线模型。

8.6 人工智能在水载荷预测技术应用方面的展望

目前国内外的研究工作主要集中在对飞行器二维截面分布载荷的数值预测，对于整个三维表面载荷的预测工作较为少见，其难度在于获取整个三维表面数据的成本高昂，导致用于建模的数据量少且在二维截面的分布稀疏，模型不易捕捉数据背后的真实物理规律。此外，实验获得的数据往往都是低维数据，利用低维数据难以实现高度非线性物理规律的学习。

针对水面飞行器表面水载荷试验数据离散不连续分布的特点，需设计一套非线性水载荷全息智能预测模型，基于水载荷样本数据库，重构全息三维水面飞行器表面非线性水载荷信息。在高维空间中采用深度学习模型捕获相邻测量点在空间上的相互依赖关系，达到准确预测全息载荷的目的，提高三维面载荷评估和模型优化效率和可靠性。需解决的技术难点包括以下几个方面：

① 实际水载荷试验和仿真计算中设计变量往往是低维的几何参数和工况参数，从低维输入空间到低维水动力性能空间，损失了大量信息，导致难以捕捉高度复杂的非线性映射关系，从低维空间出发如何获取高维复杂特征是需要解决的一个关键技术难点。

② 水面飞行器表面水载荷呈连续变化，试验测量数据是该连续数据中稀疏不连续的离散数据点，从这些稀疏离散点出发构建整个流场是非常具有挑战性的任务。需要模拟这些测量点之间的空间关系，重构整个水面飞行器表面的水载荷。

③ 水载荷测量试验中，水面飞行器表面传感器的布置通常呈不均匀分布，造成有的区域测量数据多，有的区域测量数据少。为了充分利用试验数据，需解决如何将数据稠密区域学到的规律迁移到数据稀疏区域，以提高水面飞行器表面整体水载荷分布预测的精度。

参考文献

[1] 褚林塘. 水上飞机水动力设计[M]. 北京:航空工业出版社,2014.

[2] 戴仰山,沈进威,宋竞正. 船舶波浪载荷[M]. 北京:国防工业出版社,2007.

[3] 唐长红. 民机载荷计算手册[M]. 西安:西北工业大学出版社,2021.

[4] 中国民航局. 中国民用航空规章 运输类飞机适航标准:CCAR - 25 - R4[S]. 中国民航局,2011.

[5] 王丽丽,全士能,蔡宇峰,等. 潜艇艉舵角度连续变化流场模拟计算方法研究[J]. 系统仿真技术,2021,17(04):244-248.

[6] 胡奇,王明振,吴彬,等. 网格因素对水陆两栖飞机着水性能计算结果的影响[J]. 船海工程,2021,50(04):10-13.

[7] 焦俊,王明振,汪正中,等. 应急浮囊囊压对直升机水上迫降性能影响试验研究[C]//第十二届全国实验流体力学学术会议论文集(下),2021:441-447.

[8] 刘涛,桑腾蛟,焦俊. DTMB5415 标模水池阻塞效应数值计算与试验研究[C]//第十二届全国实验流体力学学术会议论文集(下),2021:524-529.

[9] 郑小龙,焦俊,王明振,等. 双断级滑行艇阻力性能优化方法[J]. 舰船科学技术,2021,43(07):68-72.

[10] 高现娇,王丽丽,孙钢,等. 基于 BP 网络的球鼻首参数化优化[J]. 舰船科学技术,2021,43(05):37-40.

[11] 童明波,陈吉昌,李乐,等. 飞行器水载荷结构完整性数值模拟现状与展望-Part I:水上迫降和水上漂浮[J]. 航空学报,2021,42(05):123-157.

[12] 王冠. 基于 LabVIEW 和 OriginPro 的数据处理系统开发[J]. 舰船电子工程,2021,41(02):100-104.

[13] 曹楷,唐彬彬,黄淼,等. 水上飞机浮筒布局形式对气动特性的影响[J]. 科学技术与工程,2020,20(36):15132-15139.

[14] 胡奇,吴彬,王明振,等. 水陆两栖飞机静水滑行特性仿真分析[C]//第十一届全国流体力学学术会议论文摘要集,2020:380.

[15] 孙丰,吴彬,何超,等. 某型固定翼飞机水上迫降数值仿真研究[J]. 航空计算技术,2020,50(06):9-12.

[16] 王冠. 基于 MATLAB/GUI 的 IMU 数据解码分析系统[J]. 内蒙古科技与经济,2020(17):100-101+103.

[17] 江婷,焦俊,唐彬彬,等. 直升机漂浮特性试验技术研究[J]. 实验流体力学,2020,34(04):30-35.

[18] 郑小龙,唐彬彬,王明振,等. 水陆两栖飞机船体线型优化设计与试验验证[J]. 船海工程,2020,49(03):82-86.

[19] 李新颖,吴彬,蒋荣. 基于滑移网格方法的水陆两栖飞机单船身耐波性数值模拟[J]. 船海

工程,2020,49(03):14-18.

[20] 曹楷,蒋荣,黄淼,等.串列地效翼布局水陆两栖飞机气动特性研究[J].飞行力学,2020,38(05):20-26.

[21] 王明振,曹东风,吴彬,等.基于S-ALE流固耦合方法的飞机水上迫降动力学数值分析[J].重庆大学学报,2020,43(06):21-29.

[22] 王冠.基于LabVIEW的几种软件许可方法的改进和实现[J].国外电子测量技术,2020,39(06):91-96.

[23] 张文军,黄淼,张家旭.水陆两栖飞机水池试验模型设计加工技术浅析[J].科技创新导报,2020,17(17):79-80.

[24] 江雪云,杨天祥,龙飞,等.水上飞机运动及系泊性能计算方法研究[J].测控技术,2020,39(04):28-32.

[25] 水陆两栖飞机术语:GB/T 38717—2020[S].

[26] 水面飞行器水动力专业术语:GB/T 38033—2019[S].

[27] 孙丰,王明振,褚林塘,等.大型水陆两栖飞机波浪水面着水分析方法[J].航空计算技术,2019,49(04):35-38.

[28] 左仔滨,江婷,王明振,等.基于CATIA平台的飞机水上迫降漂浮特性计算方法[J].航空计算技术,2019,49(04):95-99.

[29] 孙丰,魏飞,吴彬,等.大型水陆两栖飞机舱段入水冲击实验研究[J].振动与冲击,2019,38(12):39-43+52.

[30] 罗朋,陆晓,何超,等.某潜艇模型不同潜深弹性形变阻力误差补偿理论[J].科学技术与工程,2019,19(18):309-314.

[31] 胡奇,王明振,张家旭,等.基于耦合欧拉-拉格朗日方法的浮筒着水数值仿真[J].系统仿真技术,2019,15(01):18-22+40.

[32] 郑小龙,吴彬,王明振,等.基于重叠网格的水陆两栖飞机静水滑行模拟[J].船海工程,2019,48(01):49-52+57.

[33] 蔡宇峰,王丽丽,蒋荣,等.基于计算流体动力学的串列翼水陆两栖飞机静水面滑行过程[J].系统仿真技术,2018,14(04):304-309.

[34] 胡奇,王明振,张家旭,等.气动升力对水陆两栖飞机着水载荷的影响研究[J].航空计算技术,2018,48(06):36-39.

[35] 王丽丽,刘涛,蒋荣,等.基于CFD的串列翼水陆两栖飞机绕流场模拟及验证[C]//2018年全国固体力学学术会议摘要集(下),2018:296.

[36] 孙丰,王明振,蒋荣,等.大型水陆两栖飞机着水载荷特性研究[C]//2018年全国固体力学学术会议摘要集(下),2018:256.

[37] 黄淼,褚林塘,李成华,等.大型水陆两栖飞机抗浪能力研究[J].航空学报,2019,40(01):121-129.

[38] 蔡宇峰,王丽丽,汪宇,等.基于计算流体动力学的两栖车辆水动力性能模拟及试验验证[J].系统仿真技术,2018,14(03):183-187.

[39] 大型水陆两栖飞机水上救援装备要求:GB/T 36256—2018[S].

[40] 王丽丽,张家旭,刘涛,等.压浪板对两栖车辆水动力特性影响的数值分析[J].系统仿真技术,2018,14(02):113-117.

[41] 王丽丽，左仔滨，李新颖. 实船耐波性预报系统开发与应用[J]. 系统仿真技术，2018，14(01)：58-61.
[42] 蒲锦华，张科，魏飞，等. 摄像测量技术在飞机模型水上迫降试验中的应用[C]//2017年(第三届)中国航空科学技术大会论文集(下册)，2017：345-350.
[43] 蒋荣，史圣哲，吴彬，等. 基于层次分析法的水上飞机抗浪能力评估[C]//2017年(第三届)中国航空科学技术大会论文集(增刊)，2017：137-141.
[44] 蒋荣，史圣哲，吴彬，等. 基于层次分析法的水上飞机抗浪能力评估[J]. 南京航空航天大学学报，2017，49(S1)：131-135.
[45] 王丽丽，李新颖，黄淼，等. 基于重叠网格的水陆两栖飞机浮筒水动性能研究[C]//第十四届全国水动力学学术会议暨第二十八届全国水动力学研讨会文集(下册)，2017：460-467.
[46] 郑小龙，唐彬彬. 基于CFD的船舶标称伴流预报精度研究[C]//第十四届全国水动力学学术会议暨第二十八届全国水动力学研讨会文集(下册)，2017：375-380.
[47] 汪小翔，廉滋鼎，许靖锋，等. SUBOFF标模水下阻力试验方法[C]//第十四届全国水动力学学术会议暨第二十八届全国水动力学研讨会文集(上册)，2017：450-456.
[48] 汪正中，陈立霞，索谦，等. 直升机着水载荷试验研究[J]. 南京航空航天大学学报，2017，49(02)：258-263.
[49] 汪小翔，许靖锋，李徐，等. 艇模水下伴流测量方法试验[J]. 船海工程，2017，46(01)：32-36.
[50] 史圣哲，焦俊，李徐，等. 水上飞机模型质量质心测量试验的蒙特卡洛仿真[C]//第九届全国流体力学学术会议论文摘要集，2016：198.
[51] 焦俊，王明振，史圣哲. 高速三体船侧体布局对快速性影响试验研究[C]//第九届全国流体力学学术会议论文摘要集，2016：194.
[52] 王明振，褚林塘，吴彬，等. 水陆两栖飞机典型横截面入水撞击实验研究[J]. 爆炸与冲击，2016，36(03)：313-318.
[53] 王明振，吴彬，李新颖，等. 水陆两栖飞机平静水面着水冲击载荷影响因素分析[J]. 科学技术与工程，2016，16(12)：298-302.
[54] 汪小翔，许靖峰，李徐，等. 艇模水下阻力试验方法研究与数值验证[J]. 舰船科学技术，2016，38(07)：42-46.
[55] 史圣哲，李新颖，王明振，等. 水上飞机俯仰转动惯量测量试验的不确定度分析[J]. 航空科学技术，2016，27(02)：75-78.
[56] 韩小红，廉滋鼎，黄淼，等. 水陆两栖飞机浮筒设计与横向稳定性计算[J]. 航空科学技术，2016，27(01)：7-10.
[57] 黄淼，廉滋鼎，左仔滨，等. 水陆两栖飞机模型水池波浪试验研究[J]. 航空科学技术，2016，27(01)：74-78.
[58] 史圣哲，汪小翔，吴彬，等. 船模静水横摇试验的不确定度分析[J]. 舰船科学技术，2016，38(01)：29-33.
[59]黄淼，张家旭，李成华，等. 水陆两栖飞机船体水动力矩特性研究[J]. 科学技术与工程，2015，15(36)：215-218+222.
[60] 汪小翔. 推力鳍对吊舱推进器水动力性能的影响[J]. 船海工程，2015，44(06)：158-163.

[61] 江婷,吴彬,王明振,等.直升机横向漂浮特性分析研究[J].科学技术与工程,2015,15(28):200-204.
[62] 黄淼,吴彬,许靖锋,等.水陆两栖飞机船体主滑行面设计与试验研究[C]//2015年第二届中国航空科学技术大会论文集,2015:797-800.
[63] 焦俊,张家旭,王明振,等.水陆两栖飞机自由飞模型着水冲击试验技术研究[C]//2015年第二届中国航空科学技术大会论文集,2015:801-805.
[64] 廉滋鼎,董文才,古彪,等.近水面飞行器低速气动特性拖曳水池试验方法[J].科学技术与工程,2015,15(23):59-63.
[65] 孙丰,赵珂,王明振,等.基于Abaqus的舷侧结构抗冲击性能优化[J].舰船科学技术,2015,37(08):27-30.
[66] 史圣哲,郑亚雄,吴彬,等.水上飞机单船身试验的水动力回归分析[J].航空计算技术,2015,45(04):97-100.
[67] 黄淼,吴彬,蒋荣,等.水上飞机在波浪上运动响应特性试验研究[J].实验流体力学,2015,29(03):41-46.
[68] 蒋荣,吴彬.水陆两栖飞机水面起飞性能操稳适航技术研究[J].航空标准化与质量,2015(01):36-38.
[69] 江婷,蒋荣,吴彬.水上飞机纵向稳定性判别方法研究[J].航空计算技术,2014,44(06):75-77+83.
[70] 张苏,古彪,曹东风,等.基于ALE算法的V形楔形体入水的水动力特性分析[J].固体力学学报,2014,35(S1):95-100.
[71] 孙丰,吴彬,王喆,等.舰船水下爆炸冲击环境实用建模方法[J].舰船科学技术,2014,36(04):22-26.
[72] 吴彬,谢晓忠,陈林,等.基于SEA的海洋平台典型舱室噪声预报及设备优化布置研究[J].船舶,2014,25(01):44-48.
[73] 何超,魏飞,蒋荣,等.轻型水陆两栖飞机水上试飞测试技术研究[C]//全面建成小康社会与中国航空发展——2013首届中国航空科学技术大会论文集,2013:384-388.
[74] 汪正中,马玉杰,江婷.直升机水中横向稳性计算与试验验证[J].直升机技术,2012(04):1-7.
[75] 褚林塘.对中航工业民用浮空飞行器发展战略的初步思考[C]//2011年中国浮空器大会论文集,2011:12-18.
[76] 顾伟彬.大型民机水上迫降载荷数值仿真分析[J].机械设计与制造工程,2022,51(02):61-65.
[77] 罗文莉,陈书涌,陈保兴.民用飞机水上迫降数值仿真方法研究进展[J].航空工程进展:1-14.
[78] 吕继航,曾毅,杨荣.大型水陆两栖飞机的动力学响应特性[J].航空制造技术,2020,63(20):64-69.
[79] 吕韵.复杂海况下某型水面飞行器滑行载荷研究[D].南京:南京航空航天大学,2020.
[80] 赵芸可,屈秋林,刘沛清.水上飞机水面降落全过程力学特性数值研究[J].北京航空航天大学学报,2020,46(04):830-838.
[81] 张柁,张园,何月洲,等.水陆两栖飞机船尾着水试验技术研究及应用[J].工程与试验,

2019,59(04):84-87.
[82] FENG S, WANG M, WU B, et al. The simulation of aircraft ditching based on ALE method[J]. IOP Conference Series: Materials Science and Engineering, 2020, 926(1): 012019 (6pp).
[83] PATEL A A,GREENWOOD R P J. Transport water impact and ditching performance: FAA/AR-1995-54[R]. Virginia:National Technical Information Service,1996.
[84] SIEMANN M, KOHLGRÜBERDIETER, SCHWINND,et al. Ditching simulation of large complex aircraft models[C]// 2017 ESI Forum. Deutschland: ESI Forum inDeutschland,2017.
[85] VON KARMAN T. The impact on seaplane floats during landing[R]. Washington: National Technical Information Service,1929.
[86] WAGNER H. Uber Stoss-Gleitvorgange an der Oberflachevon Flussigkeiten [J]. ZAMM Journal of Applied Mathematics and Mechanics,1932,12(4):193-215.
[87] KOROBKIN A A. Analytical models of water impact[J]. European Journal of Applied Mathematics,2004,15(6):821-838.
[88] LlOYD J F,EDWARD L H. Model ditching investigation of the Douglas DC-4 and DC-6 airplanes:NACA-RM-SL9K02a[R]. Washington:NACA,1949.
[89] ELLIS E M,LLOYD J F. Experimental investigation of the effect of rear-fuselage shape on ditching behavior:NA-CA-TN-2929[R]. Washington:NACA,1953.
[90] WILLIAM C T. Model ditching investigation of the Boeing707 jet transport:NACA-RM-SL55K08[R]. Washington:NACA,1955.
[91] LLOYD J F,EDWARD L H. Ditching investigation of dynamic models and effects of design parameters on ditching characteristics:NACA-TN-3946[R]. Washington:NACA,1957.
[92] MARGARET F S. Accelerations and bottom pressures measured on a B-24D airplane in a ditching test:NACA-MR-L4K14[R]. Washington:NACA,1944.
[93] ANGHILERI M, CASTELLETTI L M L, FRAN-CESCONI E,et al. Survey of numerical approaches to analyse the behavior of a composite skin panel during a water impact[J]. International Journal of Impact Engineering,2014,63:43-51.
[94] LEIGH B R. Using the momentum method to estimate aircraft ditching loads[J]. Canadian Aeronautics and Space Journal,1988,34(3):162-169.
[95] BENSCH L,SHIGUNOV V,SODING H. Computational method to simulate planned ditching of a transport airplane[J]. Computational Fluid and Solid Mechanics,2003,24: 1251-1254.
[96] PARK M,JUNG Y,PARK W. Numerical study of impact force and ricochet behavior of high speed water-entry bodies[J]. Computers and Fluids,2003,32(7):939-951.
[97] FARHAD G. Analytical method for the ditching analysis of an airborne vehicle[J]. Journal of Aircraft,1990,27(4):312-319.
[98] WICK A T. Computational simulation of an unmanned air vehicle impacting water [D]. Nevada:Iowa State University,2006.

[99] LINDENAU O,BENSCH L,SERCKWALL H. Aircraft ditching:a free surface/free motion problem[J]. Archieves of Civil and Mechanical Engineering, 2007, 7(3): 177-190.

[100] ZHANG T,LI S,DAI H C. The suction force effect analysis of large civil aircraft ditching[J]. Science China Technological Sciences,2012,55(10):2789-2797.

[101] YETTOU E M, DESROCHERS A, CHAMPOUX Y. Experimental study on the water impact of a symmetrical wedge[J]. Fluid Dynamics Research, 2006,38(1): 47-66.

[102] JIN Y, CHEN J, LU Y, et al. Numerical simulation of wedge impacting on wavy water [J]. Hangkong Xuebao/Acta Aeronautica et Astronautica Sinica, 2019,40(10):122854.

[103] KANYOO P. Mathematical model of high speed planing dynamics and application to aircraft ditching[D]. Southampton: University of Southampton,2016.

[104] XIAO T, QIN N, Lu Z, et al. Development of a smoothed particle hydrodynamics method and its application to aircraft ditching simulations[J]. Aerospace Science & Technology, 2017, 66(7):28-43.

[105] 李想，柳占立. 机器学习与有限元方法的结合及应用[C]// 北京力学会第二十五届学术年会,2019:767.

[106] 尚红星，王海，何月洲，等. 水陆两栖飞机结构强度试验中的水载荷模拟方法[J]. 科学技术与工程, 2019, 019(014):371-376.

[107] 杨德才. 基于 CFD 的船舶波浪载荷的特性研究与仿真分析[D]. 大连:大连海事大学, 2017.

[108] 张伟伟，寇家庆，刘溢浪. 智能赋能流体力学展望[J]. 航空学报,2021,42(04):26-71.

[109] 李海泉，陈小前，左林玄，等. 基于随机森林的飞行载荷代理模型分析方法[J]. 航空学报,2022,43(03):317-326.

[110] 王畅，叶舒然，张珍，等. 基于卷积神经网络的空化水翼表面的压力预测[C]//第三十一届全国水动力学研讨会论文集(上册),2020:830-841.

[111] LIU H , LIU Q , LIU B , et al. An efficient and robust method for structural distributed load identification based on mesh superposition approach[J]. Mechanical Systems and Signal Processing, 2021, 151:107383.

[112] NAKAMURA T, IGAWA H, KANDA A. Inverse identification of continuously distributed loads using strain data[J]. Aerospace Science and Technology, 2012, 23(1): 75-84.

[113] LIU J, SUN X S, JIANG C, et al. Dynamic load identification for stochastic structures based on Gegenbauer polynomial approximation and regularization method[J]. Mechanical Systems & Signal Processing, 2015,56-57.

[114] CAO X, SUGIYAMA Y, MITSUI Y. Application of artificial neural networks to load identification[J]. Computers & Structures, 1998, 69(1):63-78.

[115] QU K, WEN B H, REN X Y, et al. Numerical investigation on hydrodynamic load of coastal bridge deck under joint action of solitary wave and wind[J]. Ocean Engineering, 2020,217.